普通高等教育"十三五"精品规划教材

机械设计制造及其自动化专业课程群系列

机械动力学

主编　石端伟

编写　刘　照　王晓笋　张志强

主审　郭应龙

中国水利水电出版社
www.waterpub.com.cn

·北京·

内 容 提 要

本书是集作者团队 20 多年"机械动力学"课程教学经验,根据教学改革需求和读者使用反馈,在作者出版的《机械动力学》(第二版)基础上进行内容调整、更新、扩充与完善而成的。

本书阐述了机械振动分析基础、机械系统响应的数值计算方法、工程实践中典型机械系统的动力学分析方法。全书共十章,主要内容包括:单自由度系统的振动、多由度系统的振动、机械系统响应的数值计算、连续系统的振动、刚性构件组成的机械系统动力学、弹性构件组成的机械系统动力学、起重机械动力学、行走式机械动力学、有限单元法、非线性振动基础。为了帮助学生复习和检查对课程内容的理解,各章配用丰富的习题并给出了参考答案。

本书可作为高等院校机械类专业本科生和硕士研究生教材,也可作为相关专业高年级本科生、研究生及教师的参考书,还可供从事机械设计和研究的技术人员参考。

本书提供的免费教学课件可以到中国水利水电出版社网站下载,网址为:http://www. waterpub. com. cn/。

图书在版编目(CIP)数据

机械动力学 / 石端伟主编 . —北京:中国水利水
电出版社,2018.7
　ISBN 978-7-5170-6632-3

Ⅰ. ①机… Ⅱ. ①石… Ⅲ. ①机械动力学—高等学校
—教材 Ⅳ. ①TH113

中国版本图书馆 CIP 数据核字(2018)第 149408 号

书　　名	普通高等教育"十三五"精品规划教材 **机械动力学** JIXIE DONGLIXUE 主编 石端伟
作　　者	编写 刘　照　王晓笋　张志强 主审　郭应龙
出版发行	中国水利水电出版社 (北京市海淀区玉渊潭南路 1 号 D 座　100038) 网址:www. waterpub. com. cn E-mail:sales@waterpub. com. cn 电话:(010)68367658(营销中心)
经　　售	北京科水图书销售中心(零售) 电话:(010)88383994、63202643、68545874 全国各地新华书店和相关出版物销售网点
排　　版	北京智博尚书文化传媒有限公司
印　　刷	三河市龙大印装有限公司
规　　格	184mm×260mm　16 开本　14 印张　345 千字
版　　次	2018 年 7 月第 1 版　2018 年 7 月第 1 次印刷
印　　数	0001—3000 册
定　　价	38.00 元

前言
FOREWORD

传统的机械设计方法中,对机械的运动分析与载荷计算一般是建立在刚性假设的基础上(即按刚性构件来分析机构的运动),按静力学或刚体动力学方法来分析机械的载荷。

随着工业和科学技术的迅速发展,各行业迫切需要大量新型、高效率、高速度、高精度和自动化的机械和技术装备。由于机械速度的提高,机械振动和平衡问题已成为某些机械设计中的关键问题之一,尤其是机器人及精密机械,除了动载,还涉及运动精度。在设计这些高速度、高精度的机械时,要涉及到各种动力学因素,要精确计算各部件的真实运动情况以及考虑构件的弹性、运动副中间隙等因素对构件运动的影响,才能使各部件动作协调,机械正常运转。

现代的机械设计方法正在由传统的静态设计向动态设计过渡,机械动力学日益受到重视。

由于计算机的发展和广泛应用,机械动力学的研究也有了显著的进展,对多自由度系统的动力学研究、考虑构件弹性和运动副中间隙等的动力学问题时,都引入了数值计算方法。大量的商业软件问世,尤其是 MATLAB、ADAMS、ANSYS、CAITA、UG、Pro/E 等,大大促进了机械动力学的发展。各种刊物中有关机械动力学的论文很多,并且新成就正在逐步反映到国内外的教材中去。在机械原理、机械设计、有限元分析、测试技术等课程中,机械动力学内容也得到了充实。但是,目前国内在机械动力学方面的教材不多,远不能适应机械设计教学和有关工程技术人员的需要。

2001 年以来,我们在《机械动力学》(讲义)使用过程中,对各章节内容进行了反复调整。学生在学习中,对理论力学、材料力学、机械原理、机械设计有了更深的理解,也了解部分数值分析方法,对 MATLAB、ADAMS、ANSYS 等软件的应用产生了浓厚的兴趣。2007 年和 2012 年作者相继出版了《机械动力学》(第一版)和《机械动力学》(第二版)。

本书是集作者团队 20 多年"机械动力学"课程教学经验,根据教学改革需求和读者使用反馈,在作者前两版教材基础上进行内容调整、更新、扩充与完善而成的。

全书共十章,阐述了机械振动分析基础、机械系统响应的数值计算方法、工程实践中典型机械系统的动力学分析方法。第一章单自由度系统的振动,是机械振动的基础。第二章多自由度系统的振动,是有限自由度系统(或离散系统)振动问题的基础与关键。第三章机械动力系统响应的数值计算方法,主要包括线性加速度法、纽马克 β 法、威尔逊 θ 法和龙格-库塔法。第一、二、三章给出了相关的 MATLAB 程序。第四章连续系统的振动,主要讨论弦的横向振动、杆的轴向振动、圆轴的扭转振动和梁的横向振动等问题。第五章刚性构件组成的机械系统力学,以曲柄连杆机构、差动轮系和五杆机构等为例,主要讨论了第二类拉格朗日方程在机械系统中的应用,简略介绍了 ADAMS 软件的运用。第六章弹性构件组成的机械系统动力学,主要讨论了轴与轴系、凸轮机构、齿轮传动系统和带传动系统的动力学问题。第七章起重机械动力学,主要讨论了起升机构和运行机构的动力学问题。第八章行走式机械动力学,主要讨论了车辆的传动系统的扭转和弯曲振动以及行驶系统的振动问题。第九章有限单元法,介绍了有限单元法在动力学中应用的基本思想和 ANSYS 软件的动力学分析方法。第十章介绍了非线性振动基础。为了帮助学生复习和检查对课程内容的理解,各章配有习题与答案。

本书的主体对象是机械,核心是动力学分析方法,分析工具是数学/力学/计算机软件。

本书可以作为机械类专业机械动力学教材,也可作为相关专业高年级本科生、研究生及教师的参考书。

本书第一章、第二章由刘照编写,第四章由张志强、刘照共同编写,第五章、第十章由王晓笋编写,第九章由张志强编写,其余由石端伟编写,全书由石端伟统稿并由石端伟任主编。武汉大学郭应龙教授对本书进行了认真细致的审稿,提出了很多宝贵意见。编写过程得到了肖晓晖、郭菁两位副教授以及武汉工业学院张永林教授、湖北工业大学华中平教授的指导和热情帮助,在此一并表示衷心感谢。

由于我们水平有限,误漏欠妥之处在所难免,竭诚欢迎读者批评指正。

编　者

2018 年 4 月于武汉

CONTENTS 目录

绪　论

第一节　机械动力学研究的意义

现代化的工业、农业、交通等各个部门的发展，要求设计出更多生产率高、性能良好的机械设备，由此而导致机械产品市场的激烈竞争。

随着机械运转速度的不断提高，动力学的分析方法从静力分析发展到动态静力分析，又发展到动力分析和弹性动力分析，其考虑的因素越来越多，越来越符合客观真实情况，分析复杂程度越来越高。例如，汽车的高速化推动了对整车振动和噪声的研究，内燃机和各种自动化机械的高速化推动了高速凸轮机构动力学的研究。

结构、材质的轻型化是现代机械设计的另一特征。能源与资源的危机向机械产品提出了节能、节材的要求，而材质的改善和最小重量优化方法的发展促使机械产品的轻型化成为可能。机械弹性动力学的发展直接与轻型化相联系。

对于精密机械，分析误差时必须尽可能考虑各种因素，如间隙、弹性、制造误差等。精密机械在高速运转下的精度与静态时有很大的差别。精密机床的动态特性研究和高速间歇机构的动态定位精度研究就是这样发展起来的。

长期以来，机械设计普遍采用静态设计方法，动态设计方法是近些年提出的新设计方法。用静态设计方法设计机械时，只考虑静态载荷和静特性，待产品试制出来以后再作动载荷和动态特性测试，发现问题时再采取补救措施。动态设计方法在设计、制造和管理等各阶段，采取综合性技术措施，早期直接地考虑动力学问题。例如，高速旋转机械可以用静态方法设计，制造出来以后通过动平衡减小振动，还要使运转速度避开共振的临界转速。但是随着转速的提高和柔性转子的出现，不仅在设计时要进行动态分析，而且在运行的过程中还要进行状态监测和故障诊断，并及时维护，排除故障，避免发生重大事故。例如，汽车、飞机的设计早就应用了动态设计方法。动态设计的基础就是动力学分析。

第二节　机械动力学研究的主要内容

机械动力学是研究机械在力的作用下的运动和机械在运动中产生的力的一门学科。机械动力学研究的内容概括起来，主要有如下几个方面。

■ 一、共振分析

随着机械设备的高速重载化和结构、材质的轻型化,现代化机械的固有频率下降,而激励频率上升,有可能使机械的运转速度进入或接近机械的"共振区",引发强烈的共振。所以,对于高速机械装置(如高速皮带、齿轮、高速轴等)的支承结构件乃至这些高速机械本身,均应进行共振验算。

这种验算在设计阶段进行,可避免机械的共振事故发生;而在分析故障时进行,则有助于找到故障的根源和消除故障的途径。

■ 二、振动分析与动载荷计算

现代的机械设计方法正在由传统的静态设计向动态设计过渡,并已产生了一些专门的学科分支。如机械弹性动力学就是考虑机械构件的弹性来分析机械的精确运动规律和机械振动载荷的一个专门学科。

■ 三、计算机与现代测试技术的运用

计算机与现代测试技术已成为机械动力学学科赖以腾飞的两翼。它们相互结合,不仅解决了在振动学科中许多难以用传统方法解决的问题,而且开创了状态监测、故障诊断、模态分析、动态模拟等一系列有效的实用技术,成为生产实践中十分有力的现代化手段。

机械动力学的各个分支领域,在运用计算机方面取得了丰硕成果,如 MATLAB、ADAMS、CATIA、ANSYS 等软件得到了广泛的运用。

■ 四、减振与隔振

高速与精密是现代机械与仪器的重要特征。高速易导致振动,而精密设备却又往往对自身与外界的振动有极为严格的限制。因此,对机械的减振、隔振技术提出了越来越高的要求。所以,隔振设备的设计、选用与配置以及减振措施的采用,也是机械动力学的任务之一。

机械动力学在近年来虽然得到了迅速的发展,但仍有大量的理论问题与技术问题等待人们去探索,其中主要包括以下几个方面:

1. 振动理论问题

这类问题主要是指非线性振动理论问题。工程上的非线性问题常常采用简化的线性化处理,或在计算机上进行分段线性化处理。在这方面还有待进一步探索。

工程中的大量自激振动(如导线舞动、机床颤振、车轮振摆、油缸与导轨的爬行等),目前还缺乏统一成熟的理论方法,许多问题尚待研究。

2. 虚拟样机技术

机械系统动态仿真技术又称为机械工程中的虚拟样机技术,是 20 世纪 80 年代随着计算机技术的发展而迅速发展起来的一项计算机辅助工程(CAE)技术。运用这一技术,可以大大简化机械产品的开发过程,大幅度缩短产品的开发周期,大量减少产品的开发费用和成本,明显提高产品的质量,提高产品的系统及性能,获得最优化和创新的设计产品。因此,该技术一出现,就受到了人们的普遍重视和关注,而且相继出现了各种软件,如 MATLAB、ADAMS、ANSYS、CATIA、UG、Pro/E、SolidWORKS 等。对于这方面的工作,目前我国还有相当大的差距。

3. 振动疲劳机理的研究

许多机械零件的疲劳破坏是由振动产生的。如何把振动理论与振动疲劳机理结合起来仍是一个热门课题。

4. 有关测试技术理论和故障诊断理论的研究

适用、有效、廉价的测试诊断设备与技术,离生产亟需尚有相当大的距离。

5. 流固耦合振动

流体通过固体时会激发振动,而固体的振动如导线舞动、卡门涡振动、轴承油膜振荡等,又会反过来影响流体的流场和流态,从而改变振动的形态。

6. 乘坐动力学

对于交通机械(如汽车、工程机械、舰船等),其结构设计、悬挂设计、座椅设计以及减振设计等都需要引入随机振动理论,是一个广阔且重大的课题。

7. 微机械动力学问题

微机械并非传统意义下的宏观机械的几何尺寸的缩小。当系统特征尺寸达到微米或纳米的量级时,许多物理现象与宏观世界的情况有很大差别。例如,在微机械中,构件材料本身的物理性质将会发生变化;一些微观尺度的短程力所具有的长程效应及其引起的表面效应会在微观领域内起主导作用;在微观尺度下,系统的摩擦问题会更加突出,摩擦力则表现为构件表面间的分子和原子的相互作用,而不再是由载荷的正压力产生,并且当系统的特征尺寸减小到某一程度时,摩擦力甚至可以和系统的驱动力相比拟;在微观领域内,与特征尺寸 L 的高次方成比例的惯性力、电磁力等的作用相对减小,而与特征尺寸的低次方成比例的黏性力、弹性力、表面张力、静电力等的作用相对增大;此外,微构件的变形与损伤机制与宏观构件也不尽相同等。

针对微机械的研究中呈现出的新特征,传统的机械动力学理论与方法已不再适用。微机械动力学研究微构件材料的本构关系、微构件的变形方式和阻尼机制、微机构的弹性动力学方程等主要科学问题,揭示微构件材料的分子(或原子)成分和结构、材料的弹性模量和泊松比、微构件的刚度和阻尼以及微机构的弹性动力学特性等之间的内在联系,从而保证微机电系统在微小空间内实现能量传递、运动转换和调节控制功能,以规定的精度实现预定的动作。因此,机械动力学的研究将会取得多方面的创新成果,这些成果不仅有重要的科学意义和学术价值,而且有很好的应用前景。

伽利略·伽利莱(Galileo Galilei,1564—1642),意大利物理学家、数学家、天文学家、哲学家,比萨(Pisa)大学和帕度亚(Padua)大学的数学教授,1609年成为发明望远镜的第一人。1590年完成了现代动力学的第一篇论文;其对单摆和弦的振动的研究奠定了振动理论的基础。

第一章

单自由度系统的振动

第一节 概 述

机械振动是工程中常见的物理现象。悬挂在弹簧上的物体在外界的干扰下所作的往复运动就是最简单直观的机械振动。广义地说,各种机器设备及其零部件都可以看成是不同程度的弹性系统。例如,桥梁在车辆通过时产生的振动,汽轮机、发电机由于转子的不平衡引起的振动等。因此,机械振动就是在一定的条件下,振动体在其平衡位置附近所作的往复性的机械运动。

实际中的振动系统是很复杂的。为了便于分析研究和运用数学工具进行计算,需要在满足工程要求的条件下,把实际的振动系统简化为力学模型。例如图 1-1(a)是最简单的单自由度系统,m 为振动物体质量,k 为弹簧刚度;图 1-1(b)为单自由度扭转系统,k_t 为无质量轴的扭转刚度,J 为无弹性圆盘的转动惯量;图 1-1(c)为复摆;图 1-1(d)为质量块-简支梁横向振动系统。

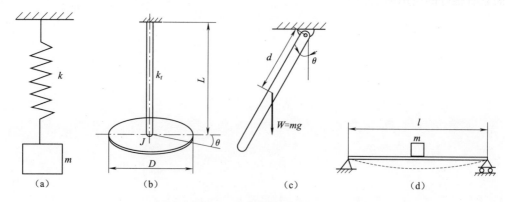

图 1-1 单自由度系统

(a) 单自由度弹簧-质量系统;(b) 单自由度扭转系统;(c) 复摆;(d) 质量块-简支梁横向振动系统

如果实际系统很复杂,要求的精度较高,简化的力学模型也就比较复杂。

振动系统和参数的动态特性,可以用常系数线性微分方程来描述的,称为线性振动。但工程实际中也有很多振动系统是不能线性化的,如果勉强线性化,就会使系统的性质改变,所以这类系统只能按非线性振动系统处理,这将在第十章讨论。

机械振动的分析方法很多。对于简单的振动系统,可以直接求解其微分方程的通解。由于计算机进行数值计算非常方便,所以振动仿真是一种最直接的方法。

由于振动模型中尤其是多自由度振动模型,能很方便地用矩阵微分方程来描述,所以MATLAB在振动仿真中表现出十分优越的特性。

本章介绍单自由度机械的振动基础,然后通过MATLAB来实现仿真计算。

第二节 单自由度系统的振动

■ 一、无阻尼自由振动

图 1-1(a)所示的单自由度系统可以用如下的微分方程描述

$$m\ddot{x} + kx = 0 \tag{1-1}$$

式中,质量 m 的单位为 kg,刚度 k 的单位为 N/m,位移 x 的单位为 m。

令 $\omega_n^2 = \dfrac{k}{m}$,方程的通解为

$$x = a\sin\omega_n t + b\cos\omega_n t \tag{1-2}$$

式(1-2)表示了图 1-1(a)中质量块 m 的位置随时间而变化的函数关系,反映了振动的形式与特点,称为振动函数。

式(1-2)中,a、b 为积分常数,它们决定于振动的初始条件。

如假定 $t=0$ 时,质量块的位移 $x=x_0$,其速度 $\dot{x}=\dot{x}_0=v_0$,则 $a=v_0/\omega_n$,$b=x_0$,即

$$x = \frac{v_0}{\omega_n}\sin\omega_n t + x_0\cos\omega_n t \tag{1-3}$$

或写成

$$x = A\sin(\omega_n t + \varphi) \tag{1-4}$$

其中

$$A = \sqrt{\left(\frac{v_0}{\omega_n}\right)^2 + x_0{}^2}, \quad \varphi = \arctan\frac{x_0\omega_n}{v_0} \tag{1-5}$$

式中,A 为振幅,单位为 mm;φ 为相位角,单位为°;ω_n 为固有频率,单位为 rad/s;固有频率也可表示为 $f_n=\omega_n/(2\pi)$,单位为 1/s(或 Hz,赫兹)。固有频率与系统的刚度 k 和质量 m 有关,与外界赋予的初始条件无关,它是系统本身所具有的一种重要特性。

不难得出,图 1-1(b)的动力学微分方程为

$$J\ddot{\theta} + k_t\theta = 0$$

在数学,上式与式(1-1)完全相同。

【例 1-1】 承受集中载荷的简支梁如图 1-2(a)所示。梁的跨度 $l=3500$ mm,截面尺寸如

图 1-2(b)所示(单位为 mm)。梁的材料为铝,弹性模量 $E=7\times10^4$ MPa,密度 $\rho=2700$ kg/m³。设有一重物 $G_1=2400$ N 从 $h=25$ mm 的高处落下,落于梁跨度的中点。求梁的固有频率和最大动挠度。

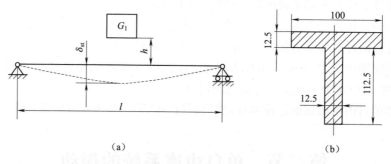

图 1-2 简支梁的振动

解 由图 1-2(b)可计算出梁的截面面积,从而可算出梁自身的重力为 $G_0=251$ N。与重物 G_1 相比,梁的质量可以忽略不计。重物可视为一个集中的质量块,而梁则可视为一个没有质量的弹簧。重物落在梁上以后可将此系统视为一个单自由度的振动系统。用来计算重物振动位移的坐标原点取在其静力平衡位置。那么,梁在重物作用下的静挠度即为这一自由振动的初始位移,而重物下落所获得的速度即为自由振动的初始速度。

根据材料力学可知,简支梁在重物作用下的中点静挠度为

$$\delta_{st}=\frac{G_1 l^3}{48EI}$$

式中,I 为梁的截面惯性矩,$I=4.0844\times10^6$(mm⁴)。

由此可得出

$$x_0=\delta_{st}=\frac{2400\times3500^3}{48\times7\times10^4\times4.0844\times10^6}=7.50\text{(mm)}$$

梁的刚度为

$$k=\frac{G_1}{\delta_{st}}$$

固有频率为

$$\omega_n=\sqrt{\frac{k}{m}}=\sqrt{\frac{G_1/\delta_{st}}{G_1/g}}=\sqrt{\frac{g}{\delta_{st}}}=\sqrt{\frac{9800}{7.50}}=36.15\text{(rad/s)}$$

重物与梁接触瞬间的速度为

$$v_0=\sqrt{2gh}=\sqrt{2\times9800\times25}=700\text{(mm/s)}$$

系统自由振动的振幅为

$$A=\sqrt{\delta_{st}^2+\left(\frac{v_0}{\omega_n}\right)^2}=\sqrt{7.50^2+\left(\frac{700}{36.15}\right)^2}=20.77\text{(mm)}$$

梁的最大动挠度为

$$\delta_{max}=A+\delta_{st}=20.77+7.50=28.27\text{(mm)}$$

可以看出动挠度比静挠度大得多,动挠度与静挠度之比称为放大系数,用 β 表示,此处有

$$\beta=\frac{28.27}{7.50}\approx3.77$$

【例 1-2】 如图 1-3 所示,起重机以速度 v_0 使重物 G 下降时,突然紧急制动,求此时提升

机构所受的最大的力。已知 $v_0 = 600$ mm/s，$G = 20000$ N，钢丝绳的截面积 $A = 251$ mm²，长度 $l = 16000$ mm，弹性模量 $E = 1.78 \times 10^5$ MPa。

解　在起重机设计中，钢丝绳选型十分重要，往往需要根据钢丝绳的实际拉力与所要求的安全系数来决定钢丝绳的型号。本题的目的是阐述起重机钢丝绳的动拉力。

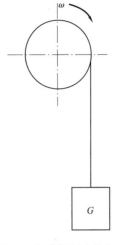

紧急制动时，钢丝绳突然停止，但此时重物具有速度 v_0，从制动的瞬间开始吊在绳上作自由振动。显然，初始位移 $x_0 = 0$，初始速度为 v_0，由式(1-5)可知，最大位移 $x_{\max} = \dfrac{v_0}{\omega_n}$，由此，钢丝绳最大的拉伸量为

$$\delta_{\max} = \delta_{st} + \frac{v_0}{\omega_n} = \frac{G}{k} + v_0 \sqrt{\frac{m}{k}}$$

式中，k 为钢丝绳刚度。

图1-3　起重机制动状态

由材料力学可知

$$k = \frac{EA}{l} = \frac{1.78 \times 10^5 \times 251}{16000} = 2792 \text{(N/mm)}$$

钢丝绳中最大的拉力为

$$F_{\max} = k\delta_{\max} = k\left(\frac{G}{k} + v_0 \sqrt{\frac{m}{k}}\right) = G\left(1 + v_0 \sqrt{\frac{k}{Gg}}\right)$$

$$= 20000 \times \left(1 + 600\sqrt{\frac{2792}{20000 \times 9800}}\right) = 65290 \text{(N)}$$

定义动拉力与静拉力之比为动力放大系数 β，则 $\beta = \dfrac{F_{\max}}{G} = \dfrac{65290}{20000} = 3.2645$。由此可以看出，当紧急制动时，起重机钢丝绳中的动拉力是正常提升时的 3.2645 倍。

二、有阻尼自由振动

在图 1-1(a) 所示的保守系统中，系统的能量守恒。如果振动一旦发生，它就会持久地、等幅地一直进行下去。但是，实际上所有的自由振动都是逐渐衰减而最终停止的，即系统存在阻尼。阻尼的存在形式包括相对运动表面的干摩擦阻尼、液体与气体的黏性阻尼、电磁阻尼和结构阻尼等。

图 1-4 所示为考虑了黏性阻尼的单自由度振动系统模型，阻尼系数用 c 表示，单位为 N·s/m，其运动微分方程为

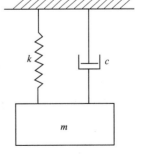

$$m\ddot{x} + c\dot{x} + kx = 0 \tag{1-6}$$

令 $\dfrac{c}{m} = 2n$，$\dfrac{k}{m} = \omega_n^2$，则

$$\ddot{x} + 2n\dot{x} + \omega_n^2 x = 0 \tag{1-7}$$

其通解为

$$x = e^{-nt}\left(c_1 e^{t\sqrt{n^2 - \omega_n^2}} + c_2 e^{-t\sqrt{n^2 - \omega_n^2}}\right) \tag{1-8}$$

图 1-4　有阻尼的
单自由度振动系统

式中，c_1、c_2 为积分常数，由振动初始条件确定。

令 $\dfrac{n}{\omega_n}=\xi$，ξ 称为相对阻尼系数或阻尼比，是无量纲参数。则式(1-8)可写为

$$x = \mathrm{e}^{-\xi\omega_n t}(c_1\mathrm{e}^{\omega_n t\sqrt{\xi^2-1}} + c_2\mathrm{e}^{-\omega_n t\sqrt{\xi^2-1}}) \qquad (1\text{-}9)$$

由此可以讨论阻尼对系统的自由振动产生的影响。

当 $\xi<1$ 时，称为弱阻尼状态。此时，ξ^2-1 为虚数，式(1-9)变为

$$x = \mathrm{e}^{-\xi\omega_n t}(c_1\mathrm{e}^{i\omega_n t\sqrt{1-\xi^2}} + c_2\mathrm{e}^{-i\omega_n t\sqrt{1-\xi^2}}) \qquad (1\text{-}10)$$

利用欧拉公式，式(1-10)可写为

$$x = A\mathrm{e}^{-\xi\omega_n t}(b\cos\omega_n\sqrt{1-\xi^2}\,t + a\sin\omega_n\sqrt{1-\xi^2}\,t) \qquad (1\text{-}11)$$

式(1-11)的括号内为两个简谐振动相加，则其可写为

$$x = A\mathrm{e}^{-\xi\omega_n t}\sin(\omega_n\sqrt{1-\xi^2}\,t + \varphi) \qquad (1\text{-}12)$$

其中

$$A = \sqrt{\dfrac{(v_0+\xi\omega_n x_0)^2 + x_0^2\omega_n^2(1-\xi^2)}{\omega_n^2(1-\xi^2)}},\ \varphi = \arctan\left(\dfrac{x_0\omega_n\sqrt{1-\xi^2}}{v_0+\xi\omega_n x_0}\right)$$

由式(1-12)可以看出，弱阻尼自由振动具有如下几种特性：它是一个简谐振动，振动的频率为 $\omega_d = \omega_n\sqrt{1-\xi^2}$，而 ω_n 为无阻尼时系统的固有频率。一般情况下，ξ 常在 0.1 左右，因此对固有频率的影响不大，即认为 $\omega_n\sqrt{1-\xi^2}\approx\omega_n$。振动的振幅为 $A\mathrm{e}^{-\xi\omega_n t}$，其中 A、ξ、ω_n 皆为定值。所以振幅随时间变化的规律是一条指数递减曲线，如图 1-5 所示。

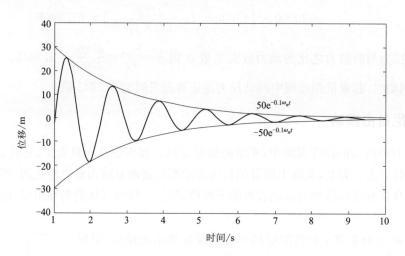

图 1-5　弱阻尼状态响应曲线

当 $\xi>1$ 时，称为强阻尼状态。此时，式(1-9)可写成

$$\left.\begin{array}{l}x = c_1\mathrm{e}^{(-\xi+\sqrt{\xi^2-1})\omega_n t} + c_2\mathrm{e}^{(-\xi-\sqrt{\xi^2-1})\omega_n t}\\[2mm] c_1 = \dfrac{v_0+(\xi+\sqrt{\xi^2-1})\omega_n x_0}{2\omega_n\sqrt{\xi^2-1}}\\[4mm] c_2 = \dfrac{-v_0+(-\xi+\sqrt{\xi^2-1})\omega_n x_0}{2\omega_n\sqrt{\xi^2-1}}\end{array}\right\} \qquad (1\text{-}13)$$

由于 $\xi^2-1>0$，故式(1-13)中的二项指数皆为实数，又因为 $\xi>\sqrt{\xi^2-1}$，故二项指数皆为负值。所以，式(1-13)所表示的是一条指数递减的曲线。这表示系统将不再产生前面所述的振动，而是一条按指数规律衰减的曲线。

当 $\xi=1$ 时，称为临界阻尼状态。由于 $\xi=\dfrac{n}{\omega_n}=1,n=\omega_n$，则有

$$c_c=2m\omega_n=2m\sqrt{k/m}=2\sqrt{km} \tag{1-14}$$

这里 c_c 为临界阻尼状态下的阻尼系数，称为临界阻尼系数。显然它是系统本身所具有的特性之一。

由 $\xi=\dfrac{n}{\omega_n}=\dfrac{c}{2m\omega_n}$ 及 $c_c=2m\omega_n$，有 $\xi=\dfrac{c}{c_c}$。也就是说，相对阻尼系数 ξ（阻尼比）反映了系统的实际阻尼与临界阻尼的关系。

在临界阻尼状态下，有

$$x=\mathrm{e}^{-\omega_n t}(c_1+c_2 t) \tag{1-15}$$
$$c_1=x_0,c_2=v_0+\omega_n x_0$$

显然，在这种状态下不能形成振动。

根据式(1-12)、式(1-13)、式(1-15)，有阻尼自由振动响应的 MATLAB 程序如下：

```
function VTB1(m,c,k,x0,v0,tf)
%VTB1 用来计算单自由度有阻尼自由振动系统的响应
%VTB1 绘出单自由度有阻尼自由振动系统的响应图
%m 为质量;c 为阻尼;k 为刚度;x0 为初始位移;v0 为初始速度;tf 为仿真时间
%VTB1(zeta,w,x0,v0,tf)绘出单自由度有阻尼自由振动系统的响应图
%程序中 z 为阻尼比 ξ;wn 为固有频率 ωn;A 为振动幅度;phi 为初相位 θ
clc
wn=sqrt(k/m);              %固有频率 ωn
z=c/2/m/wn;               %阻尼比 ξ
wd=wn*sqrt(1-z^2);        %计算 ωd=√(1-ξ²)ωn
fprintf('固有频率为%.3g. rad/s. \n',wn);
fprintf('阻尼比为%.3g. \n',z);
fprintf('有阻尼的固有频率为%.3g. rad/s. \n',wd);
t=0:tf/1000:tf;
if z<1
    A=sqrt((((v0+z*wn*x0)^2+(x0*wd)^2)/wd^2);
    phi=atan2(x0*wd,v0+z*wn*x0);
    x=A*exp(-z*wn*t).*sin(wd*t+phi);
    fprintf('A=%.3g\n',A);
    fprintf('phi=%.3g\n',phi);
elseif z==1
    a1=x0;
    a2=v0+wn*x0;
```

```
        fprintf('a1=%.3g\n',a1);
        fprintf('a2=%.3g\n',a2);
        x=(a1+a2*t).*exp(-wn*t);
    else
        a1=(-v0+(-z+sqrt(z^2-1))*wn*x0)/2/wn/sqrt(z^2-1);
        a2=(v0+(z+sqrt(z^2-1))*wn*x0)/2/wn/sqrt(z^2-1);
        fprintf('a1=%.3g\n',a1);
        fprint('a2=%.3g\n',a2);
        x=exp(-wn*t).*(a1*exp(-wn*sqrt(z^2-1)*t)+a2*exp(wn*sqrt(z^2-
1)*t));
    end
    plot(t,x),grid
    xlabel('时间(s)')
    ylabel('位移(m)')
    title('位移相对时间的关系')
```

运行该程序时,只需要给出相应的参数,例如:

≫VTB1(1,0.05,1,1,1,100)

显示固有频率为 $\omega_n = 1\text{rad/s}$,阻尼比 $\xi = 0.03$,$A = 1.43$,phi=0.773rad。响应曲线如图 1-6 所示。

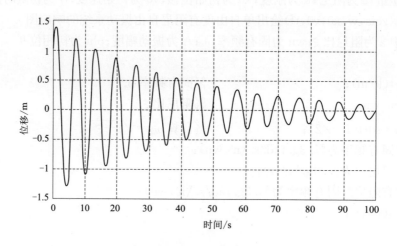

图 1-6 阻尼比 $\xi = 0.03$ 的响应曲线

程序中的 if 语句就是判断 ξ 大小的,即判断是弱阻尼状态、强阻尼状态还是临界阻尼状态。

如果运行≫VTB1(1,2,1,0.1,1,20),则显示固有频率为 $\omega_n = 1\text{rad/s}$,阻尼比 $\xi = 1$。其响应曲线如图 1-7 所示。如果要想求出振动的速度 $\dot{x}(=xd)$ 和加速度 $\ddot{x}(=xdd)$,只要对式(1-12)、式(1-13)、式(1-15)分别进行求导,在程序中加入相应的内容,最后增加 plot(t,xd),plot(t,xdd)语句,即可给出速度和加速度图。

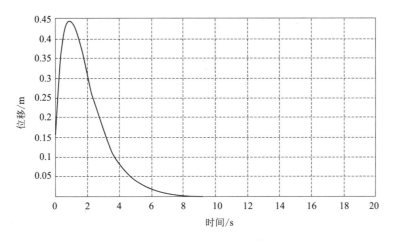

图 1-7　临界阻尼状态响应曲线

三、有阻尼受迫振动

单自由度有阻尼受迫振动的微分方程为

$$m\ddot{x} + c\dot{x} + kx = f(t) \tag{1-16}$$

式中，$f(t)$ 为外加的激励力（或外载荷），是时间的函数。实际工程中，外载荷的类型很多，如驱动力、摩擦力、风阻力、地震力、温度载荷、机械零件装配产生的力等。外载荷可以用公式、图表描述，有些是连续的，有些是分段的、离散的。

如果 $f(t) = F_0 \sin\omega t$，则称为简谐激励力，其振动称为谐迫振动。此时，式(1-16)可写成

$$\ddot{x} + 2\xi\omega_n\dot{x} + \omega_n^2 x = \frac{F_0}{m}\sin\omega t \tag{1-17}$$

式(1-17)是一个线性非齐次方程，其响应为

$$x = Ae^{-\xi\omega_n t}\sin\left(\sqrt{1-\xi^2}\,\omega_n t + \varphi\right) + B\sin(\omega t - \phi) \tag{1-18}$$

式中，第一项为非齐次方程的通解，称为瞬态响应；第二项为方程的特解，称为稳态响应；A 与 φ 仍按式(1-12)计算；λ 为频率比，$\lambda = \dfrac{\omega}{\omega_n}$；相位 $\phi = \arctan\left(\dfrac{2\xi\lambda}{1-\lambda^2}\right)$；$B$ 为稳态响应的振幅，表示为

$$B = \frac{\omega_n^2 F_0/k}{\sqrt{(\omega_n^2 - \omega^2)^2 + (2\xi\omega_n\omega)^2}} = \frac{F_0}{k\sqrt{(1-\lambda^2)^2 + (2\lambda\xi)^2}}$$

如果 $f(t) = F_0\cos\omega t$，则

$$x = Ae^{-\xi\omega_n t}\cos\left(\sqrt{1-\xi^2}\,\omega_n t + \varphi\right) + B\cos(\omega t - \phi)$$

谐迫振动的主要特性如下。

(1)由式(1-18)可见，谐迫振动包括瞬态与稳态响应两部分。瞬态响应是一个有阻尼的简谐振动，振动频率为系统固有频率 ω_n，振幅 A 与初相位角 φ 取决于初始条件，振幅按 $e^{-\xi\omega_n t}$ 的规律衰减。因此，振动持续时间决定于系统的阻尼比 ξ。

(2)稳态响应也是一个简谐振动，其频率等于激励力的频率 ω，振幅为 B，相位角为 ϕ。对于处于稳定工作状态的机械系统，往往只考虑稳态响应。

(3)F_0/k 是系统在静载荷 F_0 作用下产生的变形，称静态变位。而系统在 $f(t) = F_0\sin\omega t$

作用时,产生等幅振动,这个振动实质上是一种动态变位。$H(\omega)=B/(F_0/k)$即为动态变位与静态变位之比,称为动力放大因子。$H(\omega)$随阻尼比ξ和频率比λ而变化。当$\lambda \ll 1$时,$H(\omega) \approx 1$即$B \approx F_0/k$,说明当激励频率ω远小于系统固有频率ω_n时,系统可视为静态,振幅也等于静变位。当$\lambda \gg 1$时,$H(\omega) \to 0$,即$B \to 0$,这是因为激励力频率非常高,系统由于惯性而来不及随之振动。当$\lambda \approx 1$时,B急剧增大,即发生共振。

单自由度谐迫振动的 MATLAB 计算程序如下:

```
function vtb2(m,c,k,x0,v0,tf,w,f0)
%单自由度系统的谐迫振动
clc
wn=sqrt(k/m);                          %固有频率ωn
z=c/2/m/wn;                            %阻尼比ξ
lan=w/wn;                              %频率比λ
wd=wn*sqrt(1-z^2);                     %计算ωd=√(1-ξ²)ωn
A=sqrt((((v0+z*wn*x0)^2+(x0*wd)^2)/wd^2);
t=0:tf/1000:tf;
phi=atan2(2*z*lan,1-lan^2);            %相位角
B=wn^2*f0/k/sqrt((wn^2-w^2)^2+(2*z*wn*w)^2);
x=A*exp(-z*wn*t).*sin(sqrt(1-z^2)*wn*t+phi)+B*sin(w*t+phi);
plot(t,x),grid
xlabel('时间(s)')
ylabel('位移')
title('位移与时间的关系')
```

【例 1-3】 图 1-8 是谐迫振动系统。已知$k=43.8$ N/m,$m=18.2$ kg,$c=1.49$ N·s/m,$F_0=44.5$ N,$\omega=15$ rad/s。求系统的响应。

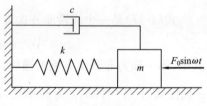

图 1-8 谐迫振动系统

解 运行 MATLAB vtb2(18.2,1.49,43.8,1,1,100,15,44.5),可得出振动响应,见图 1-9。

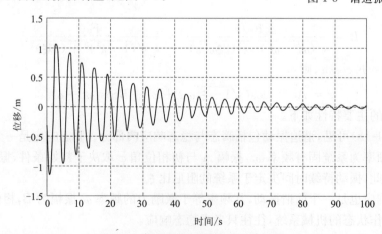

图 1-9 有阻尼谐迫振动的位移曲线

读者可自己调整 c 和 ω 的大小,从而调整 ξ 和 λ 的大小,分析系统的响应形态。

【例 1-4】 离心式自动脱水洗衣机,由于运转时不可避免的衣物偏心而常常引起剧烈振动。所以设计时要求采取严格的隔振措施,把振幅控制在一定的范围内。某洗衣机质量为 $M=2000$ kg,由四个垂直的螺旋弹簧支承,每个弹簧的刚度由实验测定为 $k=83000$ N/m。另有四个阻尼器,总的相对阻尼系数 $\xi=0.15$。简化的模型如图 1-10 所示。洗衣机在脱水时以 $n=300$ r/min 运转,此时衣物的偏心质量为 $m=13$ kg,偏心距为 $e=0.5$ m。试计算其垂直振幅。

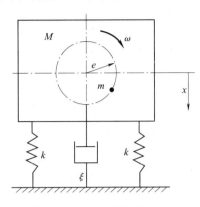

图 1-10　洗衣机振动模型

解 由于结构对称,计算洗衣机垂直方向的振幅时,可作为单自由度来处理。偏心质量的离心力在垂直方向的分量引起洗衣机机体在垂直方向的受迫振动,根据式(1-17),其振动方程为

$$\ddot{x} + 2\xi\omega_n\dot{x} + \omega_n^2 x = \frac{me\omega^2}{M}\sin\omega t$$

式中,$me\omega^2$ 为离心惯性力;ω 为激励力频率,$\omega = \dfrac{2\pi n}{60} = 31.4$ rad/s。

系统的四个弹簧为并联,总刚度为 $K=4k=332000$ N/m,固有频率 ω_n 为

$$\omega_n = \sqrt{\frac{K}{M}} = \sqrt{\frac{332000}{2000}} = 12.88\,(\text{rad/s})$$

频率比为

$$\lambda = \frac{\omega}{\omega_n} = 2.44$$

这说明此时超过共振点较多,不会发生共振。由式(1-18)计算得振幅 B 为

$$B = \frac{F_0}{K}\frac{1}{\sqrt{(1-\lambda^2)^2 + (2\lambda\xi)^2}} = \frac{me}{K}\frac{\lambda^2}{\sqrt{(1-\lambda^2)^2 + (2\lambda\xi)^2}} = 0.00385\,(\text{m})$$

这个例子很典型。在通风机、电动机、水泵、离心压缩机、汽轮机等旋转机械中,由于偏心质量而引起受迫振动是很普遍的现象,要减少振动就需要使质量分布尽可能均匀,使之与旋转轴对称而没有偏心,同时也涉及到转子的平衡问题。

第三节　等效力学模型

在实际振动系统中,往往有多个质量块与多个以不同形式连接的弹性元件,尽管这些系统可以用有限元方法进行动力学分析,但为了简化,需要进行等效处理。

■ 一、等效力

作用于等效构件上的等效力(或等效力矩)所做的功应等于作用于系统上的全部外力所做的功。实用中为了方便,可根据功率相等来折算。设 $F_k(k=1,2,\cdots,m)$ 和 $T_j(j=1,2,\cdots,n)$ 分别为作用于机械上的外力和外力矩,根据功率相等的原则可导出等效力 F_e 或等效力矩 T_e 为:

$$
\left.\begin{aligned}
F_e &= \sum_{k=1}^{m} F_k \frac{v_k \cos\alpha_k}{v_e} + \sum_{j=1}^{n} \pm T_j \frac{\omega_j}{v_e} \\
T_e &= \sum_{k=1}^{m} F_k \frac{v_k \cos\alpha_k}{\omega_e} + \sum_{j=1}^{n} \pm T_j \frac{\omega_j}{\omega_e}
\end{aligned}\right\} \tag{1-19}
$$

式中，ω_e 为等效构件的角速度；ω_j 为外力矩 T_j 作用的构件的角速度；v_e 为等效构件的速度；v_k 为外力 F_k 作用点的速度；α_k 为 F_k 与 v_k 之夹角。

二、等效质量和等效转动惯量

根据能量法原理，分布质量可简化为一个等效质量。它是一个假想的集中质量，在振动过程中产生的动能等于分布质量所产生的总能量。

对于离散分布的各集中质量，其等效质量为

$$
m_e = \sum_{i=1}^{m} m_i \left(\frac{v_i}{v_e}\right)^2 + \sum_{j=1}^{n} J_j \left(\frac{\omega_j}{v_e}\right)^2 \tag{1-20}
$$

式中，v_i 为质量 m_i 的运动速度；v_e 为等效质量的运动速度；ω_j 为转动惯量 J_j 的转动角速度。

等效转动惯量为

$$
J_e = \sum_{i=1}^{m} m_i \left(\frac{v_i}{\omega_e}\right)^2 + \sum_{j=1}^{n} J_j \left(\frac{\omega_j}{\omega_e}\right)^2 \tag{1-21}
$$

式中，ω_e 为等效转动惯量的转动角速度。

【例 1-5】 一振动系统如图 1-11 所示，求简化到 A 点的等效质量。

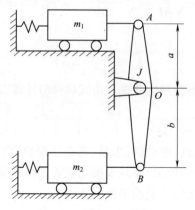

图 1-11 【例 1-5】示意图

解 利用式(1-20)，且 $v_e = v_1$，可得

$$
\begin{aligned}
m_e &= m_1 \left(\frac{v_1}{v_1}\right)^2 + m_2 \left(\frac{v_2}{v_1}\right)^2 + J \left(\frac{\omega}{v_1}\right)^2 \\
&= m_1 + m_2 \left(\frac{b}{a}\right)^2 + J \left(\frac{1}{a}\right)^2
\end{aligned}
$$

三、等效刚度

建立动力学模型时，需将组合弹簧系统换算成一个等效弹簧。等效刚度是在保证系统总势能不变的条件下，将各部分的刚度向一定位置转换，转换得到的假想刚度为等效刚度。机械系统中常用几个弹性元件串联或并联进行组合。组合弹性元件的等效刚度见表 1-1。

表 1-1　　　　　　　　　　　　　　　　　　　　组合弹性元件的等效刚度

序号	弹簧元件组合形式	组合等效刚度
1		$\dfrac{1}{k}=\dfrac{1}{k_1}+\dfrac{1}{k_2}$ 或 $k=\dfrac{k_1 k_2}{k_1+k_2}$
2		$k=k_1+k_2$
3		$k=\dfrac{(a+b)^2}{\dfrac{a^2}{k_2}+\dfrac{b^2}{k_1}}$
4		$k=\dfrac{k_1(k_2+k_3)}{k_1+k_2+k_3}$

【例 1-6】　一振动系统如图 1-12 所示。假定水平杆 OB 是刚性杆,试求系统转化到 B 点的等效刚度。

解　将刚度为 k_1 的弹簧转换到 B 点。

根据势能相等原理,A 点弹簧(刚度 k_1)的势能应等于 B 点等效弹簧(刚度 k_1')的势能,即

$$\frac{1}{2}k_1 y_A^2 = \frac{1}{2}k_1' y_B^2,\ k_1' = k_1\left(\frac{l_1}{l_2}\right)^2$$

弹簧 k_1 和弹簧 k_1' 构成串联组合,则等效刚度为

$$k = \frac{k_1' k_2}{k_1'+k_2} = \frac{k_1\left(\dfrac{l_1}{l_2}\right)^2 k_2}{k_1\left(\dfrac{l_1}{l_2}\right)^2+k_2} = \frac{k_1 k_2 l_1^2}{k_1 l_1^2 + k_2 l_2^2}$$

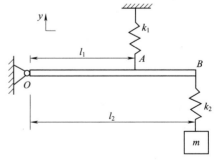

图 1-12　【例 1-6】示意图

在机械系统动力学建模中,涉及到质量与转动惯量的等效转换、力与力矩的等效转换,同时也涉及到直线移动刚度与扭转刚度的等效转换。

第四节　隔振原理

机械设备运转时所产生的振动,不仅影响本身的工作精度、结构强度和使用寿命,而且会对周围的仪器设备和建筑物带来危害。由振动引起的噪声还会影响人体的健康。因此,有效地隔离振动是十分必要的。

工程上通常采用两种性质不同的隔振,即主动隔振和被动隔振。两种隔振的设计思路是相同的,都是把隔振的机器或仪器安装在由弹簧与阻尼器组成的隔振器上,使大部分振动能量为隔振器所吸收。

■ 一、主动隔振

机器本身是振源,为了减少对周围其他设备的影响,用隔振器将机器与地基隔开,这种隔振称为主动隔振。例如在行走机械中,原动机底座加橡胶隔振垫等。

图 1-13(a)是单自由度主动隔振系统的动力学模型。机器本身产生的振动激励力为 $F_0\sin\omega t$。如果没有隔振装置,设备和支承之间为刚性接触,则传递到支承上的动载也为 $F_0\sin\omega t$。采用隔振措施后,系统作用在支承上的力将为通过弹簧 k 和阻尼器 c 传递的最大载荷 $\vec{N}_{k\max}$ 和 $\vec{N}_{c\max}$ 的矢量和,即

$$\vec{N} = \vec{N}_{k\max} + \vec{N}_{c\max}$$

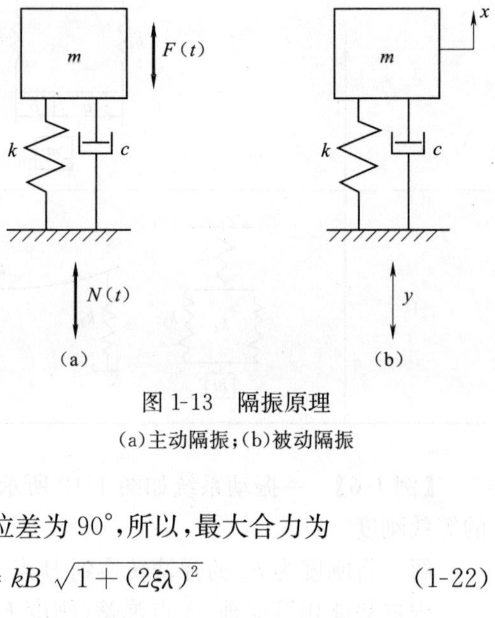

因

$$N_k = kx = kB\sin(\omega t - \varphi)$$

$$N_c = c\dot{x} = c\omega B\cos(\omega t - \varphi)$$

图 1-13　隔振原理
(a)主动隔振;(b)被动隔振

上述振动为简谐振动,其振动位移与速度之间的相位差为 $90°$,所以,最大合力为

$$N = \sqrt{(kB)^2 + (c\omega B)^2} = kB\sqrt{1 + (2\xi\lambda)^2} \tag{1-22}$$

由式(1-18),谐迫振动的振幅为

$$B = \frac{B_0}{\sqrt{(1-\lambda^2)^2 + (2\xi\lambda)^2}} = \frac{F_0}{k\sqrt{(1-\lambda^2)^2 + (2\xi\lambda)^2}}$$

将上式代入式(1-22),得

$$N = F_0\sqrt{\frac{1 + (2\xi\lambda)^2}{(1-\lambda^2)^2 + (2\xi\lambda)^2}}$$

主动隔振的隔振效果常用隔振系数 η_a 来表示。η_a 为设备隔振后传给地基的最大动载荷 N(幅值)与未隔振时设备传给地基的最大动载荷 F_0(幅值)的比值,即

$$\eta_a = \frac{N}{F_0} = \sqrt{\frac{1 + (2\xi\lambda)^2}{(1-\lambda^2)^2 + (2\xi\lambda)^2}} \tag{1-23}$$

二、被动隔振

为了减小周围振源对仪器设备的影响,需隔离来自地基的振动,这种隔振称为**被动隔振**,如图 1-13(b)所示。地基传给系统的激励是 $y = A\sin\omega t$,经隔振后仪器设备的响应为 $x = B\sin(\omega t - \psi)$,其振幅为

$$B = A\sqrt{\frac{1+(2\xi\lambda)^2}{(1-\lambda^2)^2+(2\xi\lambda)^2}}$$

被动隔振的隔振效果常用隔振系数 η_p 来表示,η_p 为

$$\eta_p = \frac{B}{A} = \sqrt{\frac{1+(2\xi\lambda)^2}{(1-\lambda^2)^2+(2\xi\lambda)^2}} \tag{1-24}$$

当振源为简谐振动时,主动隔振与被动隔振的隔振系数的数学表达式是完全相同的。

采用不同的 ξ、λ 值,可绘制出一系列的隔振曲线。

当 $\lambda \ll 1$ 时,$\eta = 1$,无隔振效果;当 $1 < \lambda < \sqrt{2}$ 时,$\eta > 1$,不但不能隔振,反而会有扩振的效果;当 $\lambda \approx 1$ 时,系统共振。所以,$1 < \lambda < \sqrt{2}$ 称为共振区。设备在启动和制动过程中必定要经过这一区域,因而,在隔振器内应具有适当的阻尼,以减少经过共振区域的振幅。

当 $\lambda > \sqrt{2}$ 时,$\eta < 1$,这才有隔振效果,故称为隔振区,且随着 λ 的增大隔振效果增强。在工程中一般取 $\lambda = 2.5 \sim 5$ 即可满足要求。在此区域,增大阻尼会降低隔振效果。

【**例 1-7**】 在【例 1-4】中,加了弹簧和阻尼器来减振,从而使洗衣机的振动较少地传递到周围的环境中去。试分析未采取隔振措施时和采取隔振措施后洗衣机传递到地基的作用力。

解 当未加隔振时,作用于地基的力就是离心惯性力,其最大值为

$$F_0 = me\omega^2$$

在采取隔振措施后,洗衣机传递到地基的力有两部分:

(1)通过弹簧传递到地基的力为

$$N_k = kx = kB\sin(\omega t - \varphi)$$

(2)通过阻尼器传递到地基的力为

$$N_c = c\dot{x} = 2M\xi\omega_n B\omega\cos(\omega t - \varphi)$$

这两部分的力频率相同,均为 ω,其合力的最大值为

$$N = \sqrt{(N_{k\max})^2+(N_{c\max})^2} = \sqrt{(kB)^2+(2M\xi\omega_n B\omega)^2}$$
$$= kB\sqrt{1+(2\xi\lambda)^2}$$

将振幅代入,有

$$N = \frac{me\omega^2\sqrt{1+(2\xi\lambda)^2}}{\sqrt{(1-\lambda^2)^2+(2\xi\lambda)^2}}$$

隔振系数为

$$\eta_a = \frac{N}{F_0} = \frac{\sqrt{1+(2\xi\lambda)^2}}{\sqrt{(1-\lambda^2)^2+(2\xi\lambda)^2}} = 0.2475$$

可见,加隔振措施后传递到地基上的力减少了 3/4。

工程实际中,有诸多需要考虑隔振的机械,乘坐系统、机密机床(磨床、高精度数控机床等)、高精度仪器(电子显微镜等)、具有较大冲击力的机械设备(冲床、破碎机等)往往需要隔振减振。

第五节　等效黏性阻尼

在振动微分方程中,一般将阻尼假定为黏性阻尼,从而使方程容易求解。而实际系统常为非黏性阻尼,因而需要用等效黏性阻尼来进行近似计算。

当系统作简谐振动时,黏性阻尼力也是简谐力,即

$$F_c = c\dot{x} = cB\omega\cos(\omega t - \psi)$$

在一个周期中,黏性阻尼所消耗的能量等于它在一个周期中所做的功,即

$$W_c = \int_0^T F_c \dot{x} \, dt = \int_0^{\frac{2\pi}{\omega}} cB^2 \omega^2 \cos^2(\omega t - \psi) \, dt = \pi cB^2 \omega \tag{1-25}$$

对于非黏性阻尼系统,根据一个周期中非黏性阻尼和等效阻尼所消耗的能量相等的原理,假设 W_e 为非黏性阻尼在一个周期内所做的功,c_e 为其等效阻尼系数,则

$$W_e = W_c = \pi c_e B^2 \omega$$

$$c_e = \frac{W_e}{\pi\omega B^2} \tag{1-26}$$

常见的非黏性阻尼的等效阻尼有以下几种:

■ 一、干摩擦阻尼

干摩擦阻尼力 F_c 为常数力,在系统振动过程中大小不变,其方向始终与运动方向相反。当质量从平衡位置移动到最大位移时,摩擦力做功为 $F_c B$。在一个振动周期内,阻尼力所做的功为 $W_e = 4F_c B$。由式(1-26),则干摩擦阻尼的等效黏性阻尼系数为

$$c_e = \frac{4F_c}{\pi\omega B} \tag{1-27}$$

■ 二、流体黏性阻尼

当物体以较大速度在黏度较小的流体内运动时,其阻尼力和速度的平方成正比($F_c = a\dot{x}^2$),而方向与速度相反。流体阻尼在一个周期内所做的功为

$$W_e = 4\int_0^{\frac{T}{4}} F_c \dot{x} \, dt = 4\int_0^{\frac{T}{4}} a\dot{x}^3 \, dt = 4a\int_{\frac{\psi}{\omega}}^{\frac{T}{2}+\frac{\psi}{\omega}} B^3 \omega^3 \cos^3(\omega t - \psi) \, dt = \frac{8}{3} aB^3 \omega^2$$

由式(1-26),得

$$c_e = \frac{W_e}{\pi\omega B^2} = \frac{8}{3\pi} aB\omega \tag{1-28}$$

■ 三、结构阻尼

结构材料在振动过程中,存在加载和卸载的循环。每个振动周期内形成一个应力-应变曲线,如图1-14所示。试验表明,一个周期内结构阻尼消耗的能量与振幅的平方成正比,而与振

动频率无关,即

$$W_e = bB^2$$

式中,b 为常数。

由式(1-26),结构阻尼的等效黏性阻尼系数为

$$c_e = \frac{b}{\pi\omega} \qquad (1-29)$$

如果一个系统存在几个性质不同的阻尼,也可以把它折算成等效阻尼

$$c_e = \frac{\sum W}{\pi\omega B^2} \qquad (1-30)$$

式中,$\sum W$ 为系统各阻尼在一个周期中消耗的能量。

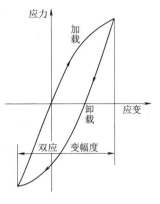

图 1-14 材料的应力-应变曲线

第六节 非简谐周期激励的响应

对于工程中常见的线性系统来说,任何周期函数均可按傅立叶级数理论展开为一系列简谐函数之和。假设系统受一周期激励 $F(t)$ 的作用,其周期为 T,可表示为

$$F(t) = \frac{a_0}{2} + a_1\cos\omega_0 t + a_2\cos2\omega_0 t + \cdots + b_1\sin\omega_0 t + b_2\sin2\omega_0 t + \cdots$$

$$
\begin{aligned}
F(t) &= A_0 + \sum_{n=1}^{\infty}(a_n\cos n\omega_0 t + b_n\sin n\omega_0 t) \\
&= A_0 + \sum_{n=1}^{\infty}A_n\sin(n\omega_0 t + \varphi_n)
\end{aligned}
\qquad (1-31)
$$

$$a_0 = \frac{2}{T}\int_0^T F(t)\mathrm{d}t$$

$$a_n = \frac{2}{T}\int_0^T F(t)\cos n\omega_0 t\mathrm{d}t,(n=1,2,3,\cdots)$$

$$b_n = \frac{2}{T}\int_0^T F(t)\sin n\omega_0 t\mathrm{d}t,(n=1,2,3,\cdots)$$

$$A_0 = \frac{a_0}{2}, A_n = \sqrt{a_n^2 + b_n^2}, \tan\varphi_n = \frac{a_n}{b_n}$$

图 1-15 为给定的周期函数 $F(t)$ 的频谱。

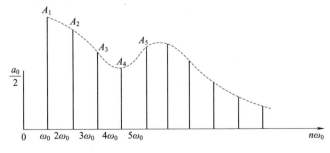

图 1-15 周期函数 $F(t)$ 的频谱

【例 1-8】 设周期激励 $F(t)$ 如图 1-16 所示,求此函数的傅立叶级数和频谱。

解 $F(t)$ 的数学表达式为

$$F(t) = \begin{cases} A\left(0 < t < \dfrac{T}{2}\right) \\ -A\left(\dfrac{T}{2} < t < T\right) \end{cases}$$

式中,T 为激励 $F(t)$ 的周期;基频 $\omega_0 = 2\pi/T$。

不难求出傅立叶系数为

$$a_0 = \frac{2}{T}\int_0^T F(t)\mathrm{d}t = 0$$

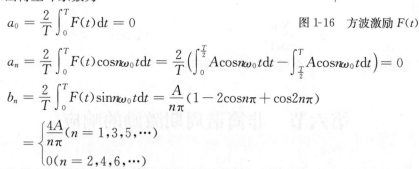

图 1-16 方波激励 $F(t)$

$$a_n = \frac{2}{T}\int_0^T F(t)\cos n\omega_0 t\,\mathrm{d}t = \frac{2}{T}\left(\int_0^{\frac{T}{2}} A\cos n\omega_0 t\,\mathrm{d}t - \int_{\frac{T}{2}}^T A\cos n\omega_0 t\,\mathrm{d}t\right) = 0$$

$$b_n = \frac{2}{T}\int_0^T F(t)\sin n\omega_0 t\,\mathrm{d}t = \frac{A}{n\pi}(1 - 2\cos n\pi + \cos 2n\pi)$$

$$= \begin{cases} \dfrac{4A}{n\pi}(n = 1,3,5,\cdots) \\ 0(n = 2,4,6,\cdots) \end{cases}$$

因此

$$F(t) = 1.27A\sin\omega_0 t + 0.42A\sin 3\omega_0 t + 0.25A\sin 5\omega_0 t +$$
$$0.18A\sin 7\omega_0 t + 0.14A\sin 9\omega_0 t\cdots$$

$F(t)$ 函数的傅立叶级数如图 1-17(a)所示。在工程中一般取前五阶谐波合成就能满足精度要求。图 1-17(b)为对应的频谱图。从图 1-17(b)中可以看出,当 $n=9$ 时,谐波的幅值为 $0.14A$,占比重很小,因此可以忽略高阶谐波。

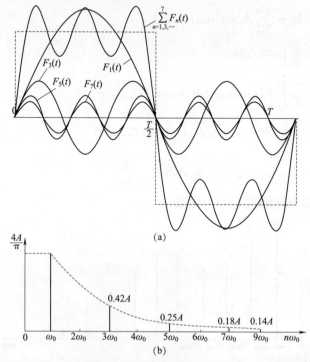

图 1-17 $F(t)$ 函数的傅立叶级数前五阶谐波合成及对应的频谱图

下面讨论有阻尼的弹簧质量系统在周期激励 $F(t)$ 作用下的响应。其运动方程为

$$m\ddot{x} + c\dot{x} + kx = \frac{a_0}{2} + \sum_{n=1}^{\infty} (a_n\cos n\omega_0 t + b_n\sin n\omega_0 t) \tag{1-32}$$

方程右端的常数项 $\frac{a_0}{2}$ 相当于激励力的静力部分,若将响应曲线的坐标选在静平衡位置,此常数力将不会出现在微分方程中。所以下面只讨论各阶简谐交变力引起的响应。

同样,这里只讨论周期激励下的稳态响应。

对于线性系统,可应用叠加原理将式(1-32)右端各谐波激励分别单独作用于系统,逐个求得其响应,然后将各响应叠加,即为系统在周期激励作用下的稳态响应。

在第 n 阶谐波激励力($a_n\cos n\omega_0 t + b_n\sin n\omega_0 t$)的作用下,根据式(1-18),其响应可表示为

$$x_n(t) = \frac{a_n}{k}\frac{\cos(n\omega_0 t - \phi_n)}{\sqrt{(1-\lambda_n^2)^2 + (2\xi\lambda_n)^2}} + \frac{b_n}{k}\frac{\sin(n\omega_0 t - \phi_n)}{\sqrt{(1-\lambda_n^2)^2 + (2\xi\lambda_n)^2}} \tag{1-33}$$

式中,λ_n 为第 n 阶频率比,$\lambda_n = \dfrac{n\omega_0}{\omega_n}$;$\omega_n$ 为系统固有频率,$\omega_n = \sqrt{k/m}$;$\phi_n = \arctan\left(\dfrac{2\xi\lambda_n}{1-\lambda_n^2}\right)$;$k$ 为系统刚度。

系统的总响应为

$$x(t) = \sum_{n=1}^{\infty} \frac{a_n\cos(n\omega_0 t - \phi_n) + b_n\sin(n\omega_0 t - \phi_n)}{k\sqrt{(1-\lambda_n^2)^2 + (2\xi\lambda_n)^2}} \tag{1-34}$$

当阻尼比 ξ 较小且可以忽略时,式(1-34)可写成

$$x(t) = \sum_{n=1}^{\infty} \frac{a_n\cos n\omega_0 t + b_n\sin n\omega_0 t}{k(1-\lambda_n^2)} \tag{1-35}$$

式(1-35)表明,在周期激励力作用下的系统无阻尼稳态响应不仅与各阶谐波激振力幅值 a_n、b_n 有关,且与频率比 λ_n 密切相关,要防止强烈振动应避免出现 $\lambda_n = 1(n=1,2,3,\cdots)$ 的情况。

第七节　单位脉冲的响应

如本章第二节所述,一个无阻尼弹簧质量系统,在初始位移 x_0 和初始速度 v_0 下的自由振动响应为

$$x = \frac{v_0}{\omega_n}\sin\omega_n t + x_0\cos\omega_n t$$

设系统原来静止于平衡位置。从 $t=0$ 开始,突然作用有冲量 $\hat{F} = F\Delta t$,其中 Δt 是极其短暂的冲击时间。由冲量定理可得,质量 m 的初速度 $v_0 = \hat{F}/m$,初始位移 $x_0 = 0$,代入上式,则系统的运动规律为

$$x(t) = \frac{\hat{F}}{m\omega_n}\sin\omega_n t \tag{1-36}$$

如果冲量 $\hat{F} = 1$,则称为单位脉冲,则由单位脉冲引起的系统响应为

$$h(t) = \frac{1}{m\omega_n}\sin\omega_n t \tag{1-37}$$

若引入系统阻尼,则单位脉冲引起的系统响应为

$$h(t) = \frac{e^{-\xi\omega_n t}}{m\omega_n \sqrt{1-\xi^2}} \sin\omega_d t$$

$$\omega_d = \omega_n \sqrt{1-\xi^2} \tag{1-38}$$

式(1-38)表示在 $t=0$ 时单位脉冲引起的系统响应[图 1-18(a)]。如果单位脉冲 $\hat{F}=1$ 是在 $t=\tau$ 开始作用[图 1-18(b)],则系统的响应只要用 $(t-\tau)$ 去代替式(1-38)中的 t 即可,即

$$h(t-\tau) = \begin{cases} \dfrac{e^{-\xi\omega_n(t-\tau)}}{m\omega_n \sqrt{1-\xi^2}} \sin\omega_d(t-\tau), & t > \tau \\ 0, & t < \tau \end{cases} \tag{1-39}$$

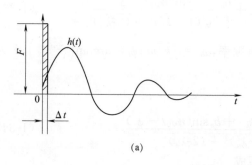
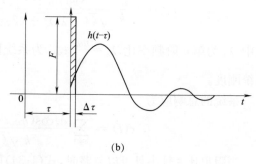

(a)

(b)

图 1-18　单位脉冲的响应

(a)$t=0$ 时;(b)$t=\tau$ 时

对于非单位脉冲 $\hat{F}=F\Delta t$,则系统的响应为

$$(F\Delta t)h(t-\tau) = \begin{cases} \dfrac{(F\Delta t)e^{-\xi\omega_n(t-\tau)}}{m\omega_n \sqrt{1-\xi^2}} \sin\omega_d(t-\tau), & t > \tau \\ 0, & t < \tau \end{cases} \tag{1-40}$$

第八节　任意激励的响应

对于一个任意的非周期性函数 $F(t)$(图 1-19),可以看成是一系列的冲量 $F(\tau)\Delta\tau$ 的脉冲排列而成的。对应于每一个 τ 值都有一个宽度为 $\Delta\tau$、高度为 $F(\tau)$ 的脉冲。设 $t=\tau$ 时的微脉冲为 $F(\tau)d\tau$,则此微脉冲引起系统在 $t>\tau$ 时刻的响应为

$$dx(t) = F(\tau)d\tau h(t-\tau)$$

系统在任意激励 $F(t)$ 作用下的响应,应是在时刻 t 之前作用于系统的所有脉冲引起的系统响应的总合,即

$$x(t) = \int_0^t F(\tau)h(t-\tau)d\tau$$

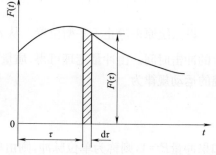

图 1-19　任意的非周期性函数 $F(t)$

则

$$x(t) = \frac{1}{m\omega_d} \int_0^t F(\tau) e^{-\xi\omega_n(t-\tau)} \sin\omega_d(t-\tau) d\tau \tag{1-41}$$

当忽略阻尼时,式(1-41)可写成

$$x(t) = \frac{1}{m\omega_n} \int_0^t F(\tau) \sin\omega_n(t-\tau) d\tau \tag{1-42}$$

式(1-41)、式(1-42)的积分形式称为杜哈美(Duhamal)积分,数学上称为卷积。

第九节 任意支承激励的响应

如图 1-20 所示的支承(基础)-弹簧-质量-阻尼系统中,支承会发生简谐运动 $y(t)$,质量块的运动为 $x(t)$。设支承作简谐运动 $y = A\sin\omega t$。由牛顿定律,系统运动的微分方程为

$$m\ddot{x} = -k(x-y) - c(\dot{x}-\dot{y})$$

或

$$m\ddot{x} + c\dot{x} + kx = c\dot{y} + ky \tag{1-43}$$

从而有

$$\begin{aligned} m\ddot{x} + c\dot{x} + kx &= c\omega A\cos\omega t + kA\sin\omega t \\ &= C\sin(\omega t - \alpha) \end{aligned} \tag{1-44}$$

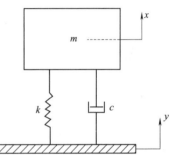

图 1-20 支承激励动力模型

其中 $C = A\sqrt{k^2 + (c\omega)^2}$,$\alpha = \arctan\left(-\dfrac{c\omega}{k}\right)$。上式表明支承运动激励等效于质量块受到一个幅值为 C 的简谐力作用。根据式(1-18),质量块的稳态解响应为

$$x = \frac{A\sqrt{k^2 + (c\omega)^2}}{k\sqrt{(1-\lambda^2)^2 + (2\lambda\xi)^2}} \sin(\omega t - \alpha - \phi) = B\sin(\omega t - \alpha - \phi) \tag{1-45}$$

其中,振幅 $B = A\sqrt{\dfrac{1+(2\xi\lambda)^2}{(1-\lambda^2)^2 + (2\xi\lambda)^2}}$,相位 $\phi = \arctan\left(\dfrac{2\xi\lambda}{1-\lambda^2}\right)$,放大因子为 $\beta = \dfrac{B}{A} = \sqrt{\dfrac{1+(2\xi\lambda)^2}{(1-\lambda^2)^2 + (2\xi\lambda)^2}}$。

令 $\Psi = \alpha + \phi$,式(1-45)也可表示为

$$x = B\sin(\omega t - \Psi) \tag{1-46}$$

其中,$\Psi = \arctan\left(\dfrac{2\xi\lambda^3}{1-\lambda^2 + (2\xi\lambda)^2}\right)$。

如果支承作简谐运动 $y = A\cos\omega t$,则质量块的稳态解响应为

$$x = B\cos(\omega t - \Psi) \tag{1-47}$$

其中振幅 B、相位 Ψ 与放大因子 β 仍用上述公式计算。

如果支承作任意激励,则式(1-43)的右端 $ky + c\dot{y}$ 相当于激励力 $F(t)$,运用式(1-41)、式(1-42),即可得

$$x(t) = \frac{1}{m\omega_d} \int_0^t [ky(\tau) + c\dot{y}(\tau)] e^{-\xi\omega_n(t-\tau)} \sin\omega_d(t-\tau) d\tau \tag{1-48}$$

当忽略阻尼时,上式可写成

$$x(t) = \frac{1}{m\omega_n} \int_0^t ky(\tau) \sin\omega_n(t-\tau) d\tau \tag{1-49}$$

如果支承的运动是用加速度 $\ddot{y}(t)$ 来描述的,而所需的是系统中的质量块对于支承的相对运动,如果令 $z = x - y$,则由式(1-43)可导出

$$m\ddot{z} + c\dot{z} + kz = -m\ddot{y} \tag{1-50}$$

将 $F(t) = -m\ddot{y}$ 代入式(1-41)、式(1-42),即可分别得到有阻尼、无阻尼系统的相对运动微分方程

$$z(t) = -\frac{1}{\omega_d} \int_0^t \ddot{y}(\tau) e^{-\xi\omega_n(t-\tau)} \sin\omega_d(t-\tau) d\tau \tag{1-51}$$

$$z(t) = -\frac{1}{\omega_n} \int_0^t \ddot{y}(\tau) \sin\omega_n(t-\tau) d\tau \tag{1-52}$$

习 题 一

1-1 求如图 1-21 所示系统的等效刚度,已知钢丝绳的刚度为 k_1,滑轮质量不计。(答案:向 y 轴等效,$k = k_1 + \frac{1}{4}(k_2 + k_3)$)

1-2 如图 1-22 所示的轴 AB 两端固定,轴两部分直径均为 d,长度分别为 l_1、l_2,圆盘转动惯量为 J。试求系统扭转振动的固有频率(根据材料力学,杆扭转刚度 $k_t = \dfrac{\pi d^4 G}{32l}$)。(答案:

$f = \dfrac{1}{2\pi} \sqrt{\dfrac{\pi d^4 G(l_1 + l_2)}{32 J l_1 l_2}}$)

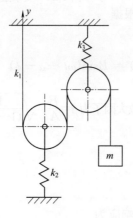

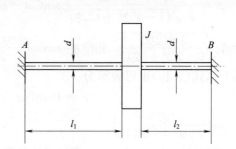

图 1-21 题 1-1 图   图 1-22 题 1-2 图

1-3 有一个质量块 m 加在均质简支梁中央(图 1-23),梁的单位长度质量为 ρ。抗弯刚度为 EI。假定梁的静扰度为 $y_x = y_{max} \dfrac{x}{2l}$,$0 \leqslant x \leqslant l/2$。试求系统的固有频率。(答案:

$f = \dfrac{1}{2\pi} \sqrt{\dfrac{48EI}{l^3\left(m + \dfrac{1}{12}\rho l\right)}}$)

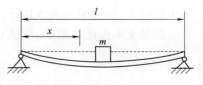

图 1-23 题 1-3 图

1-4　重量为 W 的薄板挂在弹簧下端,在空气和液体中上下振动的周期分别为 T_1、T_2。不计空气阻尼,而液体阻力为 $2A\mu\dot{x}$($2A$ 为薄板总面积)。试求液体的黏度系数 μ。(答案:$\mu=\dfrac{2\pi W}{gAT_1T_2}\sqrt{T_2{}^2-T_1{}^2}$)

1-5　一个质量很大、半径为 R 的圆盘,绕固定轴 O 作等角速度转动,转速为 ω,盘的边缘 O' 处铰链一单摆,其质量为 m,摆长为 l,如图 1-24 所示,求此系统的固有频率。(答案:$f=\dfrac{\omega}{2\pi}\sqrt{\dfrac{R}{2l}}$)

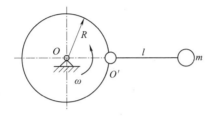

图 1-24　题 1-5 图

1-6　求图 1-25 所示系统的固有频率,AB 为刚杆,本身质量忽略不计。(答案:$f=\dfrac{1}{2\pi}\sqrt{\dfrac{a_2^2k_1+a_3^2k_2}{a_1^2m_1+a_4^2m_2}}$)

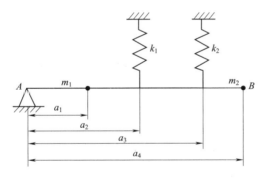

图 1-25　题 1-6 图

1-7　一个弹簧质量系统处于临界阻尼状态,其 $k=180$ N/m,$m=1.8$ kg。如给质量块初始位移 $x_0=2.5$ cm,初速度 $\dot{x}_0=-30$ cm/s。试求放松后到达平衡位置 $x=0$ 的时间。(答案:0.5 s)

1-8　一个有阻尼的弹簧质量系统 $m=1.8$ kg,$k=180$ N/m,处于临界阻尼状态。由 $t=0,x_0=2.5$ cm,$\dot{x}_0=-30$ cm/s 开始振动。问质量块将于多长时间后达到静平衡位置,过静平衡位置后最远移动多少距离?(答案:0.6 s,0.00124 cm)

1-9　一个重 $W=1960$ N 的机器,放在刚度 $k=39200$ N/m 的弹性支承上,支承的相对阻尼系数 $\xi=0.2$,若机器在静止时受到一激振力 $F=F_0\sin\omega t$ 作用而振动,$\omega=\omega_n$。求机器经过多少时间后,初始阶段的瞬态位移将在稳态位移的 1% 以下。(答案:1.65 s)

1-10 一弹簧质量系统在图 1-26 所示激振力的作用下，作谐迫振动，试求其稳态振动的响应。（答案：$x = \dfrac{8F_0}{\pi^2 k} \displaystyle\sum_{n=1,3,\cdots}^{\infty} \dfrac{(-1)^{\frac{n-1}{2}} \sin n\omega t}{n^2 \left[1 - \left(\dfrac{n\omega}{\omega_n}\right)^2\right]}$ ）

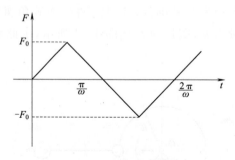

图 1-26 题 1-10 图

艾萨克·牛顿(Isaac Newton, 1643—1727)爵士,英国皇家学会会长,英国著名的物理学家。他于1687年出版的《自然哲学的数学原理》(Principia Mathematica)一书,被认为是当代最伟大的科学巨著。其关于力、质量和动量的定义以及三大运动定律构成了动力学理论的基石。在国际单位制中,力的单位牛顿(N)就是以他的名字命名的。牛顿在数学、光学和经济学领域做出了很多杰出的贡献。

第二章

多自由度系统的振动

应用第一章中的单自由度系统振动理论,可以解决许多问题,比如一些简单系统的固有频率的计算等。但是在工程实际中,有许多振动问题是相当复杂的,用单自由度的模型来分析处理,往往达不到满意效果。因此,人们设法将这些振动系统简化为更为复杂的模型,如二自由度系统或多自由度系统来研究。

二自由度系统是指要用两个独立的坐标才能确定振动体在任何瞬时的几何位置的振动系统。在动力学模型和振动微分方程的建立、求解以及相应的振动特性上,二自由度系统与单自由度系统有很大区别,而与多自由度系统有共同之处。

本章在研究二自由度系统动力学的基础上,扩展到多自由度系统动力学。

第一节　多自由度系统的自由振动

■ 一、振动微分方程的建立

振动微分方程的建立,就是在时域分析中建立系统的运动微分方程。这种运动微分方程的建立方法主要有牛顿运动方程、拉格朗日方程、影响系数法、有限单元法四种方法。本章介绍前三种方法,有限单元法将在第九章介绍。

1. 牛顿运动方程(或达朗伯尔原理)

【例2-1】　图2-1所示为一个在不平的路面上行驶的车辆的二自由度系统。设刚性杆的质量为m,两端的支承刚度分别为k_1、k_2,杆绕质心G点的转动惯量为J。假设作用在质心G点的激励力为简谐力F和简谐转矩T,则刚性杆不仅沿x方向振动,而且绕其质心扭转振动。

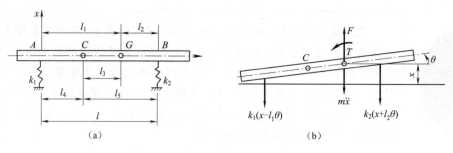

图 2-1 【例 2-1】模型

解 现取广义坐标为刚性杆质心的垂直位移 x_G 和转动角度 θ_G,并分别应用牛顿定理得出刚性杆的平动和转动动力学方程,有

$$m\ddot{x}_G = F\sin\omega t - (k_1+k_2)x_G - (k_2l_2-k_1l_1)\theta_G$$

$$J\ddot{\theta}_G = T\sin\omega t - (k_2l_2-k_1l_1)x_G - (k_1l_1^2+k_2l_2^2)\theta_G$$

整理后,得出其系统的振动微分方程矩阵形式为

$$\begin{bmatrix} m & 0 \\ 0 & J \end{bmatrix}\begin{Bmatrix} \ddot{x}_G \\ \ddot{\theta}_G \end{Bmatrix} + \begin{bmatrix} k_1+k_2 & k_2l_2-k_1l_1 \\ k_2l_2-k_1l_1 & k_1l_1^2+k_2l_2^2 \end{bmatrix}\begin{Bmatrix} x_G \\ \theta_G \end{Bmatrix} = \begin{Bmatrix} F \\ T \end{Bmatrix}\sin\omega t \tag{2-1}$$

该式可写成

$$[M]\begin{Bmatrix} \ddot{x}_G \\ \ddot{\theta}_G \end{Bmatrix} + [K]\begin{Bmatrix} x_G \\ \theta_G \end{Bmatrix} = \{F\}$$

式中,质量矩阵 $[M]=\begin{bmatrix} m & 0 \\ 0 & J \end{bmatrix}$ 是对角矩阵;刚度矩阵 $[K]=\begin{bmatrix} k_1+k_2 & k_2l_2-k_1l_1 \\ k_2l_2-k_1l_1 & k_1l_1^2+k_2l_2^2 \end{bmatrix}$ 是对称矩阵;静力参数 x_G 和 θ_G 在两个方程中出现,称为静力参数耦合或弹性耦合;力列阵 $[F]=\begin{Bmatrix} F \\ T \end{Bmatrix}\sin\omega t$。

2. 拉格朗日方程

1755 年,拉格朗日基于达朗贝尔原理,给出第二类拉格朗日方程,这是一种求解非自由质点系统的普遍方法。第二类拉格朗日方程表述为

$$\frac{\mathrm{d}}{\mathrm{d}t}\left(\frac{\partial L}{\partial \dot{q}_i}\right) - \frac{\partial L}{\partial q_i} = F_i, \quad i=1,2,\cdots,N$$

其中:L 为系统的动势,称为拉格朗日函数,$L=T-U$。T 为系统的动能 T,U 为系统的势能;q_i 为系统的广义坐标,$\dot{q}_i$ 为系统广义速度,$\dot{q}_i=\frac{\partial q_i}{\partial t}$;$N$ 为广义坐标的个数(或系统的自由度数);F_i 为所有外力向第 i 个广义坐标的等效力。F_i 表示为

$$F_i = \sum_{j=0}^{k}\left(F_{jx}\frac{\partial x_j}{\partial q_i} + F_{jy}\frac{\partial y_j}{\partial q_i} + F_{jz}\frac{\partial z_j}{\partial q_i}\right), \quad j=1,2,\cdots,k$$

式中,F_{jx},F_{jy},F_{jz} 为外力 F_j 在坐标 x,y,z 方向上的投影;x_j,y_j,z_j 为力 F_j 作用点的坐标;k 为外力数目。

下面简要介绍第二类拉格朗日方程的几种特例。第二类拉格朗日方程可表示为

$$\frac{\mathrm{d}}{\mathrm{d}t}\left(\frac{\partial T}{\partial \dot{q}_i} - \frac{\partial U}{\partial \dot{q}_i}\right) - \left(\frac{\partial T}{\partial q_i} - \frac{\partial U}{\partial q_i}\right) = F_i, \quad i=1,2,\cdots,N$$

其中势能 U 为广义坐标 q_i 的函数,但不包含广义速度 $\dot{q}_i$,即 $\dfrac{\partial U}{\partial \dot{q}_i}=0$,那么第二类拉格朗日方程可表示为

$$\frac{\mathrm{d}}{\mathrm{d}t}\left(\frac{\partial T}{\partial \dot{q}_i}\right)-\left(\frac{\partial T}{\partial q_i}-\frac{\partial U}{\partial q_i}\right)=F_i, \quad i=1,2,\cdots,N$$

F_i 可能是耗散(阻尼)力,或者是其他不能通过函数得到的力。

如果作用在物体上的力所做的功仅与力作用点的起始位置和终了位置有关,而与其作用点经过的路径无关,称为有势力(或保守力)。对于保守系统,$F_i=0$,则

$$\frac{\mathrm{d}}{\mathrm{d}t}\left(\frac{\partial T}{\partial \dot{q}_i}\right)-\left(\frac{\partial T}{\partial q_i}-\frac{\partial U}{\partial q_i}\right)=0$$

对于较复杂的多自由度系统用拉格朗日方程建立方程比较简便,步骤是选取广义坐标 q_i,求系统的动能 T 和势能 U,将其表示为广义坐标 q_i、广义速度 $\dot{q}_i$ 和时间 t 的函数,然后代入拉格朗日方程,可以获得动力学微分方程。

【例 2-2】 对于图 2-1 所示的系统,用拉格朗日运动方程列出系统的振动微分方程。

解 对于图 2-1 所示系统,可以采用不同的广义坐标,来列出系统的振动微分方程。现在取广义坐标 q_1 为 C 点(G 点为质心)的位移 x_c,广义坐标 q_2 为转角 θ_c,并使 $k_1 l_4 = k_2 l_5$。此时外力 F_c 和转矩 T_c 作用在 C 点。

系统的动能为

$$T = \frac{1}{2}m\left(\dot{x}_c + l_3\dot{\theta}_c\right)^2 + \frac{1}{2}J\left(\dot{\theta}_c\right)^2$$

系统的势能为

$$U = \frac{1}{2}k_1\left(x_c - l_4\theta_c\right)^2 + \frac{1}{2}k_2\left(x_c + l_5\theta_c\right)^2$$

求拉格朗日方程的各个分量:

$$\frac{\partial T}{\partial \dot{x}_c} = m(\dot{x}_c + l_3\dot{\theta}_c)$$

$$\frac{\mathrm{d}}{\mathrm{d}t}\left(\frac{\partial T}{\partial \dot{x}_c}\right) = m(\ddot{x}_c + l_3\ddot{\theta}_c)$$

$$\frac{\partial T}{\partial x_c} = 0$$

$$\frac{\partial U}{\partial x_c} = k_1(x_c - l_4\theta_c) + k_2(x_c + l_5\theta_c)$$

$$F_1 = F\sin\omega t\,\frac{\partial x_c}{\partial q_1} = F\sin\omega t$$

利用拉格朗日方程 $\dfrac{\mathrm{d}}{\mathrm{d}t}\left(\dfrac{\partial T}{\partial \dot{x}_c}\right)-\left(\dfrac{\partial T}{\partial x_c}-\dfrac{\partial U}{\partial x_c}\right)=F_1$,并代入 $k_1 l_4 = k_2 l_5$,有

$$m\ddot{x}_c + ml_3\ddot{\theta}_c + k_1 x_c + k_2 x_c = F\sin\omega t \tag{a}$$

同理

$$\frac{\partial T}{\partial \dot{\theta}_c} = ml_3(\dot{x}_c + l_3\dot{\theta}_c) + J\dot{\theta}_c$$

$$\frac{\mathrm{d}}{\mathrm{d}t}\left(\frac{\partial T}{\partial \dot{\theta}_c}\right) = ml_3(\ddot{x}_c + l_3\ddot{\theta}_c) + J\ddot{\theta}_c$$

$$\frac{\partial T}{\partial \theta_c} = 0$$

$$\frac{\partial U}{\partial \theta_c} = -k_1 l_4 (x_c - l_4 \theta_c) + k_2 l_5 (x_c + l_5 \theta_c) \text{（注意 } k_1 l_4 = k_2 l_5\text{）}$$

$$F_2 = T\sin\omega t \, \frac{\partial \theta_c}{\partial q_2} = T\sin\omega t$$

利用拉格朗日方程 $\frac{\mathrm{d}}{\mathrm{d}t}\left(\frac{\partial T}{\partial \dot{\theta}_c}\right) - \left(\frac{\partial T}{\partial \theta_c} - \frac{\partial U}{\partial \theta_c}\right) = F_2$，并代入 $k_1 l_4 = k_2 l_5$，有

$$ml_3\ddot{x}_c + J\ddot{\theta}_c + ml_3^2\ddot{\theta}_c + k_1 l_4^2 \theta_c + k_2 l_5^2 \theta_c = T\sin\omega t \tag{b}$$

将式（a）和（b）写成矩阵形式：

$$\begin{bmatrix} m & ml_3 \\ ml_3 & J + ml_3^2 \end{bmatrix} \begin{Bmatrix} \ddot{x}_c \\ \ddot{\theta}_c \end{Bmatrix} + \begin{bmatrix} k_1 + k_2 & 0 \\ 0 & k_1 l_4^2 + k_2 l_5^2 \end{bmatrix} \begin{Bmatrix} x_c \\ \theta_c \end{Bmatrix} = \begin{Bmatrix} F_c \\ T_c \end{Bmatrix} \tag{c}$$

与式（2-1）不同的是，式（c）中刚度矩阵为对角矩阵，质量矩阵为对称矩阵，即两个微分方程中均出现 $\ddot{x}_c$、$\ddot{\theta}_c$，称为惯性耦合。

耦合与解耦的问题将在本章第三节中介绍。

3. 影响系数法

影响系数法分为刚度影响系数法和柔度影响系数法。在实际使用中，针对不同的系统结构，可采用不同的方法。

（1）刚度影响系数法。它又称为单位位移法，是把动力系统当作静力系统来处理，用静力学方法来确定系统所有的刚度影响系数（刚度矩阵中的元素），借助于这些系数即可建立系统的运动微分方程。

刚度影响系数 k_{ij} 是指在系统的 j 点产生单位位移（即 $x_j = 1$），而其余各点的位移均为零时，在系统的 i 点所需要施加的力。

以图 2-2 所示的三自由度质量弹簧系统为例，给出其刚度影响系数。

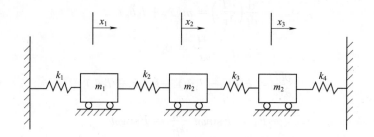

图 2-2　三自由度质量弹簧系统

k_{11} 即表示使图 2-2 中质量块 m_1 产生单位位移（$x_1 = 1$），而其余质量块 m_2、m_3 的位移均为零（$x_2 = 0, x_3 = 0$）时，在质量块 m_1 上施加的力，即

$$k_{11} = (k_1 + k_2) \times 1 = k_1 + k_2$$

同理，k_{12} 表示当 $x_2 = 1$，而 $x_1 = 0, x_3 = 0$ 时，在质量块 m_1 上施加的力，即

$$k_{12} = -k_2$$

上式中,负号表示力向左。以此类推,可以得到

$$k_{13} = 0$$
$$k_{21} = -k_2, k_{22} = k_2 + k_3, k_{23} = -k_3$$
$$k_{31} = 0, k_{32} = -k_3, k_{33} = k_3 + k_4$$

可以发现这样一个规律:$k_{ij} = k_{ji}$。由此可以减少计算工作量。

下面用刚度影响系数来表示系统的运动方程。

假定某一瞬时,质量块 m_1、m_2、m_3 的位移为 x_1、x_2、x_3,那么,这些位移在 m_1 上引起的合力为

$$\sum F = -k_{11}x_1 - k_{12}x_2 - k_{13}x_3 \tag{2-2}$$

由牛顿定律,可写出 m_1 的运动微分方程为

$$\sum F = m_1\ddot{x}_1 \tag{2-3}$$
$$m_1\ddot{x}_1 + k_{11}x_1 + k_{12}x_2 + k_{13}x_3 = 0$$

同理,可得出 m_2、m_3 的运动微分方程

$$m_2\ddot{x}_2 + k_{21}x_1 + k_{22}x_2 + k_{23}x_3 = 0$$
$$m_3\ddot{x}_3 + k_{31}x_1 + k_{32}x_2 + k_{33}x_3 = 0$$
$$[M]\{\ddot{X}\} + [K]\{X\} = \{0\} \tag{2-4}$$

式中,$[M] = \begin{bmatrix} m_1 & 0 & 0 \\ 0 & m_2 & 0 \\ 0 & 0 & m_3 \end{bmatrix}$ 称为质量矩阵,是一个对角矩阵,其对角元素为质量 m_1、m_2、m_3;

$[K] = \begin{bmatrix} k_{11} & k_{12} & k_{13} \\ k_{21} & k_{22} & k_{23} \\ k_{31} & k_{32} & k_{33} \end{bmatrix} = \begin{bmatrix} k_1+k_2 & -k_2 & 0 \\ -k_2 & k_2+k_3 & -k_3 \\ 0 & -k_3 & k_3+k_4 \end{bmatrix}$ 称为刚度矩阵,是一个对称矩阵,这是因

为 $k_{ij} = k_{ji}$ 的缘故。

(2)柔度影响系数法。又称为单位力法,也是把动力系统当作静力系统来处理,用静力学方法来确定系统所有的柔度影响系数(柔度矩阵中的元素),借助于这些系数即可建立系统的运动微分方程。

柔度影响系数 α_{ij} 是指在系统的 j 点作用一个单位力(即 $F_j = 1$),而其余各点均无作用力(即 $F_r = 0, r = 1, 2, \cdots, j-1, j+1, \cdots, n$)时,在系统的 i 点产生的位移。

以图 2-3 所示的简支梁为例,它具有弹性而其自重可以忽略。梁上有三个集中质量 m_1、m_2、m_3。对于这类问题,如果采用刚度影响系数法求 k_{ij},其计算量相当大且复杂。为此引入柔度影响系数法。

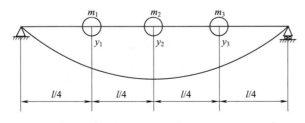

图 2-3　三自由度的简支梁

图 2-3 中，α_{11} 表示在 m_1 上作用一个单位力 $F_1 = 1$，而 m_2、m_3 上无作用力（即 $F_2 = F_3 = 0$）时，梁上 m_1 处所产生的位移，这个位移可以按材料力学中的计算公式得出：

$$\alpha_{11} = \frac{9l^3}{768EI}$$

式中，E 为梁材料的弹性模量；I 为梁的截面惯性矩。

由于结构对称，$\alpha_{33} = \alpha_{11}$。

同理，α_{21} 表示 m_1 上作用一个单位力 $F_1 = 1$，而 m_2、m_3 上无作用力（即 $F_2 = F_3 = 0$）时，梁上 m_2 处所产生的位移，得

$$\alpha_{21} = \frac{11l^3}{768EI}$$

用同样的方法可以求出其他柔度影响系数。将它们排列起来，就构成了柔度矩阵，得

$$[\alpha] = \begin{bmatrix} \alpha_{11} & \alpha_{12} & \alpha_{13} \\ \alpha_{21} & \alpha_{22} & \alpha_{23} \\ \alpha_{31} & \alpha_{32} & \alpha_{33} \end{bmatrix} = \begin{bmatrix} 9 & 11 & 7 \\ 11 & 16 & 11 \\ 7 & 11 & 9 \end{bmatrix} \frac{l^3}{768EI}$$

可以证明，柔度矩阵与刚度矩阵互为逆阵，即

$$[\alpha] = [K]^{-1}, [K] = [\alpha]^{-1} = \begin{bmatrix} 23 & -22 & 9 \\ -22 & 32 & -22 \\ 9 & -22 & 23 \end{bmatrix} \frac{768EI}{28l^3}$$

将上式代入动力学方程式（2-4）得

$$[M]\{\ddot{X}\} + [\alpha]^{-1}\{X\} = \{0\}$$

小结：到底采用柔度影响系数法还是刚度影响系数法，应视具体实际问题而定。对于质量弹簧系统，应用刚度影响系数法较容易；而对于梁、多重摆系统则用柔度影响系数法较容易。

■ 二、多自由度系统的固有频率与主振型

对于如图 2-4 所示的质量块 m_1 和 m_2 组成的二自由度振动系统，其微分方程的矩阵形式为

$$[M]\{\ddot{X}\} + [K]\{X\} = \{0\} \qquad (2\text{-}5)$$

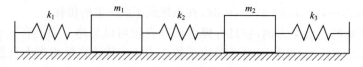

图 2-4　二自由度振动系统

设质量块作简谐振动

$$\begin{cases} x_1 = A_1 \sin(\omega_n t + \varphi) \\ x_2 = A_2 \sin(\omega_n t + \varphi) \end{cases}$$

代入式（2-5），则

$$\left\{ -\omega_n^2 [M] \begin{Bmatrix} A_1 \\ A_2 \end{Bmatrix} + [K] \begin{Bmatrix} A_1 \\ A_2 \end{Bmatrix} \right\} \sin(\omega_n t + \varphi) = \{0\}$$

对于任意瞬时 t，存在

$$(-\omega_n^2[M] + [K])\{u\} = \{0\} \tag{2-6}$$

上式称为系统的特征矩阵方程，简称特征方程；ω_n^2 为特征值，ω_n 为固有频率；$\{u\}$ 为主振型或特征矢量或固有振型。

对于二自由度系统，其特征方程式(2-6)的展开式为

$$\left.\begin{array}{l}(k_{11} - m_{11}\omega_n^2)A_1 + (k_{12} - m_{12}\omega_n^2)A_2 = 0 \\ (k_{21} - m_{21}\omega_n^2)A_1 + (k_{22} - m_{22}\omega_n^2)A_2 = 0\end{array}\right\} \tag{2-7}$$

该方程具有非零解的充分必要条件是系数行列式等于零，即

$$\begin{vmatrix} k_{11} - m_{11}\omega_n^2 & k_{12} - m_{12}\omega_n^2 \\ k_{21} - m_{21}\omega_n^2 & k_{22} - m_{22}\omega_n^2 \end{vmatrix} = 0 \tag{2-8}$$

将此行列式展开即可求出系统的固有频率 ω_n，故式(2-8)称为频率方程。由于 ω_n 为系统的特征值，故也称为特征方程。也可表示为

$$|[K] - \omega_n^2[M]| = 0 \tag{2-9}$$

容易解出

$$\omega_{n1,2} = \sqrt{\frac{-b \pm \sqrt{b^2 - 4ac}}{2a}} \tag{2-10}$$

$$a = m_{11}m_{22}$$
$$b = -(m_{11}k_{22} + m_{22}k_{11})$$
$$c = k_{11}k_{22} - k_{12}^2$$
$$\omega_{n1} < \omega_{n2}$$

式中，ω_{n1} 为一阶固有频率或第一阶主频率，ω_{n2} 为二阶固有频率或第二阶主频率。

固有频率的大小仅取决于系统本身的物理性质。将所求得的固有频率 ω_{n1}、ω_{n2} 代入式(2-7)，即可求出两种固有频率下的振幅比值

$$\left.\begin{array}{l}\mu^{(1)} = \dfrac{A_2^{(1)}}{A_1^{(1)}} = \dfrac{k_{11} - m_{11}\omega_{n1}^2}{-k_{12}} \\[3mm] \mu^{(2)} = \dfrac{A_2^{(2)}}{A_1^{(2)}} = \dfrac{k_{11} - m_{11}\omega_{n2}^2}{-k_{12}}\end{array}\right\} \tag{2-11}$$

式中，$A_1^{(1)}$、$A_2^{(1)}$ 为对应 ω_{n1} 时质量块 m_1、m_2 的振幅；$A_1^{(2)}$、$A_2^{(2)}$ 为对应 ω_{n2} 时质量块 m_1、m_2 的振幅。

由于 k_{11}、k_{12}、m_{11} 都是系统的固有物理参数，这说明了系统在振动过程中各点的相对位置是确定的，因此振幅比所确定的振动形态与固有频率一样，也是系统的固有特性，所以通常称为主振型或固有振型(往往简称为振型)。

主振型定义为当系统按某阶固有频率振动时，由振幅比所决定的振动形态。以某一阶固有频率对应的主振型振动时，称系统作主振动。

令 $u^{(1)} = \left\{\begin{array}{c}1 \\ \mu^{(1)}\end{array}\right\}$，$u^{(2)} = \left\{\begin{array}{c}1 \\ \mu^{(2)}\end{array}\right\}$，主振型可表示为

$$\{u\} = [u^{(1)}, u^{(2)}] \tag{2-12}$$

在二自由度系统中主振型矩阵是 2×2 方阵。

质量块 m_1、m_2 以频率 ω_{n1} 振动时，始终同相位，这种振动形态为第一主振型，如图 2-5(a)所

示。质量块 m_1、m_2 以频率 ω_{n2} 振动时,相位相差 $180°$,这种振动形态为第二主振型,如图 2-5(b) 所示。在图 2-5(b)中,系统中有一个点在任何时刻位置都不改变,该点称为节点,即节点是不产生振动的点。

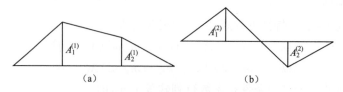

图 2-5　二自由度系统的二阶主振型
(a)第一主振型；(b)第二主振型

对于 n 个自由度振动系统,由特征方程可求出 n 个固有频率 $\omega_{n1} \sim \omega_{m}$,主振型可表示为

$$\{u\} = [u^{(1)}, u^{(2)}, \cdots u^{(n)}] \tag{2-13}$$

该矩阵是 $n \times n$ 方阵。

■ 三、初始条件和系统响应

由常微分方程理论可知,质量块 m_1 和 m_2 组成的二自由度振动系统 $[M]\ddot{X} + [K]\{X\} = \{0\}$ 有两组解,而其全解由这两组解叠加而成,即

$$\left. \begin{array}{l} x_1 = x_1^{(1)} + x_1^{(2)} \\ x_2 = x_2^{(1)} + x_2^{(2)} \end{array} \right\} \tag{2-14}$$

式中,$x_1^{(1)}$、$x_2^{(1)}$ 为质量块 m_1 和 m_2 的第一阶主振动；$x_1^{(2)}$、$x_2^{(2)}$ 为质量块 m_1 和 m_2 的第二阶主振动。式(2-14)是典型的线性叠加。

系统的响应为

$$\left. \begin{array}{l} x_1 = A_1^{(1)} \sin(\omega_{n1} t + \varphi_1) + A_1^{(2)} \sin(\omega_{n2} t + \varphi_2) \\ x_2 = A_2^{(1)} \sin(\omega_{n1} t + \varphi_1) + A_2^{(2)} \sin(\omega_{n2} t + \varphi_2) \end{array} \right\} \tag{2-15}$$

引入振型后,得

$$\left. \begin{array}{l} x_1 = A_1^{(1)} \sin(\omega_{n1} t + \varphi_1) + A_1^{(2)} \sin(\omega_{n2} t + \varphi_2) \\ x_2 = \mu^{(1)} A_1^{(1)} \sin(\omega_{n1} t + \varphi_1) + \mu^{(2)} A_1^{(2)} \sin(\omega_{n2} t + \varphi_2) \end{array} \right\} \tag{2-16}$$

式中,ω_{n1}、ω_{n2}、$\mu^{(1)}$、$\mu^{(2)}$ 由系统的物理参数确定；$A_1^{(1)}$、$A_1^{(2)}$、φ_1、φ_2 四个未知参数则由四个初始条件决定。

设初始条件 $t=0$ 时,$x_1 = x_{10}$,$x_2 = x_{20}$,$\dot{x}_1 = \dot{x}_{10}$ 和 $\dot{x}_2 = \dot{x}_{20}$,可推导出

$$\left. \begin{array}{l} A_1^{(1)} = \dfrac{1}{\mu^{(1)} - \mu^{(2)}} \sqrt{(\mu^{(2)} x_{10} - x_{20})^2 + \left(\dfrac{\mu^{(2)} \dot{x}_{10} - \dot{x}_{20}}{\omega_{n1}}\right)^2} \\[3mm] A_1^{(2)} = \dfrac{1}{\mu^{(1)} - \mu^{(2)}} \sqrt{(\mu^{(1)} x_{10} - x_{20})^2 + \left(\dfrac{\mu^{(1)} \dot{x}_{10} - \dot{x}_{20}}{\omega_{n2}}\right)^2} \\[3mm] \varphi_1 = \arctan\left(\dfrac{\omega_{n1}(\mu^{(2)} x_{10} - x_{20})}{\mu^{(2)} \dot{x}_{10} - \dot{x}_{20}}\right) \\[3mm] \varphi_2 = \arctan\left(\dfrac{\omega_{n2}(\mu^{(1)} x_{10} - x_{20})}{\mu^{(1)} \dot{x}_{10} - \dot{x}_{20}}\right) \end{array} \right\} \tag{2-17}$$

式(2-16)对时间求导,即为系统的速度响应。

第二节　动力减振器

作为最为简单的多自由度系统的一个工程实例,这里介绍动力减振器问题。在生产实践中,为了减少机械因振动带来的危害,可以在该机械上装设一个辅助的质量弹簧系统。这个辅助的装置与原机械(主系统)构成一个二自由度系统,如图 2-6 所示。由于这个辅助装置能使主系统避开共振区,并有减振效果,故称为动力减振器。

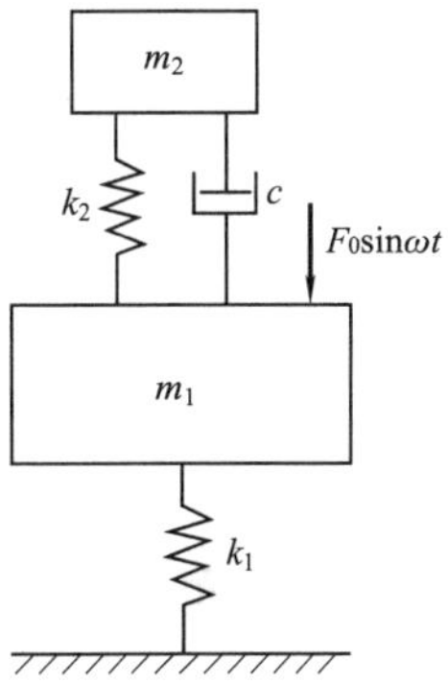

动力减振器与第一章第四节中的隔振本质上是不同的。

在图 2-6 中,m_1、k_1 为原系统的质量和弹簧刚度,m_2、k_2 为动力减振器的质量和弹簧刚度,c 为动力减振器的阻尼,$F_0\sin\omega t$ 是作用在系统上的激励力。系统的振动微分方程为

$$\begin{bmatrix} m_1 & 0 \\ 0 & m_2 \end{bmatrix}\begin{Bmatrix} \ddot{x}_1 \\ \ddot{x}_2 \end{Bmatrix} + \begin{bmatrix} c & -c \\ -c & c \end{bmatrix}\begin{Bmatrix} \dot{x}_1 \\ \dot{x}_2 \end{Bmatrix} +$$

$$\begin{bmatrix} k_1+k_2 & -k_2 \\ -k_2 & k_2 \end{bmatrix}\begin{Bmatrix} x_1 \\ x_2 \end{Bmatrix} = \begin{Bmatrix} F_0 \\ 0 \end{Bmatrix}\sin\omega t \qquad (2\text{-}18)$$

图 2-6　动力减振器

现采用复数法求解微分方程。设方程(2-18)的特解为

$$\{x\} = \{B\}\mathrm{e}^{i\omega t} \qquad 或 \qquad \begin{cases} x_1 = B_1\mathrm{e}^{i\omega t} \\ x_2 = B_2\mathrm{e}^{i\omega t} \end{cases} \qquad (2\text{-}19)$$

则

$$\begin{cases} \dot{x}_1 = i\omega B_1\mathrm{e}^{i\omega t} = i\omega x_1 \\ \dot{x}_2 = i\omega B_2\mathrm{e}^{i\omega t} = i\omega x_2 \end{cases}$$

$$\begin{cases} \ddot{x}_1 = -\omega^2 B_1\mathrm{e}^{i\omega t} = -\omega^2 x_1 \\ \ddot{x}_2 = -\omega^2 B_2\mathrm{e}^{i\omega t} = -\omega^2 x_2 \end{cases}$$

$$\begin{Bmatrix} F_0 \\ 0 \end{Bmatrix}\sin\omega = \begin{Bmatrix} F_0 \\ 0 \end{Bmatrix}\mathrm{e}^{i\omega t}$$

$$\left[-\omega^2\begin{bmatrix} m_1 & 0 \\ 0 & m_2 \end{bmatrix} + i\omega\begin{bmatrix} c & -c \\ -c & c \end{bmatrix} + \begin{bmatrix} k_1+k_2 & -k_2 \\ -k_2 & k_2 \end{bmatrix} \right]\begin{Bmatrix} B_1 \\ B_2 \end{Bmatrix} = \begin{Bmatrix} F_0 \\ 0 \end{Bmatrix}$$

上式展开后,求出 B_1,再将 B_1 的复数值求模运算,转化为实数形式,得

$$B_1 = \frac{F_0\sqrt{(k_2-m_2\omega^2)^2 + c^2\omega^2}}{\sqrt{\left[(k_1-m_1\omega^2)(k_2-m_2\omega^2) - k_2 m_2\omega^2\right]^2 + c^2\omega^2(k_1-m_1\omega^2-m_2\omega^2)^2}} \qquad (2\text{-}20)$$

为了比较安装动力减振器前后的减振效果,可用减振后主系统的振幅 B_1 与主系统在激振力幅值 F_0 作用下产生的静位移 δ_{st} 之比来评价。

静位移 δ_{st} 为

$$\delta_{st} = F_0/k_1 \qquad (2\text{-}21)$$

令 $\lambda = \omega/\omega_{n1}$ 为激励力频率与主系统固有频率之比,$\alpha = \omega_{n2}/\omega_{n1}$ 为固有频率之比,ω_{n1}、ω_{n2} 分

别为主系统和减振系统的固有频率 $\omega_{n1}=\sqrt{k_1/m_1}$，$\omega_{n2}=\sqrt{k_2/m_2}$；$\mu=m_2/m_1$ 为质量之比；$\xi=c/c_c=c/(2m_2\omega_2)=c/(2\sqrt{k_2m_2})$ 为减振器的阻尼比。由式(2-20)、式(2-21)写出

$$\left(\frac{B_1}{\delta_{st}}\right)^2 = \frac{(\alpha^2-\lambda^2)^2 + 4\xi^2\lambda^2}{[(1-\lambda^2)(\alpha^2-\lambda^2) - \mu\lambda^2\alpha^2]^2 + 4\xi^2\lambda^2(1-\lambda^2-\mu\lambda^2)^2} \tag{2-22}$$

忽略阻尼，即 $\xi=0$，则

$$\frac{B_1}{\delta_{st}} = \frac{\alpha^2-\lambda^2}{(1-\lambda^2)(\alpha^2-\lambda^2) - \mu\lambda^2\alpha^2} \tag{2-23}$$

下面仅对无阻尼动力减振器的设计计算予以讨论。

当 $\alpha=\lambda$ 时，式(2-23)为零。这表示当减振器的固有频率等于激振频率时，因减振器质量经弹簧作用于主系统质量上的力和激振力大小相等，方向相反并互相抵消，从而达到了消振的目的。

但这是理想情况，实际上经过对式(2-22)的幅频特性计算可知(此处略)，减振器的引入消除了原有系统的共振点 λ_n，却出现了两个新的共振点 λ_1 和 λ_2。取式(2-22)分母为零，并令 $\alpha=1$，计算可得

$$\lambda_{1,2}^2 = 1 + \frac{\mu}{2} \pm \sqrt{\mu + \frac{\mu^2}{4}} \tag{2-24}$$

可见，在 $\alpha=1$ 时，系统新的共振频率仅由减振器与主系统质量之比 μ 决定。对于每一个 μ 值，都对应有两个共振频率比 λ_1 和 λ_2。为使主系统能安全工作在远离新的共振点的范围内，就希望这两个值相差较大，一般在设计无阻尼动力减振器时，取 $\mu=m_2/m_1>0.1$(该特性限制了动力减振器的实际应用)。

无阻尼减振器的实质只是使系统的共振频率发生变化，并没有消除共振。因此，它只适用于激振频率不变或者变化不大的场合。

读者可以结合工程，理解动力减振器的实用价值。例如：高层建筑的屋顶设置动力减振器后，可以起到防风减振作用；锻压机床、冲床、剪床等，也可利用动力减振器减振。

第三节　多自由度系统的模态分析方法

■ 一、方程的耦合与坐标变换

在本章第一节中，已对图 2-7 所示的系统列出了系统的振动微分方程。当以 x_G 和 θ_G(G 点为质心)为刚性杆的广义坐标时，系统的振动微分方程为

$$\begin{bmatrix} m & 0 \\ 0 & J \end{bmatrix}\begin{Bmatrix} \ddot{x}_G \\ \ddot{\theta}_G \end{Bmatrix} + \begin{bmatrix} k_1+k_2 & k_2l_2-k_1l_1 \\ k_2l_2-k_1l_1 & k_1l_1^2+k_2l_2^2 \end{bmatrix}\begin{Bmatrix} x_G \\ \theta_G \end{Bmatrix} = \begin{Bmatrix} F \\ T \end{Bmatrix}\sin\omega t$$

此时，质量矩阵为对角矩阵，刚度矩阵为对称矩阵，称该方程存在静力参数耦合或弹性耦合。

当以 x_C 和 θ_C 为刚性杆的广义坐标，且满足 $k_1l_4=k_2l_5$ 时，系统的振动微分方程为

$$\begin{bmatrix} m & ml_3 \\ ml_3 & J+ml_3^2 \end{bmatrix}\begin{Bmatrix} \ddot{x}_C \\ \ddot{\theta}_C \end{Bmatrix} + \begin{bmatrix} k_1+k_2 & 0 \\ 0 & k_1l_4^2+k_2l_5^2 \end{bmatrix}\begin{Bmatrix} x_C \\ \theta_C \end{Bmatrix} = \begin{Bmatrix} F_C \\ T_C \end{Bmatrix}$$

此时，质量矩阵为对称矩阵，刚度矩阵为对角阵，即方程存在惯性耦合（或称为动力参数耦合）。

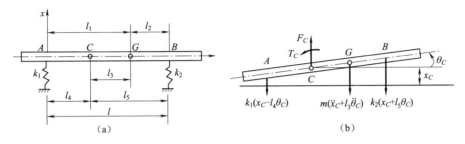

图 2-7　二自由度系统

从上面可以看出，对于同一系统可以采用不同的广义坐标来建立它的振动微分方程。所选的坐标不同，微分方程的形式和耦合情况也就不同。这表明微分方程的耦合状态是由所选的坐标系来决定的。

如果振动微分方程组的各系数矩阵均为对角矩阵，则该方程组的各方程之间不存在任何耦合，那么各方程就可分别求解，与单自由度系统求解完全相同。

采用适当的坐标变换，可以使相互耦合的方程解除耦合，这个过程称为解耦。

由图 2-7 可得出如下关系

$$\left.\begin{matrix} x_C = x_G - l_3\theta_G \\ \theta_C = \theta_G \end{matrix}\right\} \tag{2-25}$$

这组坐标变换是一种线性变换，其矩阵形式是

$$\begin{Bmatrix} x_C \\ \theta_C \end{Bmatrix} = \begin{bmatrix} 1 & -l_3 \\ 0 & 1 \end{bmatrix}\begin{Bmatrix} x_G \\ \theta_G \end{Bmatrix} \tag{2-26}$$

对于任意的线性变换可表达为

$$\{X\} = [u]\{Y\} \tag{2-27}$$

式中，$[u]$ 为线性变换矩阵。

要找到一个怎样的变换矩阵 $[u]$ 可使原来方程解耦呢？结论是：这个矩阵 $[u]$ 就是主振型矩阵。

■ 二、主振型的正交性

在质量块 m_1 和 m_2 组成的二自由度振动系统中，已得到特征方程

$$(-\omega_n^2[M]+[K])\{u\} = \{0\}$$

根据矩阵运算规则，上式可写成

$$[K]\{u\} = \omega_n^2[M]\{u\} \tag{2-28}$$

将两个固有频率和相应振型代入式（2-28），得

$$[K]\{u^{(1)}\} = \omega_{n1}^2[M]\{u^{(1)}\}$$

$$[K]\{u^{(2)}\} = \omega_{n2}^2[M]\{u^{(2)}\}$$

将上式两边分别乘以 $\{u^{(2)}\}^{\mathrm{T}}$ 和 $\{u^{(1)}\}^{\mathrm{T}}$，得

$$\{u^{(2)}\}^{\mathrm{T}}[K]\{u^{(1)}\} = \{u^{(2)}\}^{\mathrm{T}}\omega_{n1}^2[M]\{u^{(1)}\} \tag{2-29}$$

$$\{u^{(1)}\}^{\mathrm{T}}[K]\{u^{(2)}\} = \{u^{(1)}\}^{\mathrm{T}}\omega_{n2}^2[M]\{u^{(2)}\} \tag{2-30}$$

由于 $[M]$ 和 $[K]$ 为对称矩阵，根据矩阵转置定律，式(2-30)两端转置后，得

$$\{u^{(2)}\}^{\mathrm{T}}[K]\{u^{(1)}\} = \{u^{(2)}\}^{\mathrm{T}}\omega_{n2}^2[M]\{u^{(1)}\} \tag{2-31}$$

式(2-31)和式(2-29)相减，得

$$(\omega_{n2}^2 - \omega_{n1}^2)\{u^{(2)}\}^{\mathrm{T}}[M]\{u^{(1)}\} = 0$$

当 $(\omega_{n2}^2 - \omega_{n1}^2) \neq 0$ 时，由上式得

$$\{u^{(2)}\}^{\mathrm{T}}[M]\{u^{(1)}\} = 0 \tag{2-32}$$

代入式(2-29)后，得

$$\{u^{(2)}\}^{\mathrm{T}}[K]\{u^{(1)}\} = 0 \tag{2-33}$$

式(2-32)和式(2-33)分别称为主振型对质量矩阵的正交性和主振型对刚度矩阵的正交性。

对于 n 个自由度系统，主振型矩阵为 $\{u\} = \{u^{(1)}, u^{(2)}, \cdots, u^{(n)}\}$，$\{u^{(i)}\}$、$\{u^{(j)}\}$ 是某一阶主振型，可以推论：

$$\{u^{(i)}\}^{\mathrm{T}}[M]\{u^{(j)}\} = 0, \{u^{(i)}\}^{\mathrm{T}}[K]\{u^{(j)}\} = 0, i \neq j$$

$$\{u^{(i)}\}^{\mathrm{T}}[M]\{u^{(j)}\} \neq 0, \{u^{(i)}\}^{\mathrm{T}}[K]\{u^{(j)}\} \neq 0, i = j$$

$i = j$ 意味着矩阵的对角元素；$i \neq j$ 意味着矩阵的非对角元素。那么，$\{u\}^{\mathrm{T}}[M]\{u\}$、$\{u\}^{\mathrm{T}}[K]\{u\}$ 就是对角矩阵。

主振型的正交性只有在 $[M]$ 和 $[K]$ 为对称矩阵时才成立。

主振型的正交性的物理意义：各阶主振型之间的能量不能传递，保持各自的独立性，但每个主振型内部的动能和势能是可以相互转化的。

三、模态矩阵和模态坐标

由于主振型 $[u]$ 对质量矩阵 $[M]$ 和刚度矩阵 $[K]$ 都具有正交性，所以由主振型组成的线性变换矩阵 $[u]$ 对系统的原方程进行坐标变换后，可使 $[M]$、$[K]$ 变为对角矩阵，即

$$\left.\begin{array}{l}[M_0] = [u]^{\mathrm{T}}[M][u] \\ [K_0] = [u]^{\mathrm{T}}[K][u]\end{array}\right\} \tag{2-34}$$

式中，$[u] = [u^{(1)}, u^{(2)}]$ 为模态矩阵或振型矩阵；$[M_0]$、$[K_0]$ 分别为模态质量矩阵和模态刚度矩阵，或称为主质量矩阵和主刚度矩阵。

设系统原方程为

$$[M]\{\ddot{X}\} + [K]\{X\} = \{F\}$$

利用模态矩阵 $[u]$ 进行坐标变换：

$$\left.\begin{array}{l}\{X\} = [u]\{Y\} \\ \{\ddot{X}\} = [u]\{\ddot{Y}\}\end{array}\right\} \tag{2-35}$$

式中，$\{Y\}$ 为模态坐标。

代入原方程，并在等号两边分别乘以 $[u]^{\mathrm{T}}$，得

$$[u]^{\mathrm{T}}[M][u]\{\ddot{Y}\} + [u]^{\mathrm{T}}[K][u]\{Y\} = [u]^{\mathrm{T}}\{F\}$$

则

$$
\left.\begin{aligned}
&[M_0]\{\ddot{Y}\}+[K_0]\{Y\}=\{Q\} \\
&[M_0]=[u]^{\mathrm{T}}[M][u]=\begin{bmatrix} M_1 & 0 \\ 0 & M_2 \end{bmatrix} \\
&[K_0]=[u]^{\mathrm{T}}[K][u]=\begin{bmatrix} K_1 & 0 \\ 0 & K_2 \end{bmatrix} \\
&\{Q\}=[u]^{\mathrm{T}}[F]=\begin{Bmatrix} Q_1 \\ Q_2 \end{Bmatrix}
\end{aligned}\right\} \tag{2-36}
$$

式中，M_1、M_2 为第一、第二阶模态质量或主质量；K_1、K_2 为第一、第二阶模态刚度或主刚度。

经线性变换后的模态方程(2-36)不再耦合，成为两个独立的方程

$$
\left.\begin{aligned}
M_1 \ddot{y}_1 + K_1 y_1 = Q_1 \\
M_2 \ddot{y}_2 + K_2 y_2 = Q_2
\end{aligned}\right\} \tag{2-37}
$$

从式(2-37)求出模态坐标$\{Y\}$后，将其转换为原坐标$\{X\}=[u]\{Y\}$，即可得到原方程的解。

四、多自由度系统的模态分析方法

多自由度分析方法是在二自由度振动系统模态分析方法基础上加以扩展。设多自由度系统广义坐标运动方程为

$$
[M]\{\ddot{X}\}+[K]\{X\}=\{F\}
$$

则其模态分析的基本步骤如下：

(1)求系统的固有频率与主振型，构成主振型矩阵，即

$$
[u]=[u^{(1)},u^{(2)},\cdots,u^{(n)}]=\begin{bmatrix}
u_1^{(1)} & u_1^{(2)} & \cdots & u_1^{(n)} \\
u_2^{(1)} & u_2^{(2)} & \cdots & u_2^{(n)} \\
\vdots & \vdots & \vdots & \vdots \\
u_n^{(1)} & u_n^{(2)} & \cdots & u_n^{(n)}
\end{bmatrix} \tag{2-38}
$$

(2)用主振型矩阵$[u]$进行坐标变换，即

$$
\left.\begin{aligned}
\{X\}=[u]\{Y\} \\
\{\ddot{X}\}=[u]\{\ddot{Y}\}
\end{aligned}\right\} \tag{2-39}
$$

$$
\left.\begin{aligned}
&[M_0]\{\ddot{Y}\}+[K_0]\{Y\}=\{Q\} \\
&[M_0]=[u]^{\mathrm{T}}[M][u] \\
&[K_0]=[u]^{\mathrm{T}}[K][u] \\
&\{Q\}=[u]^{\mathrm{T}}[F]
\end{aligned}\right\} \tag{2-40}
$$

式(2-40)即为系统的模态方程，是由一组互不耦合的方程组合而成的。

(3)求模态方程的解。一般可由杜哈美积分或待定系数法求微分方程的特解。将广义坐标表示的初始条件变换为用模态坐标表示，并代入模态方程，求出各积分常数。

(4)把模态坐标响应变换成广义坐标响应

$$
\{X\}=[u]\{Y\}
$$

即为系统的响应。

■ 五、模态矩阵正则化

在实际使用中,为了方便常使模态矩阵正则化,即在坐标变换时采用正则坐标,也就是使模态质量矩阵变为单位矩阵,即

$$[M_N] = [I]$$

第 i 个元素(第 i 阶正则模态质量)为

$$M_{Ni} = \{u_N^{(i)}\}^{\mathrm{T}}\{M\}\{u_N^{(i)}\} = 1 \tag{2-41}$$

为此,需将式(2-39)所采用的坐标变换加以适当修正,即

$$\{u_N^{(i)}\} = \alpha_i\{u^{(i)}\} \tag{2-42}$$

式中,$\{u^{(i)}\}$ 为系统的 i 阶振型;$\{u_N^{(i)}\}$ 为系统的 i 阶正则振型;α_i 为正则化因子。

将式(2-42)代入式(2-41)得

$$\alpha_i = \frac{1}{\sqrt{\{u^{(i)}\}^{\mathrm{T}}[M]\{u^{(i)}\}}} = \frac{1}{\sqrt{M_i}} \tag{2-43}$$

式中,M_i 为第 i 阶模态质量。

由式(2-43)所得到的正则化因子排成一个对角矩阵

$$[\alpha] = \begin{bmatrix} \alpha_1 & 0 & 0 & 0 \\ 0 & \alpha_2 & 0 & 0 \\ 0 & 0 & \vdots & 0 \\ 0 & 0 & 0 & \alpha_n \end{bmatrix} \tag{2-44}$$

经上述修正,正则模态矩阵为

$$[u_N] = [u][\alpha] \tag{2-45}$$

用式(2-45)正则模态矩阵进行坐标变换

$$\left.\begin{array}{l} \{X\} = [u_N]\{Y_N\} \\ \{\ddot{X}\} = [u_N]\{\ddot{Y}_N\} \end{array}\right\} \tag{2-46}$$

$$\left.\begin{array}{l} [M_N]\{\ddot{Y}_N\} + [K_N]\{Y_N\} = \{Q_N\} \\ \text{或 } \{\ddot{Y}_N\} + [\omega_n^2]\{Y_N\} = [M_N]^{-1}\{Q_N\} \\ [M_N] = [u_N]^{\mathrm{T}}[M][u_N] \\ [K_N] = [u_N]^{\mathrm{T}}[K][u_N] \\ \{Q_N\} = [u_N]^{\mathrm{T}}[F] \\ \omega_{ni}^2 = \dfrac{K_{Ni}}{M_{Ni}} = \dfrac{K_{Ni}}{1} = K_{Ni} \end{array}\right\} \tag{2-47}$$

■ 六、振型截断法

振型截断法适用于:①对于自由度很大的系统,可以进行自由度缩减,以求解大模型的少数阶(一般为前 10~20 阶)模态;②对于外力随时间变化较慢,系统初始条件中包含高阶主振型分量较少的情况。

在 n 个主振型中,取 n_1 个主振型,$n_1 < n$,即

$$[u_p] = [u^{(1)}, u^{(2)}, \cdots, u^{(n1)}] = \begin{bmatrix} u_1^{(1)} & u_1^{(2)} & \cdots & u_1^{(n1)} \\ u_2^{(1)} & u_2^{(2)} & \cdots & u_2^{(n1)} \\ \vdots & \vdots & \vdots & \vdots \\ u_n^{(1)} & u_n^{(2)} & \cdots & u_n^{(n1)} \end{bmatrix} \tag{2-48}$$

$$\{X\} = [u_p]\{Y_p\}$$

$$\{\ddot{X}\} = [u_p]\{\ddot{Y}_p\}$$

该矩阵为 $n \times n_1$ 矩阵,无逆阵。

运用式(2-48),对振动系统 $[M]\{\ddot{X}\} + [K]\{X\} = \{F\}$ 进行坐标变换,即

$$\left. \begin{aligned} [M_p]\{\ddot{Y}_p\} + [K_p]\{Y_p\} &= \{Q_p\} \\ [M_p] &= [u_p]^{\mathrm{T}}[M][u_p] \\ [K_p] &= [u_p]^{\mathrm{T}}[K][u_p] \\ \{Q_p\} &= [u_p]^{\mathrm{T}}[F] \end{aligned} \right\} \tag{2-49}$$

该式为 n_1 个方程组成,即自由度缩减,同样是一组解耦了的方程组。

在计算模态坐标的响应时,由于 $[u_p]$ 无逆阵,运用 $\begin{cases} \{X\} = [u_p]\{Y_p\} \\ \{\dot{X}\} = [u_p]\{\dot{Y}_p\} \\ \{\ddot{X}\} = [u_p]\{\ddot{Y}_p\} \end{cases}$

不能直接求出模态坐标的初始条件。

运用 $\{X\} = [u_p]\{Y_p\}$,则

$$[u_p]^{\mathrm{T}}[M]\{X\} = [u_p]^{\mathrm{T}}[M][u_p]\{Y_p\} = [M_p]\{Y_p\} \tag{2-50}$$

$$\{Y_p\} = [M_p]^{-1}[u_p]^{\mathrm{T}}[M]\{X\} \tag{2-51}$$

运用式(2-51)求出模态坐标的初始条件。

采用正则振型 $[u_N]$ 进行截断处理后,得

$$[M_{pN}] = [I] \tag{2-52}$$

式中,$[M_{pN}]$、$[I]$ 均为 $n_1 \times n_1$ 方阵。

$$[K_{pN}] = \begin{bmatrix} \omega_{n1}^2 & 0 & \cdots & 0 \\ 0 & \omega_{n2}^2 & \cdots & 0 \\ \vdots & \vdots & \vdots & \vdots \\ 0 & 0 & \cdots & \omega_{m1}^2 \end{bmatrix} \tag{2-53}$$

$$\{Y_{pN}\} = [M_{pN}]^{-1}[u_{pN}]^{\mathrm{T}}[M]\{X\} = [u_{pN}]^{\mathrm{T}}[M]\{X\} \tag{2-54}$$

第四节　确定系统固有频率与主振型的方法

■ 一、矩阵迭代法

这里仅给出矩阵迭代法的计算公式,并编程计算。

为叙述方便,特征方程式(2-6)改写成

$$[K]\{A\} = p^2[M]\{A\} \tag{2-55}$$

式中,$[K]$为刚度矩阵,为对称矩阵;$[M]$为质量矩阵,为对称正定矩阵;$\{A\}$为振幅列阵,p为固有频率。

这是一个线性代数方程组的广义特征值问题,也可以称为矩阵$[K]$和$[M]$的广义特征值问题。

对于正定系统,式(2-55)可写成

$$[K]^{-1}[M]\{A\} = \frac{1}{p^2}\{A\} \tag{2-56}$$

或

$$p^2\{A\} = [M]^{-1}[K]\{A\} \tag{2-57}$$

运用式(2-56)、式(2-57)进行矩阵迭代运算,依次从最低或最高阶固有频率和主振型开始,最后求得全部的或一部分固有频率和主振型。通常工程上对系统的最低或较低的几阶固有频率和主振型比较重视,因此一般利用式(2-56)进行矩阵迭代运算,并引入动力矩阵

$$[D] = [K]^{-1}[M] \tag{2-58}$$

则

$$[D]\{A\} = \frac{1}{p^2}\{A\} \tag{2-59}$$

式中,$[D]$为$n \times n$的方矩阵,$\{A\}$为$n \times 1$的振幅列阵。

如果假设了一个迭代初始列阵$\{A\}_1$,那么就可以按照如下迭代公式进行计算

$$\{B\}_k = [D]\{A\}_k$$
$$\{A\}_{k+1} = \frac{1}{B_{n,k}}\{B\}_k \quad (k = 1,2,3,\cdots) \tag{2-60}$$

式中,$B_{n,k}$为$\{B\}_k$中的最后一个元素。

同时,在每次迭代中计算 $p_{(k)}^2 = \dfrac{1}{B_{n,k}}$,并把它和 $p_{(k-1)}^2$ 进行比较(为了在 $k=1$ 时进行比较,不妨设 $p_{(0)}^2 = 0$),一旦达到了精度要求,即 $\dfrac{|p_{(k)}^2 - p_{(k-1)}^2|}{p_{(k)}^2} < \delta$,则可以停止迭代。这时的 $\{A\}_{k+1}$就是求得的一个主振型,而固有频率则为

$$f = \frac{1}{2\pi}\sqrt{p_{(k)}^2} \,(\text{Hz}) \tag{2-61}$$

如果上述计算中的$[D]$是原始的动力矩阵,那么这里得到的是最低阶(第一阶)固有频率和相应的主振型。

当迭代计算出某一阶的固有频率和主振型之后,就要采用清除法:从动力矩阵中清除与上面算出的主振型有关的部分,就可以得到用于计算下一阶固有频率和主振型的动力矩阵$[D^*]$为

$$[D^*] = [D] - \frac{1}{M_1 p_{(k)}^2}\{A\}_{(k+1)}\{A\}_{(k+1)}^T[M] \tag{2-62}$$

$$M_1 = \{A\}_{(k+1)}^T[M]\{A\}_{(k+1)} \tag{2-63}$$

式中,$\{A\}_{(k+1)}$、$p_{(k)}^2$为上述迭代结束时计算出的量;$[M]$为质量矩阵;$[D]$为前面用于迭代计算的动力矩阵。如果前面计算的是第一阶,它就是原始动力矩阵,否则它就是已经清除了与更低阶主振型有关的量之后的$[D^*]$。相关证明参考文献[3]。

式(2-62)中涉及到第k步的固有频率迭代值$p_{(k)}^2$和第$k+1$步的振型迭代值$\{A\}_{(k+1)}$。在具体编写程序计算时,可以简化为

$$[D^*] = [D] - \frac{1}{M_1 p_{(k)}^2}\{A\}_{(k)}\{A\}_{(k)}^\mathrm{T}[M], M_1 = \{A\}_{(k)}^\mathrm{T}[M]\{A\}_{(k)}$$

尽管计算精度略有损失，当只要精度控制量 δ 设置合理，还是能较好满足要求的。

在工程实际中，静定和超静定结构的刚度矩阵 $[K]$ 是<u>正定</u>的。但在机械系统中，原动件通过传动系统，将运动和动力传递到执行系统，这就使得机械系统中必然存在<u>刚体运动</u>。所谓刚体运动，就是系统中各质点的以系统的位移（或角位移）运动，或者说整个机械系统没有与基础构成实质性约束条件。例如：环绕地球轨道的飞行器（具有 6 个刚体运动）、由电动机—联轴器—减速器—钢丝绳—悬吊重物构成的系统（不计摩擦）、正常行驶的车辆（不计摩擦）等。

这种机械系统的刚度矩阵 $[K]$ 是<u>半正定</u>的，无法求逆，也就无法直接形成动力矩阵 $[D]$，不能直接使用上述算法。但是，如果把式(2-55)改写为

$$([K] + \alpha[M])\{A\} = (p^2 + \alpha)[M]\{A\} \tag{2-64}$$

其中 α 为任意正数，$([K] + \alpha[M])$ 就是<u>正定矩阵</u>。若令

$$[D] = ([K] + \alpha[M])^{-1}[M] \tag{2-65}$$

把原问题改为

$$[D]\{A\} = \frac{1}{p^2 + \alpha}\{A\} \tag{2-66}$$

那么，这一问题的主振型与原问题完全相同，只是把原问题中的 p^2 改为 $p^2 + \alpha$。α 的取值一般比系统估计的最低固有频率的平方 ω_{n1}^2 略小一些为宜。初学者对 α 的取值一般比较迷惑，这是因为 ω_{n1}^2 本身就是所求值。实践证明，该方法的计算结果对 α 值不是很敏感，可以任选一个正数，试算得出 ω_{n1}^2，再调整 α 值。

【例 2-3】 已知图 2-8 所示的系统中，$m_1 = 2$ kg，$m_2 = 1.5$ kg，$m_3 = 1$ kg，$k_1 = 3$ N/m，$k_2 = 2$ N/m，$k_3 = 1$ N/m。求系统的各阶固有频率和主振型。

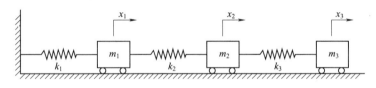

图 2-8　三自由度系统

解　该系统没有刚体位移，因此令 $\alpha = 0$。系统的刚度矩阵和质量矩阵分别为 $[M] = \begin{bmatrix} 2 & 0 & 0 \\ 0 & 1.5 & 0 \\ 0 & 0 & 1 \end{bmatrix}$，$[K] = \begin{bmatrix} 5 & -2 & 0 \\ -2 & 3 & -1 \\ 0 & -1 & 1 \end{bmatrix}$。编制程序计算结果见表 2-1。读者也可以用 MATLAB 中的命令[P,D]=eig[M^{-1}*K]检验结果。

表 2-1　　　　　　　　　　　固有频率与主振型

阶　　次		1	2	3
固有频率/Hz		0.0943541498	0.2017315804	0.2995301182
主振型	1	0.3018499536	−0.6789774753	2.439627518
	2	0.6485352722	−0.6065990923	−2.541936177
	3	1.0000000000	1.0000000000	1.0000000000

【例 2-4】 某柴油机动力装置经简化为如图 2-9 所示的轴盘系统。其中盘的各转动惯量（单位为 kg·m²）$J_1=35.52,J_2=\cdots=J_9=18.92,J_{10}=6.35,J_{11}=312.87,J_{12}=10.77,J_{13}=157.05$。轴段的扭转柔度（单位为 1/N·rad/m）为 $\alpha_{1,2}=7.46\times10^{-8},\alpha_{2,3}=\alpha_{3,4}=\cdots=\alpha_{8,9}=9.16\times10^{-9},\alpha_{9,10}=6.88\times10^{-8},\alpha_{10,11}=7.04\times10^{-8},\alpha_{11,12}=25.51\times10^{-8},\alpha_{12,13}=926.56\times10^{-8}$。求该系统的前七阶固有频率及主振型。

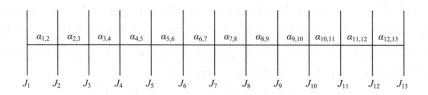

图 2-9　轴盘系统简化模型

解　由于该系统具有刚体转动，因此 α 不能取零。如果考虑到它的最低阶固有频率大约为 10Hz 以上，不妨设 $\alpha=1000$。

由于这时计算出的第一阶实际上是刚体转动，因此需要算八阶才能得到原系统的前七阶固有频率及主振型。计算结果见表 2-2。

表 2-2　固有频率与主振型

阶　次	1	2	3	4	5	6	7
固有频率	14.8269	67.0926	171.899	283.525	313.213	394.690	498.461
主振型 1	1.0000	1.0000	1.0000	1.0000	1.0000	1.0000	1.0000
2	0.9977	0.9529	0.6909	0.1591	−0.0262	−0.6296	−1.5992
3	0.9934	0.8657	0.1717	−0.9610	−1.2687	−1.9595	−2.0721
4	0.9876	0.7519	−0.3823	−1.5525	−1.6596	−1.2009	0.9774
5	0.9803	0.6149	−0.8589	−1.2901	−0.9366	0.8377	2.3654
6	0.9715	0.4590	−1.1619	−0.3182	0.4151	1.9834	−0.2677
7	0.9612	0.2889	−1.2300	0.8287	1.4882	1.0152	−2.4457
8	0.9496	0.1100	−1.0494	1.5199	1.5624	−1.0351	−0.4661
9	0.9364	−0.0724	−0.6567	1.3751	0.5879	−1.9821	2.3059
10	0.9255	−0.2077	−0.2620	0.6983	−0.4404	−1.1067	1.4437
11	0.9140	−0.3444	0.1556	−0.0933	−1.4164	0.0934	−0.0716
12	0.8090	−0.3515	0.2200	−0.5991	38.8290	−0.1410	0.0429
13	−3.0769	0.0141	−0.0013	0.0013	−0.0690	0.0002	−0.00003

其流程图如图 2-10 所示。

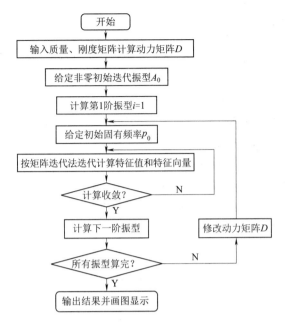

图 2-10　计算流程图

计算程序如下：

%JZDDF%矩阵迭代法

%13 个自由度的响应

clear all,close all

fid1＝fopen('A619','wt')；　%建立(打开)位移文件

fid2＝fopen('B619','wt')；　%建立(打开)位移文件

%输入质量矩阵

M(1,1)＝35.52;M(2,2)＝18.92;M(3,3)＝18.92;

M(4,4)＝18.92;M(5,5)＝18.92;M(6,6)＝18.92;

M(7,7)＝18.92;M(8,8)＝18.92;M(9,9)＝18.92;

M(10,10)＝6.35;M(11,11)＝312.87;

M(12,12)＝10.77;M(13,13)＝157.05;

%输入刚度矩阵

K(1,1)＝10e8 * 1/7.46;K(1,2)＝－10e8 * 1/7.46;

K(2,1)＝－10e8 * 1/7.46;K(2,2)＝10e8 * (1/7.46＋1/9.16);

K(2,3)＝－10e8 * 1/9.16; K(3,2)＝－10e8 * 1/9.16;

K(3,3)＝10e8 * (1/9.16＋1/9.16);K(3,4)＝－10e8 * 1/9.16;

K(4,3)＝－10e8 * 1/9.16; K(4,4)＝10e8 * (1/9.16＋1/9.16);

K(4,5)＝－10e8 * 1/9.16;K(5,4)＝－10e8 * 1/9.16;

K(5,5)＝10e8 * (1/9.16＋1/9.16); K(5,6)＝－10e8 * 1/9.16;

K(6,5)＝－10e8 * 1/9.16; K(6,6)＝10e8 * (1/9.16＋1/9.16);

K(6,7)＝－10e8 * 1/9.16;K(7,6)＝－10e8 * 1/9.16;

K(7,7)＝10e8 * (1/9.16＋1/9.16); K(7,8)＝－10e8 * 1/9.16;

```
K(8,7)=−10e8 * 1/9.16;   K(8,8)=10e8 * (1/9.16+1/9.16);
K(8,9)=−10e8 * 1/9.16;   K(9,8)=−10e8 * 1/9.16;
K(9,9)=10e8 * (1/9.16+1/6.88);
K(9,10)=−10e8 * 1/6.88;   K(10,9)=−10e8 * 1/6.88;
K(10,10)=10e8 * (1/6.88+1/7.04);
K(10,11)=−10e8 * 1/7.04;   K(11,10)=−10e8 * 1/7.04;
K(11,11)=10e8 * (1/7.04+1/25.51);
K(11,12)=−10e8 * 1/25.51;   K(12,11)=−10e8 * 1/25.51;
K(12,12)=10e8 * (1/25.51+1/926.56);
K(12,13)=−10e8 * 1/926.56;   K(13,12)=−10e8 * 1/926.56;
K(13,13)=10e8 * 1/926.56;
%计算特征值与特征向量
D=inv(K+1000 * M) * M;
A=ones(13,1);                    %初始振型
for i=1:8                        %计算
    pp0=0;
    i
    B=D * A;
pp=1.0/B(1);
    A=B/B(1);
while   abs((pp−pp0)/pp)>1.e−12
    pp0=pp;
    B=D * A;
pp=1.0/B(1);
    A=B * pp;
end
if (pp−1000)>0
    f=sqrt(pp−1000)/2/pi    %单位 Hz
else
    f=0
end
fprintf(fid1,'%20.5f',A);
fprintf(fid2,'%20.5f',f);
D=D−A * A' * M/(A' * M * A * pp);
end
fid1=fopen('A619','rt');
A=fscanf(fid1,'%f',[13,13]);
fid2=fopen('B619','rt');
f=fscanf(fid2,'%f',[13,1]);
t=1:13;
```

```
h1＝figure('numbertitle','off','name',' 1','pos',[50  200 420 420]);
bar(t,f(t,1))，xlabel('频率阶级次')，ylabel('Hz')，
title('固有频率'),hold on ,grid
h1＝figure('numbertitle','off','name',' 2','pos',[50  200 420 420]);
bar(t,A(t,1))，xlabel_('自由度(质量块)')，ylabel('振型向量')，
title('0 阶主振型'),hold on ,grid
pause(0.1)
h1＝figure('numbertitle','off','name','3','pos',[50  200 420 420]);
bar(t,A(t,2))，xlabel('自由度(质量块)')，ylabel('振型向量')，
title('1 阶主振型'),hold on ,grid
pause (0.1)
h1＝figure('numbertitle','off','name','4','pos',[50  200 420 420]);
bar(t,A(t,3))，xlabel('自由度(质量块)')，ylabel('振型向量')，
title('2 阶主振型'),hold on ,grid
pause(0.1)
h1＝figure('numbertitle','off','name','5','pos',[50  200 420 420]);
bar(t,A(t,4))，xlabel('自由度(质量块)')，ylabel('振型向量')，
title('3 阶主振型'),hold on ,grid
pause(0.1)
h1＝figure('numbertitle','off','name','6','pos',[50  200 420 420]);
bar(t,A(t,5))，xlabel('自由度(质量块)')，ylabel('振型向量')，
title('4 阶主振型'),hold on ,grid
h1＝figure('numbertitle','off','name','7','pos',[50  200 420 420]);
bar(t,A(t,6))，xlabel('自由度(质量块)')，ylabcl('振型向量')，
title('5 阶主振型'),hold on ,grid
h1＝figure('numbertitle','off','name','8','pos',[50  200 420 420]);
bar(t,A(t,7))，xlabel('自由度(质量块)')，ylabel('振型向量')，
title('6 阶主振型'),hold on ,grid
h1＝figure('numbertitle','off','name','9','pos',[50  200 420 420]);
bar(t,A(t,8))，xlabel('自由度(质量块)')，ylabel('振型向量')，
title('7 阶主振型'),hold on ,grid
h1＝figure('numbertitle','off','name','10','pos',[50  200 420 420]);
bar(t,A(t,9))，xlabel('自由度(质量块)')，ylabel('振型向量')，
title('8 阶主振型'),hold on ,grid
h1＝figure('numbertitle','off','name','11','pos',[50  200 420 420]);
bar(t,A(t,10))，xlabel('自由度(质量块)')，ylabel('振型向量')，
title('9 阶主振型'),hold on ,grid
h1＝figure('numbertitle','off','name','7','pos',[50  200 420 420]);
bar(t,A(t,11))，xlabel('自由度(质量块)')，ylabel('振型向量')，
title('10 阶主振型'),hold on ,grid
```

■ 二、瑞雷（Rayleigh）法

瑞雷法就是采用系统的机械能守恒原理求系统的固有频率。基本思想是先假定一个振型，然后用能量法求出与这个假定振型相应的系统固有频率。由于多自由度系统有多个固有频率与振型，所以要计算某一阶固有频率，就必须首先作出该阶的假定振型。但是要正确地假定出系统的各阶振型是相当困难的，通常是根据经验和理论分析，来假定一阶振型，并据此求出系统的基频 ω_{n1}。至于系统的其余各阶高频，一般不用瑞雷法。

以图 2-11 所示的三自由度横向振动系统为例，在一根无质量的弹性梁上，固定三个集中质量。根据经验和理论分析，这个系统的一阶振型十分接近它的静挠度曲线。因此，其振型可用各点静挠度 y_1，y_2 和 y_3 来表示。

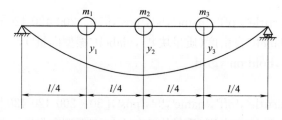

图 2-11　三自由度简支梁

当梁振动至极限位置，达到其振幅值 y_1、y_2 和 y_3 时，由于梁的弯曲而储存于系统中的变形能为

$$U_{\max} = \frac{1}{2}(m_1 g y_1 + m_2 g y_2 + m_3 g y_3) \tag{2-67}$$

当梁恢复到平衡位置时，系统的动能为

$$T_{\max} = \frac{1}{2}(m_1 \dot{y}_1^2 + m_2 \dot{y}_2^2 + m_3 \dot{y}_3^2)$$

上式中，因 $\dot{y}_1$、$\dot{y}_2$ 和 $\dot{y}_3$ 均为振动速度的幅值，并有 $\dot{y}_1 = \omega_n y_1$，$\dot{y}_2 = \omega_n y_2$，$\dot{y}_3 = \omega_n y_3$，故

$$T_{\max} = \frac{\omega_n^2}{2}(m_1 y_1^2 + m_2 y_2^2 + m_3 y_3^2) \tag{2-68}$$

对于保守系统（当系统作自由振动且忽略系统的阻尼时），

$$T_{\max} = U_{\max}$$

$$\omega_{n1}^2 = \frac{(m_1 y_1 + m_2 y_2 + m_3 y_3)g}{(m_1 y_1^2 + m_2 y_2^2 + m_3 y_3^2)} \tag{2-69}$$

推广到 n 个自由度，即对梁上有 n 个集中质量的系统，有

$$\omega_{n1}^2 = \frac{g \sum\limits_{i=1}^{n} m_i y_i}{\sum\limits_{i=1}^{n} m_i y_i^2} \tag{2-70}$$

■ 三、邓克莱（Dunkerley）法

早在 19 世纪，邓克莱在通过试验方法确定多圆盘轴的横向振动固有频率时，发现了这样一个关系（图 2-12）：

$$\frac{1}{\omega_{n1}^2} \approx \frac{1}{\omega_{n11}^2} + \frac{1}{\omega_{n22}^2} + \frac{1}{\omega_{n33}^2} + \cdots + \frac{1}{\omega_{nkk}^2} \tag{2-71}$$

式中，ω_{n1}^2 为系统的基频；ω_{n11}^2 为当轴上只有圆盘 1，而其余各圆盘都不存在时，这个单圆盘轴系统的固有频率，$\omega_{n22}^2 \sim \omega_{nkk}^2$ 依此类推。

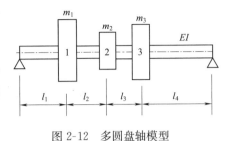

图 2-12　多圆盘轴模型

$\omega_{n11}^2 \sim \omega_{nkk}^2$ 的计算是一个单自由度问题。可以利用材料力学公式计算相应点的挠度(参见本章第一节的柔度影响系数法)，然后计算相应点的刚度 k_{kk}，再计算 $\omega_{nkk}^2 = \dfrac{k_{kk}}{m}$。

四、传递矩阵(Transfer Matrix)法

工程上有些结构是由许多单元一环连一环结合起来的，称为链状系统。例如连续梁、汽轮发电机转子、内燃机曲轴等，均可离散成一个无质量的弹性轴上带有若干个集中质量的圆盘的链状系统。又如，一个齿轮传动系统，经等效转换(在第六章中详述)后，可转化成一个多盘转子式的链状系统。

对于链状系统，除可以采用矩阵迭代等方法计算系统的固有频率与主振型外，还可采用传递矩阵法(Transfer Matrix Method)。该方法除了简便、有效外还有明显的两个优点。

(1)所使用的矩阵阶次不随系统的自由度多少而变。对扭转系统，其矩阵始终为二阶(转角和扭矩)；对横向振动系统，其矩阵始终为四阶(两个位移和两个力，参见第八章第二节)。

(2)很容易采用计算机计算，用同一程序可计算出系统的各阶固有频率与主振型。

本节仅以扭转振动系统为例，介绍传递矩阵法的基本原理。

图 2-13 所示为一个多盘扭振系统，根据结构可以把它们划分成 n 个单元，每个单元由一个无质量的弹性轴段与一个无弹性的质量圆盘所组成。

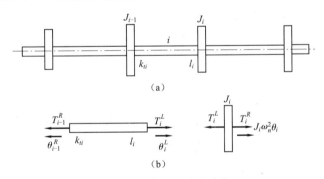

(a)

(b)

图 2-13　传递矩阵法建模

取由第 i 个圆盘与第 i 个轴段组成的第 i 个单元进行分析，如图 2-13(b)所示。图中，上标 L 表示圆盘或轴段的左面或左端，上标 R 表示圆盘或轴段的右面或右端；转矩 T 与角位移 θ 的方向采用右手螺旋法则，且规定以右向为正。

1. 第 i 个圆盘

方程式为

$$J_i \ddot{\theta}_i = T_i^R - T_i^L \tag{2-72}$$

在自由振动时，此扭振系统将作简谐扭转振动，其固有频率为 ω_n，则

$$\ddot{\theta}_i = -\omega_n^2 \theta_i$$

代入式(2-72)并整理得

$$T_i^R = T_i^L - J_i \omega_n^2 \theta_i \tag{2-73}$$

又因该圆盘本身只有转动惯量而无弹性,因而不可能产生扭转变形,故

$$\theta_i^R = \theta_i^L = \theta_i \tag{2-74}$$

将式(2-73)和式(2-74)描述成第 i 个圆盘左右两边的力学状态,可将此两式写成矩阵形式

$$\left\{ \begin{matrix} \theta \\ T \end{matrix} \right\}_i^R = \begin{bmatrix} 1 & 0 \\ -\omega_n^2 J & 1 \end{bmatrix}_i \left\{ \begin{matrix} \theta \\ T \end{matrix} \right\}_i^L \tag{2-75}$$

式中,$P_i = \begin{bmatrix} 1 & 0 \\ -\omega_n^2 J & 1 \end{bmatrix}_i$ 体现了轴上第 i 个点(从整个轴看,每个圆盘可视为轴上的一个点)从左边状态到右边状态的传递关系,故称为点传递矩阵或点矩阵(Point Matrix)。

2. 第 i 段轴

由于此轴段只具有弹性而无质量(转动惯量),其左右两端转矩应相等,即

$$T_i^L = T_{i-1}^R \tag{2-76}$$

由于轴段的弹性变形,其左右两端的角位移之间有如下关系

$$\left. \begin{matrix} (\theta_i^L - \theta_{i-1}^R) k_{ti} = T_i^L = T_{i-1}^R \\[2mm] k_{ti} = \dfrac{GI_{pi}}{l_i} \end{matrix} \right\} \tag{2-77}$$

式中,k_{ti} 为第 i 段轴的扭转刚度;I_{pi} 为第 i 段轴的极惯性矩;l_i 为第 i 段轴的长度;G 为轴材料的剪切弹性模量。

式(2-77)可改写成

$$\theta_i^L = \theta_{i-1}^R + \frac{T_{i-1}^R}{k_{ti}} \tag{2-78}$$

将式(2-76)和式(2-78)合并写成矩阵形式

$$\left\{ \begin{matrix} \theta \\ T \end{matrix} \right\}_i^L = \begin{bmatrix} 1 & \dfrac{1}{k_t} \\ 0 & 1 \end{bmatrix}_i \left\{ \begin{matrix} \theta \\ T \end{matrix} \right\}_{i-1}^R \tag{2-79}$$

式中,矩阵 $F_i = \begin{bmatrix} 1 & \dfrac{1}{k_t} \\ 0 & 1 \end{bmatrix}_i$ 反映了第 i 段轴由左端状态到右端状态的传递关系,称为场传递矩阵,简称场矩阵(Field Matrix)。

将式(2-79)代入式(2-75),得

$$\left\{ \begin{matrix} \theta \\ T \end{matrix} \right\}_i^R = \begin{bmatrix} 1 & 0 \\ -\omega_n^2 J & 1 \end{bmatrix}_i \begin{bmatrix} 1 & \dfrac{1}{k_t} \\ 0 & 1 \end{bmatrix}_i \left\{ \begin{matrix} \theta \\ T \end{matrix} \right\}_{i-1}^R = \begin{bmatrix} 1 & \dfrac{1}{k_t} \\ -\omega_n^2 J & 1 - \dfrac{\omega_n^2 J}{k_t} \end{bmatrix}_i \left\{ \begin{matrix} \theta \\ T \end{matrix} \right\}_{i-1}^R \tag{2-80}$$

上式反映了第 i 个单元左右两边状态矢量之间的关系,其中矩阵

$$[U]_i = P_i F_i = \begin{bmatrix} 1 & \dfrac{1}{k_t} \\ -\omega_n^2 J & 1 - \dfrac{\omega_n^2 J}{k_t} \end{bmatrix}_i \tag{2-81}$$

称为第 i 个单元的传递矩阵。

如果将系统划分为 n 个单元,根据上述原理可求出其 n 个传递矩阵 $[U]_1$、$[U]_2\cdots[U]_i\cdots[U]_n$,整个系统的左端状态矢量(即左端边界条件)与右端状态矢量(即右端边界条件)之间有如下关系

$$\begin{Bmatrix}\theta\\T\end{Bmatrix}_n^R=[U]_n[U]_{n-1}\cdots[U]_i\cdots[U]_2[U]_1\begin{Bmatrix}\theta\\T\end{Bmatrix}_1^L \qquad (2\text{-}82)$$

式中,$[U]=[U]_n[U]_{n-1}\cdots[U]_i\cdots[U]_2[U]_1$ 为系统的传递矩阵,等于该系统所含各单元的单元传递矩阵的乘积。由于上述每个单元的传递矩阵都是 2×2 阶方阵,因此,系统的传递矩阵也必然是 2×2 阶方阵,在整个计算中也不会出现高阶矩阵。

由于传递矩阵中含有固有频率,所以,如果将实际的边界条件 $\begin{Bmatrix}\theta\\T\end{Bmatrix}_n^R$ 与 $\begin{Bmatrix}\theta\\T\end{Bmatrix}_1^R$ 代入式(2-82),便可解出系统的固有频率与主振型。

需要注意的是:

(1)$[U]$ 与 $[U]_i$ 为传递矩阵,而 T_i^L 与 T_i^R 为第 i 个单元的力矩阵。

(2)在矩阵传递过程中,选择"从左 L 到右 R"还是"从右 R 到左 L"并不重要,重要的是点矩阵 $P_i=\begin{bmatrix}1&0\\-\omega_n^2J&1\end{bmatrix}_i$ 和场矩阵 $F_i=\begin{bmatrix}1&\dfrac{1}{k_t}\\0&1\end{bmatrix}_i$ 的关系不能颠倒,各单元的传递顺序不能混乱。

(3)某些单元中只有圆盘,即只有点矩阵;同样,某些单元中只有轴段,即只有场矩阵。

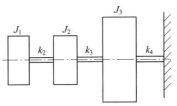

图 2-14　【例 2-5】图

【例 2-5】　已知图 2-14 所示系统中,各质量元件的转动惯量 J 和各轴段的扭转刚度 k。试运用传递矩阵法求系统的固有频率。

解　程序流程图如图 2-15 所示。必须注意的是:对于质量元件 J_1 有 $\theta_1^R=1$,$T_1^R=\omega_n^2J_1$,$T_1^L=0$。

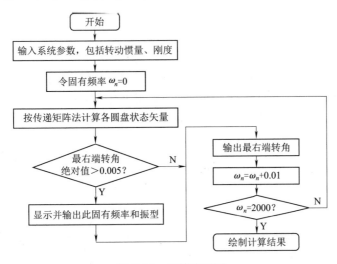

图 2-15　计算流程图

程序如下:

```
％chuandijuzhen. m;
％传递矩阵法求固有频率
```

```
clear all,close all
J1=1;J2=1;J3=2;
K2=1100000;K3=1200000;K4=100000;
fid=fopen('chuandi','wt');    %建立(打开)速度文件
M1L=0;
for WN=0:0.01:2000
    shita1R=1;M1R=−WN^2*J1;
    shita2R=shita1R+1/K2*M1R;M2R=shita1R*(−WN^2*J2)+(1+(−WN^2*
J2)/K2)*M1R;
    shita3R=shita2R+1/K3*M2R;M3R=shita2R*(−WN^2*J3)+(1+(−WN^2*
J3)/K3)*M2R;
    shita4R=shita3R+1/K4*M3R;
    if abs(shita4R)<0.005
        WN %搜索到的固有频率(rad/s),并显示
        shita=[shita1R;shita2R;shita3R;shita4R];%搜索到振型,并显示
        bar(shita),xlabel('对应的质量块'),ylabel('振型向量')
        pause(1.0)
    end
    fprintf(fid,'%30.15f',shita4R);
end
fid=fopen('chuandi','rt');
x=fscanf(fid,'%f',[1,200001]);
t=1:200001;
plot(.02*t,x),grid,xlabel('频率 rad/s'),ylabel('第四个质量块的转角(rad)'),title
('用传递矩阵法求固有频率')
```

上述计算程序中,采用 ω_n 步长为 0.01。实际操作过程中,可以先取稍大一点的 ω_n 步长(如 0.02),搜索最大固有频率的范围值,然后降低 ω_n 步长,找到满足精度的所有固有频率值。另外,程序中未输出主振型,读者只要求出满足精度的固有频率值后,得出对应的 $[\theta_1,\theta_2,\theta_3]$,整理后即为主振型。

计算结果见图 2-16,其固有频率为 $\omega_{n1}=156(\text{rad/s})$,$\omega_{n2}=924.9(\text{rad/s})$,$\omega_{n3}=1780(\text{rad/s})$。

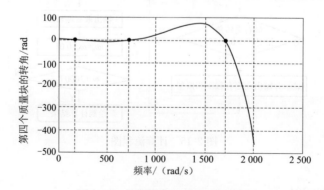

图 2-16 传递矩阵法计算固有频率

习 题 二

2-1 一长度为 L,质量为 m 的均质棒铰接在实心圆柱体的中心,实心圆柱体的质量为 m,如图 2-17 所示。该圆柱体在水平面上作无滑动的滚动。圆柱体半径为 $L/4$。试求系统振动的微分方程及各阶固有频率。(答案:微分方程为 $5\ddot{x}+L\ddot{\varphi}=0$,$\ddot{x}+\dfrac{2}{3}L\ddot{\varphi}+\dfrac{1}{2}g\varphi=0$,其中:$x$ 为圆柱体水平位移;φ 是棒的转角;固有频率为 0,$\sqrt{\dfrac{15g}{14L}}$)

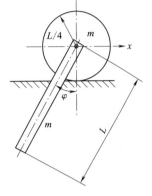

图 2-17 题 2-1 图

2-2 用拉格朗日方程建立图 2-18 所示系统运动微分方程,用 θ_1、θ_2 作为广义坐标,两根相同细棒的长为 L、质量为 m。(答案:$\dfrac{1}{3}mL^2\ddot{\theta}_1+(mg\dfrac{L}{2}+ka^2)\theta_1-ka^2\theta_2=0$,$\dfrac{1}{3}mL^2\ddot{\theta}_2-ka^2\theta_1+(mg\dfrac{L}{2}+ka^2)\theta_2=0$)

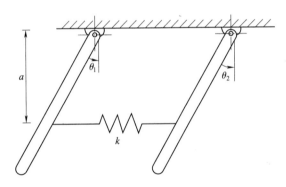

图 2-18 题 2-2 图

2-3 建立图 2-19 所示系统的运动微分方程,设质量块的位移为 x,两个圆盘的转角分别为 θ_1、θ_2。(答案:$J_1\ddot{\theta}_1+4kr^2\theta_1-4kr^2\theta_2=0$,$J_2\ddot{\theta}_2-4kr^2\theta_1+5kr^2\theta_2-krx=0$,$m\ddot{x}-kr\theta_2+kx=0$)

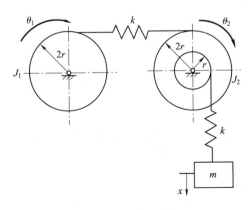

图 2-19 题 2-3 图

2-4 写出图 2-20 所示轴盘扭振系统的刚度矩阵。（答案：$\begin{bmatrix} k_{t1} & -k_{t1} & 0 & 0 \\ -k_{t1} & k_{t1}+k_{t2} & -k_{t2} & 0 \\ 0 & -k_{t2} & k_{t2}+k_{t3} & -k_{t3} \\ 0 & 0 & -k_{t3} & k_{t3} \end{bmatrix}$）

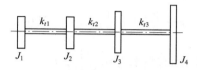

图 2-20　题 2-4 图

2-5　三个相等的质量为 m 的两两相连的小车如图 2-21 所示，小车之间的刚度为 k，设三个小车的初始位移为零，小车 1 的初始车速为 v，其他两个小车初始车速为零。求三个小车的自由振动相应。（答案：$x_1=\frac{v}{3}t+\frac{v}{2}\sqrt{\frac{m}{k}}\sin\sqrt{\frac{k}{m}}t+\frac{v}{6}\sqrt{\frac{m}{3k}}\sin\sqrt{\frac{3k}{m}}t$，$x_2=\frac{v}{3}t-\frac{v}{3}\sqrt{\frac{m}{3k}}\sin\sqrt{\frac{3k}{m}}t$，

$x_3(t)=\frac{v}{3}t-\frac{v}{2}\sqrt{\frac{m}{k}}\sin\sqrt{\frac{k}{m}}t+\frac{v}{6}\sqrt{\frac{m}{3k}}\sin\sqrt{\frac{3k}{m}}t$，$\omega_{n1}=0$，$\omega_{n2}=\sqrt{\frac{k}{m}}$，$\omega_{n3}=\sqrt{\frac{3k}{m}}$，$u^{(1)}=\{1,1,1\}^T$，

$u^{(2)}=\{1,0,-1\}^T$，$u^{(3)}=\{1,-2,1\}^T$）

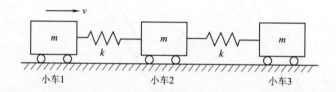

图 2-21　题 2-5 图

2-6　一个二自由度系统质量矩阵为 $M=\begin{bmatrix} 100 & 40 \\ 40 & 150 \end{bmatrix}$，该系统的一个标准模态：$u^{(1)}=$ $\{0.0341,0.0682\}^T$，求第二阶标准模态。（答案：$u^{(2)}=\{0.0100,-0.0530\}^T$）

2-7　用三自由度模型求解如图 2-22 所示的两端固定梁的横向振动固有频率的近似值。悬臂梁的抗弯刚度为 EI。（答案：$\omega_{n1}=22.3\sqrt{\frac{EI}{mL^3}}$，$\omega_{n2}=59.62\sqrt{\frac{EI}{mL^3}}$，$\omega_{n3}=97.4\sqrt{\frac{EI}{mL^3}}$）

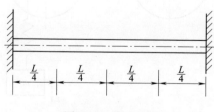

图 2-22　题 2-7 图

2-8　已知图 2-23 所示的质量弹簧系统，$m_1=m_2=m_3=m$，$k_1=k_2=k_3=k$。求系统的各阶固有频率及主振型。（答案：$\omega_{n1}=0.445\sqrt{\dfrac{k}{m}}$，$\omega_{n2}=1.247\sqrt{\dfrac{k}{m}}$，$\omega_{n3}=1.802\sqrt{\dfrac{k}{m}}$，三个主振型分别为 $u^{(1)}=\{0.445,0.802,1.000\}^{\mathrm{T}}$，$u^{(2)}=\{-1.247,-0.555,1.000\}^{\mathrm{T}}$，$u^{(3)}=\{1.802,-2.247,1.000\}^{\mathrm{T}}$）

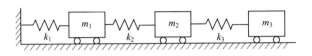

图 2-23　题 2-8 图

2-9　图 2-24 所示的三自由度系统。试求：①用刚度影响系数法求刚度矩阵；②求柔度矩阵；③用矩阵迭代法求系统的固有频率及对应的振型。（答案：$[K]=$
$\begin{bmatrix} 4k & -k & 0 \\ -k & 2k & -k \\ 0 & -k & k \end{bmatrix}$，$[\alpha]=\dfrac{1}{3k}\begin{bmatrix} 1 & 1 & 1 \\ 1 & 4 & 4 \\ 1 & 4 & 7 \end{bmatrix}$，$\omega_{n1}=0.4576\sqrt{\dfrac{m}{k}}$，$u^{(1)}=$
$\{1.000,2.4104,4.000\}^{\mathrm{T}}$；$\omega_{n2}=\sqrt{\dfrac{m}{k}}$，$u^{(2)}=\{1.000,0,-1.0000\}^{\mathrm{T}}$；
$\omega_{n3}=1.3381\sqrt{\dfrac{m}{k}}$，$u^{(3)}=\{1.000,-1.3524,4.000\}^{\mathrm{T}}$）

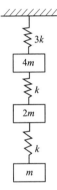

图 2-24　题 2-9 图

2-10　图 2-25 所示的系统中，各个质量绕轴 O 的转动惯量为 $J_1=J_2=J_3=J$，各弹簧的刚度为 $k_1=k_2=k_3=k$，求系统各阶固有频率及主振型。（答案：$\omega_{n1}=0$，$\omega_{n2}=R\sqrt{\dfrac{3k}{J}}$，$\omega_{n3}=R\sqrt{\dfrac{3k}{J}}$，主振型分别为 $u^{(1)}=\{1,1,1\}^{\mathrm{T}}$，$u^{(2)}=\{1,0,-1\}^{\mathrm{T}}$，$u^{(3)}=\{1,-2,1\}^{\mathrm{T}}$）

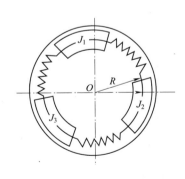

图 2-25　题 2-10 图

2-11　在图 2-26 所示的系统中，各质量只能沿铅垂方向运动。设在质量 $4m$ 上作用有铅垂力 $F_0\cos\omega t$。试求：①系统各阶固有频率；②各质量的受迫振动振幅。（答案：①$\omega_{n1}=0.5903\sqrt{\dfrac{k}{m}}$，$\omega_{n2}=$

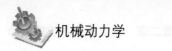

$$1.2105\sqrt{\frac{k}{m}},\omega_{n3}=2.4492\sqrt{\frac{k}{m}};②B_{4m}=\frac{(1-a^2)(3-a^2)}{Z}\frac{F_0}{k},B_m=\frac{3-2a^2}{Z}\frac{F_0}{k},B_{2m}=\frac{2(1-a^2)}{Z}\frac{F_0}{k},$$

其中 $Z=14-41a^2+34a^4-8a^6,a^2=\dfrac{m\omega^2}{k}$)

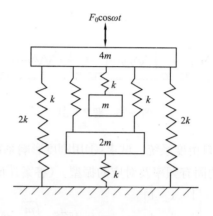

图 2-26　题 2-11 图

2-12　质点 m 用三根刚度均为 k 的弹簧连接如图 2-27 所示。求系统在 $x-y$ 平面内自由振动的固有频率及主振型。(答案:$\omega_{n1}=\omega_{n2}=\sqrt{\dfrac{3k}{2m}}$,$u^{(1)}=\{1,0\}^{\mathrm{T}}$,$u^{(2)}=\{0,1\}^{\mathrm{T}}$)

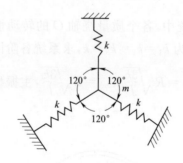

图 2-27　题 2-12 图

2-13　在图 2-28 所示系统中,悬臂梁的抗弯刚度为 EI,悬臂梁上有三个集中质量,梁本身质量不计。试用邓克莱公式确定梁的基频。(答案:$\omega_{n1}=\sqrt{\dfrac{EI}{2ml}}$)

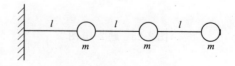

图 2-28　题 2-13 图

2-14 用传递矩阵法求图 2-29 所示的轴盘扭振系统的固有频率及主振型。图中 K_0 为轴段扭转刚度，J 为盘的转动惯量。（答案：$\omega_{n1}^2 = (2-\sqrt{2})\dfrac{K_0}{J}$，$\omega_{n2}^2 = (2+\sqrt{2})\dfrac{K_0}{J}$，$u^{(1)} = \{1, 0.7071\}^{\mathrm{T}}$，$u^{(2)} = \{1, -0.7071\}^{\mathrm{T}}$）

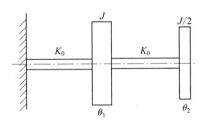

图 2-29 题 2-14 图

莱昂哈德·欧拉(Leonhard Euler,1707—1783),瑞士数学家和物理学家,近代数学先驱之一。1707 年欧拉生于瑞士的巴塞尔,13 岁时入读巴塞尔大学,15 岁大学毕业,16 岁获硕士学位。平均每年写出 800 多页的论文,还写了大量的力学、分析学、几何学等课本,《无穷小分析引论》《微分学原理》《积分学原理》等都成为数学中的经典著作。欧拉对数学的研究如此广泛,在许多数学的分支中可经常见到以他的名字命名的重要常数、公式和定理。

■ 第三章 ■

机械系统响应的数值计算

在第一章中,我们通过求解振动微分方程通解的方法,精确计算了振动系统的响应。这种方法比较适合求解单自由度系统。对于多自由度系统、非周期性激励、非线性振动,我们采用计算机仿真方法,求解振动微分方程的数值解,以研究振动系统在特定条件下的振动特性。

下面介绍的方法,既适用于单自由度系统,又适用于多自由度系统。对于多自由度系统,各变量均用矩阵表示,M、C、K 为方阵,$x(t)$、$\dot{x}(t)$、$\ddot{x}(t)$、$f(t)$ 均为列阵。

本章介绍的纽马克 β 法、威尔逊 θ 法和龙格-库塔法在当今众多大型分析软件中仍在使用。

第一节 欧拉法及其改进

■ 一、欧拉法

对于式(1-16)描述的单自由度系统,为了求解振动响应,首先计算 Δt 秒后的状态,其次计算下一个 Δt 秒后的状态,这样逐步计算下去,则有

$$\left.\begin{array}{l} x(t+\Delta t) = x(t) + \dot{x}(t)\Delta t \\ \dot{x}(t+\Delta t) = \dot{x}(t) + \ddot{x}(t)\Delta t \\ \ddot{x} = \{f(t) - kx - c\dot{x}\}/m \end{array}\right\} \tag{3-1}$$

这种方法即为欧拉法。式(3-1)的前两个式子是为了数值分析而构建的位移和速度函数,第三个式子是机械系统独立性微分方程。

若 Δt 足够小,欧拉法可以得到良好的结果。实际上,理论分析表明,当$\Delta t \to 0$时,欧拉法算

出的数值解收敛于精确解。

对于产生的误差可以通过 Taylor(泰勒)级数展开加以分析。

由于 $t \rightarrow t + \Delta t$ 之间速度 $\dot{x}$ 的值是变化的,$t + \Delta t$ 时位移的精确解应为

$$x(t + \Delta t) = x(t) + \int_t^{t+\Delta t} \dot{x}(t)\mathrm{d}t \tag{3-2}$$

对式(3-2)作积分变换

$$x(t + \Delta t) = x(t) + \frac{\Delta t}{1!}\dot{x}(t) + \int_t^{t+\Delta t}(t + \Delta t - \tau)\ddot{x}(\tau)\mathrm{d}\tau \tag{3-3}$$

最后可得到精确解

$$x(t + \Delta t) = x(t) + \frac{\Delta t}{1!}\dot{x}(t) + \frac{(\Delta t)^2}{2!}\ddot{x}(t) + \frac{(\Delta t)^3}{3!}\overset{\cdots}{x}(t) + \cdots$$

$$= \sum_{k=0}^{\infty} \frac{(\Delta t)^k}{k!} x^{(k)}(t) \tag{3-4}$$

由此可得出以下结论:

(1)欧拉法是取 Taylor 级数展开式的前两项的解法。

(2)每前进一时间步长 Δt 引起的误差为

$$R = \int_t^{t+\Delta t}(t + \Delta t - \tau)\ddot{x}(\tau)\mathrm{d}\tau = \frac{(\Delta t)^2}{2}\ddot{x}(\xi)$$

式中,$\ddot{x}(\xi)$ 为 $t \rightarrow t + \Delta t$ 时间的加速度平均值。

R 由精确值减去计算值而得,这意味着 $R > 0$ 时,计算值过小,反之亦然。

(3)在振动问题中应用欧拉法时,在波峰部分 $\ddot{x} < 0$,因而 $R < 0$,即计算值过大;在波谷部分 $\ddot{x} > 0$,即认为值过小。总之,与精确解相比,数值解的振幅有逐渐增大的趋势。

【例 3-1】 对图 1-8 所示的谐迫振动系统运用欧拉法编写 MATLAB 程序。

```
function vtb3(m,c,k,x0,v0,tf,w,f0,delt)
%用欧拉法计算单自由度系统谐迫振动响应
wn=sqrt(k/m);                    %计算固有频率 ωn
fid1=fopen('disp','wt');         %建立一个位移文件 disp. dat
for t=0:delt:tf;                 %delt 为时间步长 Δt
    xdd=(f0*sin(w*t)-k*x0-c*v0)/m;    %计算加速度 ẍ
    xd=v0+xdd*delt;              %计算速度 ẋ
    x=x0+xd*delt;               %计算位移 x
    fprintf(fid1,'%10.4f',x0);   %向文件中写数据
    x0=x;v0=xd;
    t
end
fid2=fopen('disp','rt');         %打开 disp. dat 文件
n=tf/delt;                       %disp. dat 文件中位移的个数
x=fscanf(fid2,'%f',[1,n]);       %将 disp. dat 文件中位移写成矩阵
t=1:n;
plot(t,x),grid
```

xlabel('时间（s）')

ylabel('位移（m）')

title('位移与时间的关系')

请读者运行 vtb3(18.2,1.49,43.8,1,1,100,15,44.5,1)，并改变时间步长 delt 的值为 0.5、0.2、0.1、0.01，结果与图 1-9 相比较。

二、改进欧拉法

为了改进欧拉法的计算精度，采取以下两个基本方针。

（1）对泰勒级数取更高次项。

（2）对式（3-1）取具有更高精度的近似式。

若采取基本方针（1），则

$$\left.\begin{array}{l}\ddot{x}(t) = (f(t)-kx(t)-c\dot{x}(t))/m \\ \dddot{x}(t) = (\dot{f}(t)-k\dot{x}(t)-c\ddot{x}(t))/m \\ \dot{x}(t+\Delta t) = \dot{x}(t)+\ddot{x}(t)\Delta t+\dddot{x}(t)(\Delta t)^2/2 \\ x(t+\Delta t) = x(t)+\dot{x}(t)\Delta t+\ddot{x}(t)(\Delta t)^2/2 \end{array}\right\} \quad (3\text{-}5)$$

运用改进后的欧拉法编写的程序如下：

```
function vtb4(m,c,k,x0,v0,tf,w,f0,delt)
%用改进的欧拉法计算单自由度系统谐迫振动响应
wn=sqrt(k/m);                          %计算固有频率 ωn
fid1=fopen('disp','wt');               %建立一个位移文件 disp. dat
for t=0:delt:tf;                       %delt 为时间步长 Δt
    xdd=(f0*sin(w*t)-k*x0-c*v0)/m;          %计算加速度 ẍ
    x3d=(f0*w*cos(w*t)-k*v0-c*xdd)/m;       %计算速度 ẋ
    xd=v0+xdd*delt+x3d*delt^2/2;  %计算速度 ẋ
    x=x0+vo*delt+xdd*delt^2/2;    %计算位移 x
    fprintf(fid1,'%10.4f',x0);          %向文件中写数据
    x0=x;v0=xd;
    t
end
fid2=fopen('disp','rt');               %打开 disp. dat 文件
n=tf/delt;                             %disp. dat 文件中位移的个数
x=fscanf(fid2,'%f',[1,n]);             %将 disp. dat 文件中位移写成矩阵
t=1:n;
plot(t,x),grid
xlabel('时间（s）')
ylabel('位移')
title('位移与时间的关系')
```

运行 vtb4(282,249,43.8,1,1,100,15,4.5,1)。

实际中，如果取 $\dddot{x}(t)$ 及其以上的高阶量，不仅计算效率降低，而且这些量不易测试验证。

若采取基本方针(2),用数值积分的梯形公式,令

$$x(t + \Delta t) = x(t) + \frac{\dot{x}(t) + \dot{x}(t + \Delta t)}{2}\Delta t \tag{3-6}$$

此方法称梯形法。

为了提高精度,还可考虑其他方法。若在区间$[t, t + \Delta t]$采用辛普生(Simpson)公式,则

$$x(t + \Delta t) = x(t) + \frac{\dot{x}(t) + 4\dot{x}(t + \Delta t/2) + \dot{x}(t + \Delta t)}{6}\Delta t \tag{3-7}$$

第二节　线性加速度法

振动问题的常用解法还有线性加速度法。它是综合上述改进欧拉法的两个基本方针得出的方法。基本公式为

$$x(t + \Delta t) = x(t) + \Delta t\dot{x}(t) + \frac{(\Delta t)^2}{3}\ddot{x}(t) + \frac{(\Delta t)^2}{6}\ddot{x}(t + \Delta t) \tag{3-8}$$

对式(3-6)两边求导

$$\dot{x}(t + \Delta t) = \dot{x}(t) + \Delta t\frac{\ddot{x}(t) + \ddot{x}(t + \Delta t)}{2} \tag{3-9}$$

其次改写式(3-8)为

$$x(t + \Delta t) = x(t) + \Delta t\dot{x}(t) + \frac{(\Delta t)^2}{2!}\ddot{x}(t) + \frac{(\Delta t)^3}{3!}\frac{\ddot{x}(t + \Delta t) - \ddot{x}(t)}{\Delta t} \tag{3-10}$$

此式大致相当于取到 Taylor 展开式的三次项。它的物理意义是假定从时刻 t 到时间 $t + \Delta t$ 的加速度成直线变化。

线性加速度法与欧拉法不同,它属于隐式解法类型,计算时比较麻烦。式(3-8)、式(3-9)是当仿真运行到 t 时计算 $t + \Delta t$ 状态的公式。这时 $x(t)$、$\dot{x}(t)$、$\ddot{x}(t)$ 是已知的,但 $x(t + \Delta t)$、$\dot{x}(t + \Delta t)$、$\ddot{x}(t + \Delta t)$ 是未知的,三个未知数只有两个方程,故应联合运动微分方程式求解。由于问题的性质不同,联合的运动微分方程也不同,例如对于

$$m\ddot{x}(t) + c\dot{x}(t) + kx(t) = f(t)$$

式(3-8)、式(3-9)可联合

$$m\ddot{x}(t + \Delta t) + c\dot{x}(t + \Delta t) + kx(t + \Delta t) = f(t + \Delta t) \tag{3-11}$$

所谓隐式解法是不断求出新的时刻满足微分方程式的近似解。虽然计算工作量较大,但因精度和稳定性都较好,所以常被采用。另一种解法是显式解法,即解联立方程,大致有直接法(代入法、消去法)和迭代法两种。这里介绍直接解法。

1. 直接解法一

将式(3-8)、式(3-9)代入运动微分方程式(3-11)中得

$$m\ddot{x}(t + \Delta t) + c\{\dot{x}(t) + \frac{\ddot{x}(t) + \ddot{x}(t + \Delta t)}{2}\Delta t\} +$$

$$k\{x(t) + \Delta t\dot{x}(t) + \frac{(\Delta t)^2}{3}\ddot{x}(t) + \frac{(\Delta t)^2}{6}\ddot{x}(t + \Delta t)\} = f(t + \Delta t)$$

$$\ddot{x}(t + \Delta t) = \frac{f(t + \Delta t) - c\{\dot{x}(t) + \frac{\Delta t}{2}\ddot{x}(t)\} - k\{x(t) + \Delta t\dot{x}(t) + \frac{(\Delta t)^2}{3}\ddot{x}(t)\}}{m + (\Delta t/2)c + \{(\Delta t)^2/6\}k} \tag{3-12}$$

上式右边均为已知量,将上式代回式(3-8)、式(3-9),可求 $x(t + \Delta t)$,$\dot{x}(t + \Delta t)$。

对于多自由度系统

$$M\ddot{X} + C\dot{X} + KX = F$$

则

$$
\begin{aligned}
\ddot{X}(t+\Delta t) &= \left[M + \frac{\Delta t}{2}C + \frac{(\Delta t)^2}{6}K\right]^{-1}\left\{F(t+\Delta t) - C\left[\dot{X}(t) + \frac{\Delta t}{2}\ddot{X}(t)\right] - \right.\\
&\qquad\left. K\left[X(t) + \Delta t\dot{X}(t) + \frac{(\Delta t)^2}{3}\ddot{X}(t)\right]\right\}\\
\dot{X}(t+\Delta t) &= \dot{X}(t) + \Delta t\frac{\ddot{X}(t) + \ddot{X}(t+\Delta t)}{2}\\
X(t+\Delta t) &= X(t) + \Delta t\dot{X}(t) + \frac{(\Delta t)^2}{3}\ddot{X}(t) + \frac{(\Delta t)^2}{6}\ddot{X}(t+\Delta t)
\end{aligned}
\right\} \tag{3-13}
$$

因为式中出现的逆矩阵$\left[M + \frac{\Delta t}{2}C + \frac{(\Delta t)^2}{6}K\right]^{-1}$在各阶段都相同,可在第一次计算中预先求出逆矩阵。

2. 直接解法二

在直接解法一中,先消去$x(t+\Delta t)$和$\dot{x}(t+\Delta t)$,但也可以先消去$\dot{x}(t+\Delta t)$和$\ddot{x}(t+\Delta t)$求$x(t+\Delta t)$。为此,由式(3-8)求$\ddot{x}(t+\Delta t)$,将其代入式(3-9),求$\dot{x}(t+\Delta t)$,最后代入式(3-11)求$x(t+\Delta t)$,即

$$
x(t+\Delta t) = \frac{m\left[2\ddot{x}(t) + \frac{6}{\Delta t}\dot{x}(t) + \frac{6}{(\Delta t)^2}x(t)\right] + c\left[\frac{\Delta t}{2}\ddot{x}(t) + 2\dot{x}(t) + \frac{3}{\Delta t}x(t)\right] + f(t+\Delta t)}{k + 3c/\Delta t + 6m/(\Delta t)^2} \tag{3-14}
$$

对于多自由度系统,则

$$
\begin{aligned}
X(t+\Delta t) &= \left[K + \frac{3}{\Delta t}C + \frac{6}{(\Delta t)^2}M\right]^{-1}\left\{M\left[2\ddot{X}(t) + \frac{6}{\Delta t}\dot{X}(t) + \frac{6}{(\Delta t)^2}X(t)\right] + \right.\\
&\qquad\left. C\left[\frac{\Delta t}{2}\ddot{X}(t) + 2\dot{X}(t) + \frac{3}{\Delta t}X(t)\right] + F(t+\Delta t)\right\}\\
\dot{X}(t+\Delta t) &= \frac{3}{\Delta t}\left[X(t+\Delta t) - X(t)\right] - 2\dot{X}(t) - \frac{\Delta t}{2}\ddot{X}(t)\\
\ddot{X}(t+\Delta t) &= \frac{6}{(\Delta t)^2}\left[X(t+\Delta t) - X(t)\right] - \frac{6}{\Delta t}\dot{X}(t) - 2\ddot{X}(t)
\end{aligned}
\right\} \tag{3-15}
$$

式(3-15)是由威尔逊提出,并得到广泛的采用。式中出现的$1/\Delta t$,$1/(\Delta t)^2$等项并不是为了减少误差而采用的特殊方法所引入的,而是原封不动地保留消去过程中所出现的各项而已。将上式如下改写更为自然:

$$
\begin{aligned}
X(t+\Delta t) &= \left[M + \frac{\Delta t}{2}C + \frac{(\Delta t)^2}{6}K\right]^{-1}\left\{M\left[X(t) + \Delta t\dot{X}(t) + \frac{(\Delta t)^2}{3}\ddot{X}(t)\right] + \right.\\
&\qquad\left. C\left[\frac{\Delta t}{2}X(t) + \frac{(\Delta t)^2}{3}\dot{X}(t) + \frac{(\Delta t)^3}{12}\ddot{X}(t)\right] + \frac{(\Delta t)^2}{6}F(t+\Delta t)\right\}\\
\ddot{X}(t+\Delta t) &= \frac{6}{(\Delta t)^2}\left\{X(t+\Delta t) - \left[X(t) + \Delta t\dot{X}(t) + \frac{(\Delta t)^2}{3}\ddot{X}(t)\right]\right\}\\
\dot{X}(t+\Delta t) &= \dot{X}(t) + \Delta t\frac{\ddot{X}(t) + \ddot{X}(t+\Delta t)}{2}
\end{aligned}
\right\} \tag{3-16}
$$

【例 3-2】　图 3-1 所示的三自由度弹簧—质量系统。试用线性加速度直接解法二,求系统的振动响应。

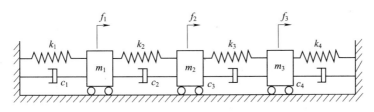

图 3-1　【例 3-2】示意图

解　设 $m_1=m_2=m_3=2\text{kg},c_1=c_2=c_3=c_4=1.5\text{N}\cdot\text{s/m},k_1=k_2=k_3=k_4=50\text{N/m},f_1=2.0\sin(3.754t),f_2=-2.0\cos(2.2t),f_3=1.0\sin(2.8t)$。

首先建立运动微分方程 $M\ddot{X}+C\dot{X}+KX=F$,其中 $M=2\begin{bmatrix}1&0&0\\0&1&0\\0&0&1\end{bmatrix},C=1.5\begin{bmatrix}2&-1&0\\-1&2&-1\\0&-1&2\end{bmatrix}$,

$K=50\begin{bmatrix}2&-1&0\\-1&2&-1\\0&-1&2\end{bmatrix},F=[2.0\cdot\sin(3.754t),-2.0\cdot\cos(2.2t),1.0\cdot\sin(2.8t)]^{\text{T}}$。

由式(3-16)编写的 MATLAB 计算程序如下:

```
function vtb5(tf,delt)
%用线性加速度法计算三自由度系统谐迫振动响应,tf 为仿真时间,delt 为仿真时间步长 Δt
close all;clc
fid1=fopen('disp5','wt');              %建立一个位移文件 disp5.dat
m=2*[1 0 0;0 1 0;0 0 1];              %输入质量矩阵
c=1.5*[2 -1 0;-1 2 -1;0 -1 2];       %输入阻尼矩阵
k=50*[2 -1 0;-1 2 -1;0 -1 2];        %输入刚度矩阵
x0=[1 1 1]';                          %初始位移
v0=[1 1 1]';                          %初始速度
md=inv(m+delt/2*c+1/6*delt^2*k);
for t=0:delt:tf;
    f=[2.0*sin(3.754*t) -2.0*cos(2.2*t) 1.0*sin(2.8*t)]';
    if t==0;xdd0=m1*(f-k*x0-c*v0);%计算初始加速度
    else
    x=md*(m*(x0+delt*v0+delt^2/3*xdd0)+c*(delt/2*x0+delt^2/3*v0+
delt^3/12*xdd0)+delt^2/6*f);%计算位移
    xdd=6/delt^2*(x-(x0+delt*v0+delt^2/3*xdd0));    %计算加速度
    xd=v0+delt/2*(xdd0+xdd);          %计算速度
    xdd0=xdd;v0=xd;x0=x;
    fprintf(fid1,'%10.4f',x0);        %向文件中写数据
    t                                  %显示计算时间步
    end
end
```

```
fid2=fopen('disp5','rt');                        %打开 disp5. dat 文件
n=tf/delt;                                       %disp5. dat 文件中位移的个数
x=fscanf(fid2,'%f',[3,n]);                       %将 disp5. dat 文件中位移写成矩阵
t=1:n;
figure('numbertitle','off','name','自由度－1 的位移','pos',[450 180 400 420]);
plot(t,x(1,t)),grid,xlabel('时间＊0.1秒'),title('自有度－1 的位移与时间的关系')
figure('numbertitle','off','name','自由度－2 的位移','pos',[350 160 400 420]);
plot(t,x(2,t)),grid,xlabel('时间＊0.1秒'),title('自由度－2 的位移与时间的关系')
figure('numbertitle','off','name','自由度－3 的位移','pos',[250 140 400 420]);
plot(t,x(3,t)),grid,xlabel('时间＊0.1秒'),title('自由度－3 的位移与时间的关系')
```

运行 VTB5(100,0.1),则可显示三个自由度的位移随时间的变化关系,如图 3-2 所示。

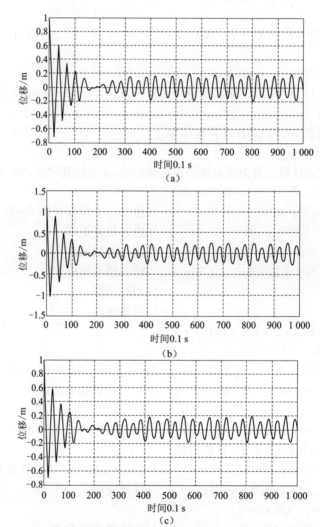

图 3-2　三个自由度的位移随时间的变化关系

(a)自由度 1 的位移与时间的关系;(b)自由度 2 的位移与时间的关系;

(c)自由度 3 的位移与时间的关系

第三节　纽马克 β 法

纽马克 β 法是线性加速度法之一。它是将式(3-10)最后一项的系数 $1/(3!)$ 改为参数 β，对于多自由度系统，通常可写成

$$X(t+\Delta t) = X(t) + \Delta t \dot{X}(t) + [(\Delta t)^2/2]\ddot{X}(t) + \beta(\Delta t)^2[\ddot{X}(t+\Delta t) - \ddot{X}(t)] \quad (3\text{-}17)$$

$$\dot{X}(t+\Delta t) = \dot{X}(t) + \Delta t[\ddot{X}(t) + \ddot{X}(t+\Delta t)]/2 \quad (3\text{-}18)$$

β 是调节公式特性的参数，一般取值范围为 $0 \leqslant \beta \leqslant 1/2$。

实际上往往固定采用 $\beta = 1/6$，因此，在多数情况下，纽马克 β 法是线性加速度法的别名。此外也常采用 $\beta = 1/4$。其计算方法与线性加速度法一样。若采用前面介绍的"直接解法一"，计算式为

$$\ddot{X}(t+\Delta t) = \left[M + \frac{\Delta t}{2}C + \beta(\Delta t)^2 K\right]^{-1}\left\{F(t+\Delta t) - C\left[\dot{X}(t) + \frac{\Delta t}{2}\ddot{X}(t)\right] - \right.$$

$$\left. K\left[X(t) + \Delta t\dot{X}(t) + \left(\frac{1}{2} - \beta\right)(\Delta t)^2 \ddot{X}(t)\right]\right\} \quad (3\text{-}19)$$

$$\dot{X}(t+\Delta t) = \dot{X} + \frac{\Delta t}{2}[\ddot{X}(t) + \ddot{X}(t+\Delta t)]$$

$$X(t+\Delta t) = X(t) + \frac{\Delta t}{1!}\dot{X}(t) + \frac{(\Delta t)^2}{2!}\ddot{X}(t) + \beta(\Delta t)^3 \frac{\ddot{X}(t+\Delta t) - \ddot{X}(t)}{\Delta t}$$

【例 3-3】　对图 3-1 所示的三自由度弹簧—质量系统，运用纽马克 β 法，按式(3-19)编写 MATLAB 程序进行仿真计算。

解

```
function vtb6(tf,delt)
％用纽马克β法计算三自由度系统谐迫振动响应,tf 为仿真时间,delt 为仿真时间步长 Δt
close all; clc
fid1=fopen('disp6','wt');                ％建立一个位移文件 disp6.dat
m=2*[1 0 0;0 1 0;0 0 1];                  ％输入质量矩阵
c=1.5*[2 -1 0;-1 2 -1;0 -1 2];           ％输入阻尼矩阵
k=50*[2 -1 0;-1 2 -1;0 -1 2];            ％输入刚度矩阵
x0=[1 1 1]';                             ％输入初始位移
v0=[1 1 1]';                             ％输入初始速度
bita=1/6;                                ％参数 β
md=inv(m+delt/2*c+bita*delt^2*k);
for t=0:delt:tf;
    f=[2.0*sin(3.754*t) -2.0*cos(2.2*t) 1.0*sin(2.8*t)]';
    if t==0; xdd0=m1*(f-k*x0-c*v0);     ％计算初始加速度
    else
```

```
        xdd＝md * (f−c * (v0＋delt/2 * xdd0)−k * (x0＋delt * v0＋(1/2−bita) * delt^2 * xdd0));
                                             %计算加速度
        xd＝v0＋delt/2 * (xdd0＋xdd);              %计算速度
        x＝x0＋delt * v0＋delt^2/2 * xdd0＋bita * delt^3 * (xdd−xdd0)/delt;
                                             %计算位移
        v0＝xd;x0＝x;
        fprintf(fid1,'%10.4f',x0);               %向文件中写数据
        t                                        %显示计算时间步
    end
end
fid2＝fopen('disp6','rt');           %打开 disp6.dat 文件
n＝tf/delt;                          %disp6.dat 文件中位移的个数
x＝fscanf(fid2,'%f',[3,n]);          %将 disp6.dat 文件中位移写成矩阵
t＝1:n;
figure('numbertitle','off','name','自由度−1 的位移','pos',[450 180 400 420]);
plot(t,x(1,t)),grid,xlabel('时间 * 0.1 秒'),title('自由度−1 的位移与时间的关系')
figure('numbertitle','off','name','自由度−2 的位移','pos',[350 160 400 420]);
plot(t,x(2,t)),grid,xlabel('时间 * 0.1 秒'),title('自由度−2 的位移与时间的关系')
figure('numbertitle','off','name','自由度−3 的位移','pos',[250 140 400 420]);
plot(t,x(3,t)),grid,xlabel('时间 * 0.1 秒'),title('自由度−3 与时间的关系')
请运行 vtb6(100,0.01)。
```

第四节　威尔逊 θ 法

该方法也是线性加速度法的变形,它是把线性加速度法进一步扩展,计算步骤与线性加速度法大致相同,所不同的是线性加速度法在时刻 $(t＋\Delta t)$ 使用运动方程,而威尔逊 θ 法则应用于更后一点的时刻 $(t＋\theta\Delta t)(\theta>1)$,即

$$\left. \begin{array}{l} X(t+\theta\Delta t) = X(t)+\theta\Delta t\dot{X}(t)+\dfrac{(\theta\Delta t)^2}{3}\ddot{X}(t)+\dfrac{(\theta\Delta t)^2}{6}\ddot{X}(t+\theta\Delta t) \\[3mm] \dot{X}(t+\theta\Delta t) = \dot{X}(t)+\theta\Delta t\dfrac{\ddot{X}(t)+\ddot{X}(t+\theta\Delta t)}{2} \end{array} \right\} \tag{3-20}$$

与下式

$$M\ddot{X}(t+\theta\Delta t)+C\dot{X}(t+\theta\Delta t)+KX(t+\theta\Delta t) = F(t+\theta\Delta t)$$

联立求解,对求得的 $\ddot{X}(t＋\theta\Delta t)$ 内插求 $\ddot{X}(t＋\Delta t)$,计算式为

$$\ddot{X}(t+\Delta t) = \dfrac{(\theta-1)\ddot{X}(t)+\ddot{X}(t+\theta\Delta t)}{\theta} \tag{3-21}$$

再将结果代入下列两式

$$X(t+\Delta t) = X(t)+\Delta t\dot{X}(t)+(\Delta t)^2\ddot{X}(t)/3+(\Delta t)^2\ddot{X}(t+\Delta t)/6 \tag{3-22}$$

$$\dot{X}(t+\Delta t)=\dot{X}(t)+\Delta t\{\ddot{X}(t)+\ddot{X}(t+\Delta t)\}/2 \tag{3-23}$$

求 $X(t+\Delta t)$、$\dot{X}(t+\Delta t)$。

此方法的物理意义是:加速度在时刻 t 到 $t+\theta\Delta t$ 内为线性变化,首先计算$[t,t+\theta\Delta t]$区间近似解,但仅取其中前半部分(到时刻 $t+\Delta t$ 为止)作为近似解,而舍去后半部分(时间 $t+\Delta t$ 以后)。这种巧妙的处理方法并非出于物理的原因,而主要是数学的理由。要理解这一点首先应了解数值计算稳定性的知识,这里作一下简单的介绍。

振动仿真的失败原因之一往往是步长幅度过大。程序是正确的,输入信息也没有错误,但却得到异常的结果。仔细研究一下可发现:计算刚开始时结果比较正常,但在计算过程中出现异常现象,绝对值迅速增大以致几乎溢出。这种症状称为不稳定现象。产生这种现象的原因很多,也不一定只是取值方面的问题,但通常即使是良态方程,若 Δt 过大,多半还是会出现不稳定现象。

那么 Δt 究竟取多大才安全呢? 虽然 Δt 的安全值可按公式计算,但通常取小于周期的 $1/6$。例如,对于单自由度系统,当频率为 10 Hz,周期为 0.1s 时,取 Δt 小于$(1/60)$s 就稳定。对多自由度系统,则 Δt 应小于最短周期的 $1/6$,例如,若周期为 10s,0.1s 和 0.01s 三种波形混合的混合载波系统,则必须取 Δt 小于 $1/600$s,计算才稳定。

但只是在需要详细研究小波时才这样做,一般在振动计算中起重要作用的是大波,详细研究小波意义不大。实际上,导致结构物破坏的原因主要是低阶振型,而高阶振型的影响是局部的。后者振幅不大,衰减也快,影响不大。为了次要因素而把 Δt 取得过小是不经济的。

特别是用有限元法分析振动时,若单元分得很细而考虑到第数百阶的高阶振型的话,则为了与此相称必须把 Δt 取得很小,这就要消费相当长的计算时间。

在威尔逊 θ 法中,只要取 θ 大于 1.37 以上,不管 Δt 取怎样的值都是稳定的,即这种算法是无条件稳定的。当然,Δt 过大,精度要降低,但只要不发散,就可根据经验和工程常识判断,灵活掌握。例如,Δt 取结构物基本周期(最长的周期)的 1% 左右即可得到相当满意的结果。

因此,威尔逊 θ 法是实用价值很高的出色的解法,虽然由于增加了参数 θ,看起来式于稍复杂一些,但计算工作量与线性加速度法和纽马克 β 法差不多。

θ 取值小于 1.37 意义不大。但并不是说取值只要在 1.37 以上,不管多大都可以。实际上,θ 最好不要太大,否则精度下降。例如 $\Delta t=0.01$s,$\theta=3\times10^{10}$,就意味着假定此后 10 年内加速度均为线性变化,且根据 10 年后的加速度来计算 0.01s 后的状态,这样的不合理情况当然精度是很差的,即使 $\theta=2$,误差已相当显著。因此,威尔逊 θ 法的合理的 θ 值为 1.42。

威尔逊 θ 法通常取较大 Δt,用直接解法为好。

按"直接法一"的计算公式:

$$
\left.
\begin{aligned}
&\ddot{X}(t+\theta\Delta t)=\left[M+\frac{\theta\Delta t}{2}C+\frac{(\theta\Delta t)^2}{6}K\right]^{-1}\left\{F(t+\theta\Delta t)-C\left[\dot{X}(t)+\frac{\theta\Delta t}{2}\ddot{X}(t)\right]-\right.\\
&\qquad\left.K\left[X(t)+\theta\Delta t\dot{X}(t)+\frac{(\theta\Delta t)^2}{3}\ddot{X}(t)\right]\right\}\\
&\ddot{X}(t+\Delta t)=[(\theta-1)\ddot{X}(t)+\ddot{X}(t+\theta\Delta t)]/\theta\\
&\dot{X}(t+\Delta t)=\dot{X}(t)+\Delta t[\ddot{X}(t)+\ddot{X}(t+\Delta t)]/2\\
&X(t+\Delta t)=X(t)+\Delta t\dot{X}(t)+(\Delta t)^2\ddot{X}(t)/3+(\Delta t)^2\ddot{X}(t+\Delta t)/3
\end{aligned}
\right\}
\tag{3-24}
$$

按"直接解法二"的计算公式:

$$X(t+\theta\Delta t) = \left[K + \frac{3C}{\theta\Delta t} + \frac{6}{(\theta\Delta t)^2}M\right]^{-1}\left\{M\left[2\ddot{X}(t) + \frac{6}{\theta\Delta t}\dot{X}(t) + \frac{6}{(\theta\Delta t)^2}X(t)\right]+\right.$$

$$\left.C\left[\frac{\theta\Delta t}{2}\ddot{X}(t) + 2\dot{X}(t) + \frac{3}{\theta\Delta t}X(t)\right] + F(t+\Delta t)\right\}$$

$$\ddot{X}(t+\theta\Delta t) = \frac{6}{(\theta\Delta t)^2}\left[X(t+\theta\Delta t) - X(t)\right] - \frac{6}{\theta\Delta t}\dot{X}(t) - 2\ddot{X}(t)$$

$$\ddot{X}(t+\Delta t) = (1-\frac{1}{\theta})\ddot{X}(t) + \frac{1}{\theta}\dot{X}(t+\theta\Delta t)$$

$$\dot{X}(t+\Delta t) = \dot{X}(t) + (\Delta t/2)[\ddot{X}(t) + \ddot{X}(t+\Delta t)]$$

$$X(t+\Delta t) = X(t) + \Delta t\dot{X}(t) + (\Delta t)^2[2\ddot{X}(t) + \ddot{X}(t+\Delta t)]/6$$

(3-25)

通常流行的是后一组公式。

【例 3-4】 对图 3-1 所示的三自由度弹簧—质量系统,运用威尔逊 θ 法,按式(3-25)编写 MATLAB 程序进行仿真计算。

解

```
function vtb7(tf,delt)
%用威尔逊θ法计算三自由度系统谐迫振动响应,tf 为仿真时间,delt 为仿真时间步长 Δt
close all;clc
fid1=fopen('disp7','wt');          %建立一个位移文件 disp7. dat
m=2*[1 0 0;0 1 0;0 0 1];           %输入质量矩阵
c=1.5*[2 -1 0;-1 2 -1;0 -1 2];     %输入阻尼矩阵
k=50*[2 -1 0;-1 2 -1;0 -1 2];      %输入刚度矩阵
x0=[1 1 1]';                       %初始位移
v0=[1 1 1]';                       %初始速度
theta=1.4;                         %θ 值
md=inv(k+3*c/theta/delt+6/(theta*delt)^2*m);
for t=0:delt:tf;
    f=[2.0*sin(3.754*t),-2.0*cos(2.2*t),1.0*sin(2.8*t)]';
    if t==0;xdd0=m1*(f-k*x0-c*v0);%计算初始加速度
    else
xtheta=md*(m*(2*xdd0+6/theta/delt*v0+6/(theta*delt)^2*x0)+c*(theta*
delt/2*xdd0+2*v0+3/theta/delt*x0)+f);
%计算(t+θΔt)时刻的速度
xddtheta=6/(theta*delt)^2*(xtheta-x0)-6/theta/delt*v0-2*xdd0;
                                   %计算(t+θΔt)时刻的加速度
xdd=(1-1/theta)*xdd0+1/theta*xddtheta;  %计算(t+Δt)时刻的加速度
xd=v0+delt/2*(xdd0+xdd);           %计算(t+Δt)速度
x=x0+delt*v0+delt^2*(2*xdd0+xdd)/6;     %计算(t+Δt)位移
```

```
v0＝xd;x0＝x;xdd0＝xdd;
fprintf(fid1,'%10.4f',x0);              %向文件中写数据
t                                       %显示计算时间步
end
    fprintf(fid1,'%10.4f',x0);          %向文件中写数据
end
fid2＝fopen('disp7','rt');              %打开 disp7. dat 文件
n＝tf/delt;                             %disp7. dat 文件中位移的个数
x＝fscanf(fid2,'%f',[3,n]);             %将 disp7. dat 文件中位移写成矩阵
t＝1:n;
figure('numbertitle','off','name','自由度－1 的位移','pos',[450 180 400 420]);
plot(t,x(1,t)),grid,xlabel('时间 * 0. 1 秒'),title('自由度－1 的位移与时间的关系')
figure('numbertitle','off','name','自由度－2 的位移','pos',[350 160 400 420]);
plot(t,x(2,t)),grid,xlabel('时间 * 0. 1 秒'),title('自由度－2 的位移与时间的关系')
figure('numbertitle','off','name','自由度－3 的位移','pos',[250 140 400 420]);
plot(t,x(3,t)),grid,xlabel('时间 * 0. 1 秒'),title('自由度－3 与时间的关系')
```
请运行 vtb7(100,0.1)。

第五节　龙格-库塔法

采用龙格-库塔(RK)法,既可以求解线性系统,也可以求解非线性问题。这里仅给出龙格-库塔法的简要的计算步骤。

对于 n 自由度振动系统

$$[M]\{\ddot{X}\}+[C]\dot{X}+[K]\{X\}=\{F\} \tag{3-26}$$

式(3-26)中的每个方程可以表达为

$$\left.\begin{aligned}
\frac{\mathrm{d}^2 x_i}{\mathrm{d}t^2} &= f(t,x_i,\frac{\mathrm{d}x_i}{\mathrm{d}t}) \\
x_i(0) &= x_{i0}, \quad \dot{x}_i(0)=\dot{x}_{i0}
\end{aligned}\right\} \tag{3-27}$$

$$i=1,2,\cdots,n$$

将式(3-27)转化为一阶方程组

$$\left.\begin{aligned}
\frac{\mathrm{d}z_i}{\mathrm{d}t} &= f(t,x_i,z_i) \\
\frac{\mathrm{d}x_i}{\mathrm{d}t} &= z_i \\
x_i(0) &= x_{i0}, z_i(0)=\dot{x}_{i0} \\
i &= 1,2,\cdots,n
\end{aligned}\right\} \tag{3-28}$$

那么,式(3-26)即可转化为 $2\times n$ 维一阶方程组。

这时,四阶龙格-库塔格式为

$$i = 1, 2, \cdots, n$$

$$z_{i+1} = z_i + \frac{h}{6}(K_1 + 2K_2 + 2K_3 + K_4)$$

$$x_{i+1} = x_i + \frac{h}{6}(L_1 + 2L_2 + 2L_3 + L_4)$$

h 为步长

$$K_1 = f(t_i, x_i, z_i), L_1 = z_i$$

$$K_2 = f(t_i + \frac{h}{2}, x_i + \frac{h}{2}L_1, z_i + \frac{h}{2}K_1), L_2 = z_i + \frac{h}{2}K_1$$

$$K_3 = f(t_i + \frac{h}{2}, x_i + \frac{h}{2}L_2, z_i + \frac{h}{2}K_2), L_3 = z_i + \frac{h}{2}K_2$$

$$K_4 = f(t_i + h, x_i + hL_3, z_i + hK_3), L_4 = z_i + hK_3$$

(3-29)

式中,x_{i+1} 为位移,z_{i+1} 为速度。

对照式(3-27)、式(3-28),不难理解 K_1 表示加速度。

【例 3-5】 对图 3-1 所示的三自由度弹簧—质量系统,运用龙格-库塔法,按式(3-27)～式(3-29)编写 MATLAB 程序进行仿真计算。

解 运动微分方程为

$$2\ddot{x}_1 + 3\dot{x}_1 - 1.5\dot{x}_2 + 100x_1 - 50x_2 = 2.0\sin(3.754t)$$

$$2\ddot{x}_2 - 1.5\dot{x}_1 + 3\dot{x}_2 - 1.5\dot{x}_3 - 50x_1 + 100x_2 - 50x_3 = -2.0\cos(2.2t)$$

$$2\ddot{x}_3 - 1.5\dot{x}_2 + 3\dot{x}_3 - 50x_2 + 100x_3 = 1.0\sin(2.8t)$$

初始位移为 $x_{10} = x_{20} = x_{30} = 1$,初始速度为 $\dot{x}_{10} = \dot{x}_{20} = \dot{x}_{30} = 1$。将运动微分方程化为一阶微分方程组

$$2\dot{z}_1 = 2.0\sin(3.754t) - 3\dot{x}_1 + 1.5\dot{x}_2 - 100x_1 + 50x_2$$

$$\dot{x}_1 = z_1$$

$$2\dot{z}_2 = 1.5\dot{x}_1 - 3\dot{x}_2 + 1.5\dot{x}_3 + 50x_1 - 100x_2 + 50x_3 - 2.0\cos(2.2t)$$

$$\dot{x}_2 = z_2$$

$$2\dot{z}_3 = 1.5\dot{x}_2 - 3\dot{x}_3 + 50x_2 - 100x_3 + 1.0\sin(2.8t)$$

$$\dot{x}_3 = z_3$$

初始条件为 $x_{10} = x_{20} = x_{30} = 1, z_{10} = z_{20} = z_{30} = 1$。

程序为:

```
function vtb8(tf,deltah)
```

%用龙格-库塔法计算三自由度系统谐迫振动响应,tf 为仿真时间,deltah 为仿真时间步长 h,x 为位移,z 为速度,zd 为加速度

```
close all;clc
x0=[1;1;1];                          %初始位移
z0=[1;1;1];                          %初始速度
x=x0;
z=z0;
```

```
fid1＝fopen('rk1','wt')                    ％打开(建立)rk1 数据文件
fid2＝fopen('rk2','wt')                    ％打开(建立)rk2 数据文件
fid3＝fopen('rk3','wt')                    ％打开(建立)rk3 数据文件
for t0＝0：deltah：tf
    t＝t0
    ％ K1 为 3×1 的列阵，L1 为 3×1 的列阵
    K1＝[1/2＊(2.0＊sin(3.754＊t)－3＊z(1)＋1.5＊z(2)－100＊x(1)＋50＊x(2))
        1/2＊(－2.0＊cos(2.2＊t)＋1.5＊z(1)－3＊z(2)＋1.5＊z(3)＋50＊x(1)－
100＊x(2)＋50＊x(3))
        1/2＊(1.0＊sin(2.8＊t)＋1.5＊z(2)－3＊z(3)＋50＊x(2)－100＊x(3))];
    L1＝z;
    ％ K2 为 3×1 的列阵，L2 为 3×1 的列阵
    t＝t0＋deltah/2；
    x＝x0＋deltah/2＊L1；
    z＝z0＋deltah/2＊K1；
    K2＝[1/2＊(2.0＊sin(3.754＊t)－3＊z(1)＋1.5＊z(2)－100＊x(1)＋50＊x(2))
        1/2＊(－2.0＊cos(2.2＊t)＋1.5＊z(1)－3＊z(2)＋1.5＊z(3)＋50＊x(1)－
100＊x(2)＋50＊x(3))
        1/2＊(1.0＊sin(2.8＊t)＋1.5＊z(2)－3＊z(3)＋50＊x(2)－100＊x(3))];
    L2＝z;
    ％ K3 为 3×1 的列阵，L3 为 3×1 的列阵
    x＝x0＋deltah/2＊L2；
    z＝z0＋deltah/2＊K2；
    K3＝[1/2＊(2.0＊sin(3.754＊t)－3＊z(1)＋1.5＊z(2)－100＊x(1)＋50＊x(2))
        1/2＊(－2.0＊cos(2.2＊t)＋1.5＊z(1)－3＊z(2)＋1.5＊z(3)＋50＊x(1)－
100＊x(2)＋50＊x(3))
        1/2＊(1.0＊sin(2.8＊t)＋1.5＊z(2)－3＊z(3)＋50＊x(2)－100＊x(3))];
    L3＝z;
    ％ K4 为 3×1 的列阵，L4 为 3×1 的列阵
    t＝t0＋deltah；
    x＝x0＋deltah＊L3；
    z＝z0＋deltah＊K3；
    K4＝[1/2＊(2.0＊sin(3.754＊t)－3＊z(1)＋1.5＊z(2)－100＊x(1)＋50＊x(2))
        1/2＊(－2.0＊cos(2.2＊t)＋1.5＊z(1)－3＊z(2)＋1.5＊z(3)＋50＊x(1)－
100＊x(2)＋50＊x(3))
        1/2＊(1.0＊sin(2.8＊t)＋1.5＊z(2)－3＊z(3)＋50＊x(2)－100＊x(3))];
    L4＝z;
    ％计算 z,x
    z＝z0＋(K1＋2＊K2＋2＊K3＋K4)＊deltah/6；        ％计算速度
```

```
    x＝x0＋(L1＋2 * L2＋2 * L3＋L4) * deltah/6;          %计算位移

    z0＝z;

    x0＝x;

    zd＝K1;      %计算加速度

    fprintf(fid1,'%10.8f',z);          %将某一步计算的结果 z 存储在 rk1 的数据文件中

    fprintf(fid2,'%10.8f',x);          %将某一步计算的结果 x 存储在 rk2 的数据文件中

    fprintf(fid3,'%10.8f',zd);         %将某一步计算的结果 zd 存储在 rk3 的数据文件中

end

%下面是计算结果的可视化

close all

fid1＝fopen('rk1','rt');          %打开(阅读)文件

z＝fscanf(fid1,'%f',[3,1000]);          %扫描 rk1 的数据文件中的数据,建立 3 * 1001 的矩阵

fid2＝fopen('rk2','rt');          %打开(阅读)文件

x＝fscanf(fid2,'%f',[3,1000]);          %扫描 rk2 的数据文件中的数据,建立 3 * 1001 的矩阵

fid3＝fopen('rk3','rt');          %打开(阅读)文件

zd＝fscanf(fid3,'%f',[3,1000]);          %扫描 rk3 的数据文件中的数据,建立 3 * 1001 的矩阵

t＝1：1000;

h1＝figure('numbertitle','off','name','z(1)随时间变化的曲线','pos',[20,200,400,420]);

plot(t,z(1,t),'r'),grid,xlabel('0.1 * 时间'),ylabel('z(1)值')

h2＝figure('numbertitle','off','name','z(2)随时间变化的曲线','pos',[80,180,400,420]);

plot(t,z(2,t),'r'),grid,xlabel('0.1 * 时间'),ylabel('z(2)值')

h3＝figure('numbertitle','off','name','z(3)随时间变化的曲线','pos',[140,160,400,420]);

plot(t,z(3,t),'r'),grid,xlabel('0.1 * 时间'),ylabel('z(3)值')

h4＝figure('numbertitle','off','name','x(1)随时间变化的曲线','pos',[200,140,400,420]);

plot(t,x(1,t),'r'),grid,xlabel('0.1 * 时间'),ylabel('x(1)值')

h5＝figure('numbertitle','off','name','x(2)随时间变化的曲线','pos',[260,120,400,420]);

plot(t,x(2,t),'r'),grid,xlabel('0.1 * 时间'),ylabel('x(2)值')

h6＝figure('numbertitle','off','name','x(3)随时间变化的曲线','pos',[320,100,400,420]);

plot(t,x(3,t),'r'),grid,xlabel('0.1 * 时间'),ylabel('x(3)值')

h7＝figure('numbertitle','off','name','zd(1)随时间变化的曲线','pos',[380,80,400,420]);

plot(t,zd(1,t),'r'),grid,xlabel('0.1 * 时间'),ylabel('zd(1)值')

h8＝figure('numbertitle','off','name','zd(2)随时间变化的曲线','pos',[440,60,400,420]);

plot(t,zd(2,t),'r'),grid,xlabel('0.1 * 时间'),ylabel('zd(2)值')

h9＝figure('numbertitle','off','name','zd(3)随时间变化的曲线','pos',[500,40,400,420]);

plot(t,zd(3,t),'r'),grid,xlabel('0.1 * 时间'),ylabel('zd(3)值')
```

习 题 三

3-1 图 3-3 为一减振系统,已知 $k_1＝8750$ N/m,$m＝227$ kg,$c＝350$ N·s/m。系统开始

静止,在给振动体一个冲击以后,它就开始以初速度 $v_0=0.127$ m/s 沿 x 轴正向运动,试编程序求该系统的振动固有频率,及振动响应的位移、速度、加速度。(提示:系统中两弹簧为并联,构成动力学模型时总刚度 $k=2k_1$。)(答案:$\omega_n=8.78$ rad/s)

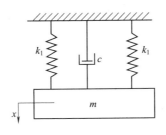

图 3-3 题 3-1 图

3-2 如图 3-4 所示为二自由度振动系统。已知 $m_1=2$ kg,$m_2=m_1/2$,$k_1=k_2=500$ N/m,$c_2=250$ N·s/m,$Q=2\sin70t$。用牛顿定律建立的运动微分方程为

$$m_1\ddot{x}_1+c_2(\dot{x}_1-\dot{x}_2)+(k_1+k_2)x_1-k_2x_2=Q$$
$$m_2\ddot{x}_2+c_2(\dot{x}_2-\dot{x}_1)+k_2(x_2-x_1)=0$$

开始时,系统静止施加 Q 力后,系统以初速度 $v_{01}=0.2$ m/s,$v_{02}=0$ 向 x 轴正向运动。试按纽马克 β 法计算系统的响应。

3-3 图 3-5 为三自由度无阻尼强迫振动系统。已知 $k_1=60$ N/m,$k_2=20$ N/m,$k_3=80$ N/m,$m_1=3$ kg,$m_2=1$ kg,$m_3=2$ kg,$F=1$ N。试求系统的固有频率,并用威尔逊 θ 法求系统的响应。(答案:刚度矩阵

$$\lceil K\rfloor=\begin{bmatrix} 2k_1+k_2 & -k_1 & -k_2 \\ -k_1 & 2k_1+k_3 & -k_1 \\ -k_2 & -k_1 & 2k_1+k_2 \end{bmatrix}$$

,固有频率 $\omega_{n1}=14.77$ rad/s,$\omega_{n2}=$

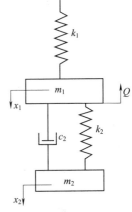

图 3-4 题 3-2 图

5.48 rad/s,$\omega_{n3}=8.27$ rad/s)

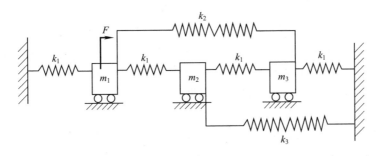

图 3-5 题 3-3 图

铁木辛柯,美籍力学家。曾先后任密歇根(Michigan)大学和斯坦福(Stanford)大学的力学教授。由于在弹性理论、材料强度理论和机械振动理论方面的贡献而享誉世界,在美国被公认为力学之父。编写了《材料力学》《高等材料力学》《结构力学》《工程力学》《高等动力学》《弹性力学》《弹性稳定性理论》《工程中的振动问题》《板壳理论》和《材料力学史》等二十种书。此外他还写了《俄国工程教育》和《自我回忆》两书。

■ 第四章 ■

连续系统的振动

前面讨论了有限自由度系统(或称离散系统)的振动问题,它们都是将实际系统简化为由若干集中质量和不计质量的弹性元件组成的系统。这类系统在数学上表达为方程与自由度数目相等的二阶常微分方程组,对微幅振动有确定的解析解。

实际的物理系统都是由弹性体组成的系统,通常称为连续系统。具有分布物理参数(质量、刚度和阻尼)的弹性体需要无限多个坐标描述其运动,是一个无限多自由度的系统。运动不仅在时间上,而且在空间上连续分布,描述其运动的方程是偏微分方程,难以求解。一般来讲,连续系统的频率方程(或特征方程)为超越方程,因而有无限多个固有频率和主振型。另外,确定连续系统的固有频率需要利用边界条件。

从物理本质上来讲,离散系统和连续系统并无本质区别。虽然工程实际中为了分析计算方便,绝大多数把连续系统处理为离散系统。但是,能对弹性体振动有一个基本了解,不仅有助于正确地列出等效的离散系统模型,而且有可能对许多系统作为连续系统进行更严密的研究,给出更精确的运动方程和表征系统运动特性的参数及表达式。

在工程实际中,将机械系统究竟处理为离散系统还是连续系统呢?这必须综合考虑分析的目的、计算效率以及计算结果的精度等。

本章将讨论弦的振动、杆的轴向振动、圆轴的扭转振动和梁的横向振动等问题。在分析时,假定材料是均匀连续和各向同性的,服从胡克(Hook)定律,振动是微幅的,是一个线性系统。此外,为了简化,将不考虑系统的阻尼。

第一节　弦的横向振动

在工程实际中常遇到钢索、电线、电缆和皮带等柔性体构件,其共同特点是只能承受拉力,而抵抗弯曲及压缩能力很弱。这类构件的振动问题称为弦的振动问题。

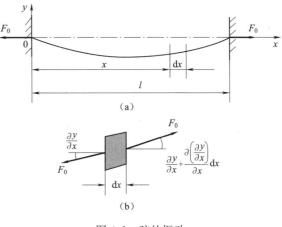

图 4-1(a)所示为跨度为 l、两端固定、用预紧张力 F_0 拉紧的弦。在初始干扰下，弦作横向自由振动，弦上各点的位移 y 是坐标 x 和时间 t 的函数，因此，位移曲线可表达为 $y=y(x,t)$。

设弦为匀质，密度为 ρ、截面积为 A。在弦上 x 处取微段 dx，其质量为 $dm=\rho A dx$。考虑到弦的张力 F_0 远大于弦的重力，对于微振动来说，假设各截面处的张力均相等，且等于初张力 F_0。微段左右受两

图 4-1　弦的振动

个大小相等但方向不同的张力，如图 4-1(b)所示。由牛顿定律可写出沿 y 方向的运动微分方程

$$\frac{\partial^2 y}{\partial t^2} dm = \sum F_y$$

$$\frac{\partial^2 y}{\partial t^2} \rho A\, dx = F_0 \left[\frac{\partial y}{\partial x} + \frac{\partial \left(\frac{\partial y}{\partial x} \right)}{\partial x} dx \right] - F_0\, \frac{\partial y}{\partial x}$$

简化后得

$$\rho A\, \frac{\partial^2 y}{\partial t^2} = F_0\, \frac{\partial^2 y}{\partial x^2}$$

设 $\alpha = \sqrt{\dfrac{F_0}{\rho A}}$，$\alpha$ 为波沿弦长度方向传播的速度，则上式可写成为

$$\frac{\partial^2 y}{\partial t^2} = \alpha^2\, \frac{\partial^2 y}{\partial x^2} \tag{4-1}$$

式(4-1)就是均质弦横向振动的微分方程，通常称为波动方程。

下面采用分离变量法求解波动方程。

在多自由度系统作主振动时，各质点将作同样频率和相位的运动，各质点同时经过静平衡位置，同时达到最大偏离位置，即系统具有一定的、与时间无关的振动。连续系统也应具有这样的特性，故可假设式(4-1)的解为

$$y(x,t) = Y(x)\Phi(t) \tag{4-2}$$

式中，$Y(x)$ 表示弦的振型函数，仅为 x 的函数，而与时间 t 无关；$\Phi(t)$ 是弦的振动方式，仅为时间 t 的函数。

将式(4-2)分别对时间 t、x 求二阶偏导数后，代入式(4-1)，得

$$Y(x)\, \frac{\partial^2 \Phi(t)}{\partial t^2} = \alpha^2 \Phi(t)\, \frac{\partial^2 Y(x)}{\partial x^2}$$

移项后得

$$\frac{1}{\Phi(t)}\, \frac{\partial^2 \Phi(t)}{\partial t^2} = \frac{\alpha^2}{Y(x)}\, \frac{\partial^2 Y(x)}{\partial x^2} \tag{4-3}$$

式(4-3)中 x 和 t 两个变量已经分离。因此，两边都必须等于同一常数。设此常数为 $-\omega_n^2$

（只有将常数设为负值时，才有可能得到满足端点条件的非零解，该常数即为系统的固有频率），则可得两个二阶常微分方程：

$$\frac{\partial^2 \Phi(t)}{\partial t^2} + \omega_n^2 \Phi(t) = 0 \tag{4-4}$$

$$\frac{\partial^2 Y(x)}{\partial x^2} + \frac{\omega_n^2}{\alpha^2} Y(x) = 0 \tag{4-5}$$

式（4-4）形式与单自由度振动微分方程相同，其解必为简谐振动形式

$$\Phi(t) = C \sin(\omega_n t + \varphi) \tag{4-6}$$

由式（4-5）可解出振型函数 $Y(x)$，得

$$Y(x) = A_1 \sin \frac{\omega_n}{\alpha} x + B_1 \cos \frac{\omega_n}{\alpha} x \tag{4-7}$$

它描绘出弦的主振型是一条正弦曲线，其周期为 $2\pi\alpha/\omega_n$。

将式（4-6）、式（4-7）代入式（4-2），简化得

$$y(x,t) = \left(C_1 \sin \frac{\omega_n}{\alpha} x + C_2 \cos \frac{\omega_n}{\alpha} x \right) \sin(\omega_n t + \varphi) \tag{4-8}$$

式中，C_1、C_2、ω_n 和 φ 为四个待定系数，可以由两端点的边界条件和振动的两个初始条件来决定。

由于弦的两端固定，其边界条件为

$$\left. \begin{array}{l} x = 0, \ y(0,t) = 0 \\ x = l, \ y(l,t) = 0 \end{array} \right\} \tag{4-9}$$

将式（4-9）代入式（4-8）得

$$C_2 = 0, C_1 \sin \frac{\omega_n l}{\alpha} = 0 \tag{4-10}$$

显然有

$$\sin \frac{\omega_n l}{\alpha} = 0 \tag{4-11}$$

式（4-11）即为弦振动的频率方程（或特征方程），其解为

$$\frac{\omega_{nk} l}{\alpha} = k\pi, \quad k = 1, 2, 3, \cdots \tag{4-12}$$

从而可得弦振动的固有频率为

$$\omega_{nk} = \frac{k\pi\alpha}{l} = \frac{k\pi}{l} \sqrt{\frac{F_0}{\rho A}}, \quad k = 1, 2, 3, \cdots \tag{4-13}$$

式中，ω_{nk} 为第 k 阶固有频率。该式表明有无穷多个固有频率，同时，对应有无穷阶主振型为

$$Y_k(x) = C_{1k} \sin \frac{\omega_{nk}}{\alpha} x = C_{1k} \sin \frac{k\pi}{l} x, \quad k = 1, 2, 3, \cdots \tag{4-14}$$

对应的主振动为

$$y_k(x,t) = C_{1k} \sin \frac{\omega_{nk}}{\alpha} x \cdot \sin(\omega_{nk} t + \varphi_k), \quad k = 1, 2, 3, \cdots \tag{4-15}$$

在一般情况下，弦的自由振动为无限多阶主振动的叠加，即

$$y(x,t) = \sum_{k=1}^{\infty} C_{1k} \sin \frac{\omega_{nk}}{\alpha} x \cdot \sin(\omega_{nk} t + \varphi_k) \tag{4-16}$$

从以上分析可以看出,作为连续系统的弦振动的特性与多自由度系统的特性是一致的。不同的是,多自由度系统主振型是以各质点之间的振幅比来表示,而弦振动中质点数趋于无穷多个,故质点振幅采用 x 的连续函数,即振型函数 $Y(x)$ 来表示。

【例 4-1】 求如图 4-1(a)所示的弦振动的前三阶固有频率和响应的主振型,并作出主振型图。

解 将 $k=1,2,3$ 代入式(4-13)即得前三阶固有频率为

$$\omega_{n1} = \frac{\pi}{l}\sqrt{\frac{F_0}{\rho A}},$$

$$\omega_{n2} = \frac{2\pi}{l}\sqrt{\frac{F_0}{\rho A}},$$

$$\omega_{n3} = \frac{3\pi}{l}\sqrt{\frac{F_0}{\rho A}}$$

同样,将 $\omega_{n1} \sim \omega_{n3}$ 代入式(4-14),便可得前三阶主振型

$$Y_1(x) = C_{11}\sin\frac{\pi}{l}x, \quad Y_2(x) = C_{12}\sin\frac{2\pi}{l}x, \quad Y_3(x) = C_{13}\sin\frac{3\pi}{l}x$$

若以 x 为横坐标,$Y(x)$ 为纵坐标,并令 $C_{1k}=1(k=1,2,3)$,则可作出前三阶主振型,如图 4-2(a)所示,图中振幅始终为零的点称为节点,节点数随振型阶次而增加,第 n 阶主振型有 $n-1$ 个节点。

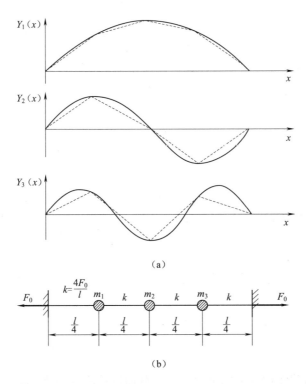

(a)

(b)

图 4-2　弦振动的前三阶振型

为了将连续系统与离散系统的动力特性进行比较,现将弦离散成三自由度系统,如图 4-2(b)所示。$m_1=m_2=m_3=\frac{\rho Al}{4}$,$k_{11}=k_{22}=k_{33}=\frac{8F_0}{l}$,$k_{12}=k_{21}=k_{23}=k_{32}=-\frac{4F_0}{l}$,则三自由度系统振

动微分方程为

$$
\begin{bmatrix} m_1 & 0 & 0 \\ 0 & m_2 & 0 \\ 0 & 0 & m_3 \end{bmatrix} \begin{Bmatrix} \ddot{y}_1 \\ \ddot{y}_2 \\ \ddot{y}_3 \end{Bmatrix} + \begin{bmatrix} k_{11} & k_{12} & k_{13} \\ k_{21} & k_{22} & k_{23} \\ k_{31} & k_{32} & k_{33} \end{bmatrix} \begin{Bmatrix} y_1 \\ y_2 \\ y_3 \end{Bmatrix} = \{0\}
$$

其特征方程的代数形式(参见第二章第一节)为

$$
\Delta(\omega_n^2) = \begin{vmatrix} \dfrac{8F_0}{l} - \dfrac{\rho Al}{4}\omega_n^2 & -\dfrac{4F_0}{l} & 0 \\ -\dfrac{4F_0}{l} & \dfrac{8F_0}{l} - \dfrac{\rho Al}{4}\omega_n^2 & -\dfrac{4F_0}{l} \\ 0 & -\dfrac{4F_0}{l} & \dfrac{8F_0}{l} - \dfrac{\rho Al}{4}\omega_n^2 \end{vmatrix} = 0
$$

解出的固有频率为

$$
\omega_{n1} = \frac{3.059}{l}\sqrt{\frac{F_0}{\rho A}}, \omega_{n2} = \frac{5.657}{l}\sqrt{\frac{F_0}{\rho A}}, \omega_{n3} = \frac{7.391}{l}\sqrt{\frac{F_0}{\rho A}}
$$

结果表明基频的误差约为 5%,随着阶次的增加,误差更大。所以为了得到较精确的固有频率值,应把离散系统的自由度增多,具体取多少自由度取决于对精度的要求。

运用式(2-6),将 $\omega_{n1} \sim \omega_{n3}$ 代入特征方程的矩阵形式,得出响应的主振型

$$
u^{(1)} = \begin{Bmatrix} 0.707 \\ 1.000 \\ 0.707 \end{Bmatrix}, u^{(2)} = \begin{Bmatrix} 1 \\ 0 \\ -1 \end{Bmatrix}, u^{(3)} = \begin{Bmatrix} 0.707 \\ -1.000 \\ 0.707 \end{Bmatrix}
$$

近似的三自由度系统的主振型用虚线画在图 4-2(a) 中。与连续系统的精确主振型比较,低阶的主振型是很接近的,随着阶次的增加,误差逐渐增大。

第二节　杆的轴向振动

在工程问题中,常见到以承受轴向力为主的直杆零件,如连杆机构中的连杆、凸轮机构中的挺杆等。它们同样存在着沿杆轴线方向的轴向振动问题。其简化力学模型如图 4-3 所示。

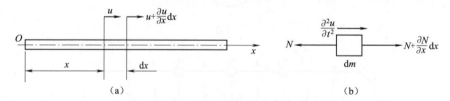

图 4-3　杆的轴向振动示意图

设杆的密度为 ρ,截面积变化规律为 $A(x)$,截面抗拉刚度为 $EA(x)$。假设杆的横截面在轴向振动过程中始终保持平面,杆的横向变形也可以忽略,即在同一横截面上各点仅在 x 方向作相对位移,所以可用 $u(x,t)$ 表示截面的位移,是 x 与时间 t 的函数。

取微段 $\mathrm{d}x$,如图 4-3(b)所示,其质量 $\mathrm{d}m = \rho A\mathrm{d}x$,左右截面的位移分别为 u 和 $u + \dfrac{\partial u}{\partial x}\mathrm{d}x$,

故微段的应变为

$$\varepsilon = \frac{\partial u}{\partial x}$$

两截面上的轴向内力分别为 N 和 $N + \frac{\partial N}{\partial x}\mathrm{d}x$。对细长杆,轴向力可表示为

$$N = EA\varepsilon = EA\,\frac{\partial u}{\partial x} \tag{4-17}$$

由牛顿定律,可得该微段的运动微分方程

$$\mathrm{d}m\,\frac{\partial^2 u}{\partial t^2} = \frac{\partial N}{\partial x}\mathrm{d}x$$

将式(4-17)及 $\mathrm{d}m$ 表达式代入上式,得

$$\rho A\,\frac{\partial^2 u}{\partial t^2} = \frac{\partial}{\partial x}\left(AE\,\frac{\partial u}{\partial x}\right) \tag{4-18}$$

式(4-18)表示变截面直杆的轴向振动微分方程,如果已知截面变化规律 $A(x)$,即可求出此方程的解。

对于等截面的均质直杆,A、E 均为常数,式(4-18)可简化为

$$\rho\,\frac{\partial^2 u}{\partial t^2} = E\,\frac{\partial^2 u}{\partial x^2} \tag{4-19}$$

令 $\alpha = \sqrt{E/\rho}$,即得到与弦振动方程式(4-1)完全相同的偏微分方程

$$\frac{\partial^2 u}{\partial t^2} = \alpha^2\,\frac{\partial^2 u}{\partial x^2} \tag{4-20}$$

式中,α 为弹性纵波沿轴向的传播速度,m/s。

用类似于本章第一节的分离变量方法,可直接写出式(4-20)的解

$$u(x,t) = U(x)\Phi(t) = \left(C_1\sin\frac{\omega_n}{\alpha}x + C_2\cos\frac{\omega_n}{\alpha}x\right)\sin(\omega_n t + \varphi) \tag{4-21}$$

$$U(x) = C_1\sin\frac{\omega_n}{\alpha}x + C_2\cos\frac{\omega_n}{\alpha}x \tag{4-22}$$

式中,$U(x)$ 为杆的轴向振型函数,$\Phi(t)$ 为杆的轴向振型方式;C_1、C_2、ω_n 和 φ 为四个待定系数,同样可以由杆两端点的边界条件和振动的两个初始条件来决定。

一般情况下,杆的轴向自由振动是无限多阶主振动的叠加,即

$$u(x,t) = \sum_{k=1}^{\infty}\left(C_{1k}\sin\frac{\omega_{nk}}{\alpha}x + C_{2k}\cos\frac{\omega_{nk}}{\alpha}x\right)\sin(\omega_{nk}t + \varphi_k)$$

现讨论几种常见的端点边界条件下的固有频率和主振型。

(1)一端固定一端连接刚度为 K 的弹簧(如图 4-4 所示)。

因端点边界条件仅为 x 的函数,故可用振型函数 $U(x)$ 来描述,即

$$\left.\begin{array}{l} x = 0,U(0) = 0 \\ x = l,EA\,\dfrac{\mathrm{d}U}{\mathrm{d}x} = -KU(l) \end{array}\right\} \tag{4-23}$$

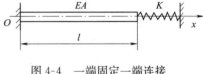

图 4-4　一端固定一端连接
刚度为 K 的弹簧

式(4-23)第二部分右边取负号是由位移为正原则来确定的,例如对于图 4-4 的情况,在 $x=l$ 处轴向位移取正,该位移使弹簧缩短,因此与正位移相关的弹

力是压缩力,即 $N=-KU(l)$,因此在这种情况下,$x=l$ 处的单一边界条件是 $EA\dfrac{\mathrm{d}U}{\mathrm{d}x}=-KU(l)$。

将式(4-23)代入式(4-22),得

$$C_2 = 0, EAC_1\frac{\omega_n}{\alpha}\cos\frac{\omega_n}{\alpha}l = -KC_1\sin\frac{\omega_n}{\alpha}l$$

于是得系统的频率方程

$$EA\frac{\omega_n}{\alpha}\cos\frac{\omega_n}{\alpha}l = -K\sin\frac{\omega_n}{\alpha}l \tag{4-24}$$

由式(4-24)可以看出,对于不同的 K 值,可解出不同的固有频率值。该方程是一个超越方程,应用数值计算程序可以求出这类超越方程的根,但是这样做要求选择起始值。寻找起始值的方法之一是利用曲线图。把式(4-24)作为简单函数的一个量写成如下形式

$$\frac{EA}{Kl}\cdot b = -\tan b \tag{4-25}$$

式中,$b=\dfrac{\omega_n l}{\alpha}$。

式(4-25)的根与上式两边两个函数曲线(一个直线函数和一个正切函数)的交点相对应,如图 4-5 所示。图中取 $K=0.5,1,2,5,20,100$,绘出 6 条直线。不论 K 的值如何,频率方程的根都落在 $\pi/2<b<\pi$,$3\pi/2<b<2\pi$,$5\pi/2<b<3\pi$ 等范围之内。当 $K=5$ 时,直线与正切函数曲线交于 $A、B、C、D$ 等,对应的横坐标值可得出固有频率。

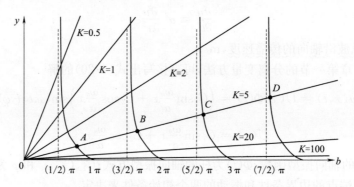

图 4-5　不同弹簧刚度 k 值对应的杆轴向振动固有频率

(2)一端固定一端自由。边界条件可表达为

$$x=0, U(0)=0; x=l, \frac{\mathrm{d}U}{\mathrm{d}x}=0$$

它相当于情况(1)中 $K=0$ 的情形,由式(4-24)可知,其频率方程为

$$\cos\frac{\omega_n}{\alpha}l = 0$$

$$\omega_{nk} = \frac{(2k-1)\pi\alpha}{2l} = \frac{(2k-1)\pi}{2l}\sqrt{\frac{E}{\rho}}, \quad k=1,2,3,\cdots \tag{4-26}$$

对应的主振型为

$$U_k(x) = C_{1k}\sin\frac{(2k-1)\pi}{2l}x, \quad k=1,2,3,\cdots \tag{4-27}$$

所以前三阶固有频率和主振型为

$$\omega_{n1} = \frac{\pi}{2l}\sqrt{\frac{E}{\rho}} \ , U_1(x) = C_{11}\sin\frac{\pi}{2l}x$$

$$\omega_{n2} = \frac{3\pi}{2l}\sqrt{\frac{E}{\rho}} \ , U_2(x) = C_{12}\sin\frac{3\pi}{2l}x$$

$$\omega_{n3} = \frac{5\pi}{2l}\sqrt{\frac{E}{\rho}} \ , U_3(x) = C_{13}\sin\frac{5\pi}{2l}x$$

前三阶主振型如图 4-6(a)所示。

(3)两端均为固定端。边界条件可表示为

$$U(0) = U(l) = 0$$

它相当于式(4-24)中 $K=\infty$ 的情形。其相应的频率方程为

$$\sin\frac{\omega_n}{\alpha}l = 0$$

从而求得固有频率为

$$\omega_{nk} = \frac{k\pi\alpha}{l} = \frac{k\pi}{l}\sqrt{\frac{E}{\rho}}, \quad k = 1,2,3,\cdots \tag{4-28}$$

对应的主振型

$$U_k(x) = C_{1k}\sin\frac{k\pi}{l}x, \quad k = 1,2,3,\cdots \tag{4-29}$$

所以前三阶固有频率和主振型为

$$\omega_{n1} = \frac{\pi}{l}\sqrt{\frac{E}{\rho}} \ , U_1(x) = C_{11}\sin\frac{\pi}{l}x$$

$$\omega_{n2} = \frac{2\pi}{l}\sqrt{\frac{E}{\rho}} \ , U_2(x) = C_{12}\sin\frac{2\pi}{l}x$$

$$\omega_{n3} = \frac{3\pi}{l}\sqrt{\frac{E}{\rho}} \ , U_3(x) = C_{13}\sin\frac{3\pi}{l}x$$

前三阶主振型如图 4-6(b)所示。

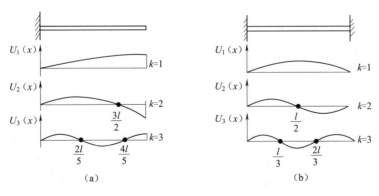

图 4-6　梁的轴向振动主振型示意图

分析与结论：

(1)端部从自由端变化到固定端,随着刚性增加,各固有频率随之提高,基频提高了一倍。

(2)在一端固定一端联接刚度为 K 的弹簧情况下(图 4-5),随着刚度 K 的增大,各阶固有频率均有增大的趋势,并且在 $K \to 0$ 时,可知 $b \approx \dfrac{(2k-1)}{2}\pi$(即虚线对应的横坐标值),因此 $\omega_n \approx \dfrac{(2k-1)\pi\alpha}{2l}$,此时成为一端固定一端自由的情况;当 $K \to \infty$ 时,可知 $b \approx k\pi$,因此 $\omega_n \approx \dfrac{k\pi\alpha}{l}$,此时成为两端均固定的情况。

(3)弹簧刚度 K 值增大对系统的低阶固有频率的作用将减少。由图 4-5 可以看出,当弹簧刚度值 K 从 0 趋向 ∞,频率方程的第一个根落在 $\left(\dfrac{\pi}{2},\pi\right)$ 区域,第一阶固有频率在 $\left(\dfrac{\pi\alpha}{2l},\dfrac{\pi\alpha}{l}\right)$ 区域,因此只有非常硬的弹簧可以有效地阻止低频模态的位移,而同一系统的高频模态将很少受弹簧存在的影响。这种倾向具有一般性。

【例 4-2】 一个等截面均质直杆如图 4-7 所示。设原有一个力 F 作用于自由端,当 $t=0$ 瞬时将力 F 卸除。求杆的运动规律 $u(x,t)$。

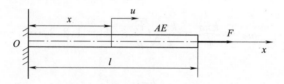

图 4-7 等截面直杆轴向振动

解 由式(4-26)、式(4-27)求出一端固定一端自由条件下杆纵向振动的固有频率和主振型,由式(4-21)、式(4-22)写出振动响应为

$$u(x,t) = \sum_{k=1}^{\infty} C_{1k}\sin\frac{(2k-1)\pi x}{2l} \cdot \sin\left(\frac{2k-1}{2l}\pi\alpha t + \varphi_k\right) \tag{a}$$

式中,C_{1k}、φ_k 可由初始条件确定。

当 $t=0$ 时,杆受到力 F 的静拉伸,在 x 处的位移为

$$u(x,0) = \frac{F}{AE}x \tag{b}$$

且在 $t=0$ 时,外力 F 突然卸除,其初速度为零,即

$$\frac{\partial u(x,0)}{\partial t} = 0 \tag{c}$$

将式(a)对 t 求偏导,并将式(c)代入得

$$C_{1k}\sin\frac{(2k-1)\pi x}{2l} \cdot \cos\varphi_k = 0$$

得 $\varphi_k = \dfrac{\pi}{2}$。

将式(b)代入式(a)得

$$u(x,0) = \sum_{k=1}^{\infty} C_{1k}\sin\frac{(2k-1)\pi x}{2l} \cdot \sin\frac{\pi}{2} = \frac{F}{AE}x$$

即

$$\sum_{k=1}^{\infty} C_{1k}\sin\frac{(2k-1)\pi x}{2l} = \frac{F}{AE}x \tag{d}$$

式中,系数 C_{1k} 可以利用三角函数的正交性来求得。即由正交公式

$$\int_0^l \sin mx \cdot \sin nx\, \mathrm{d}x = \begin{cases} 0, & m \neq n \\ l/2, & m = n \end{cases}$$

将式(d)两边乘以 $\sin\dfrac{(2k-1)\pi x}{2l}$，并将 x 从 0 到 l 积分，则方程左端只剩下一项，其余皆为零，即

$$C_{1k} \int_0^l \sin^2 \frac{(2k-1)\pi x}{2l} \mathrm{d}x = \int_0^l \frac{Fx}{AE} \sin \frac{(2k-1)\pi x}{2l} \mathrm{d}x \tag{e}$$

令 $b = \dfrac{2k-1}{2l}\pi$，则 $C_{1k}\dfrac{l}{2} = \int_0^l \dfrac{Fx}{AE}\sin bx\, \mathrm{d}x = \dfrac{F}{AE}\left(\dfrac{1}{b^2}\sin bx - \dfrac{x}{b}\cos bx\right)\Big|_0^l$，可导出

$$C_{1k} = (-1)^{k-1} \frac{1}{(2k-1)^2} \frac{8Fl}{\pi^2 AE}, \quad k = 1,2,3\cdots \tag{f}$$

代入式(a)得杆的运动规律

$$u(x,t) = \frac{8Fl}{\pi^2 AE} \sum_{k=1}^{\infty} \frac{(-1)^{k-1}}{(2k-1)^2} \sin \frac{(2k-1)\pi x}{2l} \cdot \cos \frac{(2k-1)\pi \alpha t}{2l}$$

对应的前三阶主振型函数为

$$U_1(x) = \frac{8Fl}{\pi^2 AE} \sin \frac{\pi}{2l}x$$

$$U_2(x) = \frac{8Fl}{9\pi^2 AE} \sin \frac{3\pi}{2l}x$$

$$U_3(x) = \frac{8Fl}{25\pi^2 AE} \sin \frac{5\pi}{2l}x$$

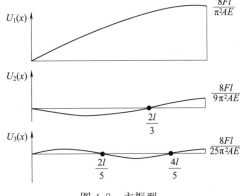

如图 4-8 所示，可以看出三阶以上的振型对杆振动影响很小，因此，取前三阶足以表达杆的振动规律，即

图 4-8 主振型

$$u(x,t) \approx \frac{8Fl}{\pi^2 AE}\left[\sin \frac{\pi}{2l}x \cos \frac{\pi\alpha}{2l}t - \frac{1}{9}\sin \frac{3\pi}{2l}x \cos \frac{3\pi\alpha}{2l}t + \frac{1}{25}\sin \frac{5\pi}{2l}x \cos \frac{5\pi\alpha}{2l}t \right]$$

第三节　圆轴的扭转振动

在各类机械中，传动轴是经常遇见的零部件，它主要用来传递转矩而不承受弯矩，其振动可简化为细长杆的振动问题，其力学模型如图 4-9(a)所示。

设杆的密度为 ρ，截面抗扭刚度为 $GI_t(x)$，G 为剪切弹性模量，$I_t(x)$ 为截面抗扭常数。对于工程中常见的圆截面，I_t 即为截面的极惯性矩 I_p。忽略截面的翘曲(若截面不是圆形，则必须考虑截面的翘曲)，则杆扭转时，其横截面保持为平面绕 x 轴作微幅振动。所以可以用 x 截面的角位移 $\theta(x,t)$ 来描述杆的扭转振动规律。

取微段 $\mathrm{d}x$ 如图 4-9(b)所示，它的两截面上分别作用转矩 T_t 和 $T_t + \dfrac{\partial T_t}{\partial x}\mathrm{d}x$，两截面的相对扭转角

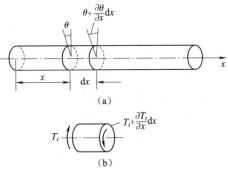

图 4-9　圆轴的扭振

为 $\frac{\partial \theta}{\partial x} \mathrm{d}x$。根据材料力学中扭转角与扭矩的关系,可以近似得

$$\frac{\partial \theta}{\partial x} \mathrm{d}x \approx \frac{T_t}{GI_p} \mathrm{d}x$$

$$T_t = GI_p \frac{\partial \theta}{\partial x} \tag{4-30}$$

对微段 $\mathrm{d}x$ 建立扭转动力学方程得

$$J_p \frac{\partial^2 \theta}{\partial t^2} = \frac{\partial T_t}{\partial x} \mathrm{d}x \tag{4-31}$$

式中,J_p 为微段的转动惯量,对于实心圆截面杆,$J_p(x) = \frac{\pi d^4}{32} \rho \mathrm{d}x$,而截面的极惯量矩 $I_p(x) = \frac{\pi d^4}{32}$,$d$ 为 x 截面处圆截面直径。可以看出

$$J_p(x) = I_p(x) \rho \mathrm{d}x \tag{4-32}$$

将式(4-30)、式(4-32)代入式(4-31)得

$$\rho I_p(x) \frac{\partial^2 \theta}{\partial t^2} = \frac{\partial}{\partial x} \left[GI_p(x) \frac{\partial \theta}{\partial x} \right] \tag{4-33}$$

该式表示变截面杆扭转振动的偏微分方程。若 $I_p(x)$ 已知,则可求解上述方程。

对于等截面直杆,$I_p(x)$ 为一个常数,式(4-33)可简化为

$$\rho \frac{\partial^2 \theta}{\partial t^2} = G \frac{\partial^2 \theta}{\partial x^2} \quad \text{或} \quad \frac{\partial^2 \theta}{\partial t^2} = \alpha^2 \frac{\partial^2 \theta}{\partial x^2} \tag{4-34}$$

式中,$\alpha = \sqrt{G/\rho}$,其物理意义为剪切弹性波沿 x 轴的传播速度。

式(4-34)表示圆截面直杆作扭转振动的偏微分方程。它与弦振动和杆纵向振动具有同一形式,此外气体压力波动和刚性管中水锤的波动也具有相同形式,数学上统称为波动方程。利用类似的分离变量法,式(4-34)的解为

$$\theta(x,t) = \left(C_1 \sin \frac{\omega_n}{\alpha} x + C_2 \cos \frac{\omega_n}{\alpha} x \right) \sin(\omega_n t + \varphi) \tag{4-35}$$

式中,C_1、C_2、ω_n 和 φ 为四个待定系数,可以由两端点的边界条件和振动的两个初始条件来决定。

各阶主振型为

$$\theta_k(x,t) = \left(C_{1k} \sin \frac{\omega_{nk}}{\alpha} x + C_{2k} \cos \frac{\omega_{nk}}{\alpha} x \right) \sin(\omega_{nk} t + \varphi_k) \tag{4-36}$$

方程的一般解为

$$\theta(x,t) = \sum_{k=1}^{\infty} \left(C_{1k} \sin \frac{\omega_{nk}}{\alpha} x + C_{2k} \cos \frac{\omega_{nk}}{\alpha} x \right) \sin(\omega_{nk} t + \varphi_k) \tag{4-37}$$

【例 4-3】 有一个油井钻杆,其力学模型可简化为一根长轴,其一端固定,另一端有转动惯量为 J_0 的刀头。设长度为 l 的长轴对轴线的总的转动惯量为 J_p,密度为 ρ,截面极惯性矩为 I_p。求系统的固有频率。

解 简化力学模型如图 4-10(a)所示,杆扭转的解为式(4-35)。

上端边界条件:因长轴上部与钻机固定,故有

$$x = 0, \ \theta(0,t) = 0 \tag{a}$$

下端边界条件:因长轴下部与刀头相联接,故受到刀头的反转矩作用,如图 4-10(b)所示。

在该例中各量的正方向的规定必须一致,根据右手定则,大拇指指向 x 增加的方向,则四指所指方向定义为转动的正方向,因此如果扭转变形使转角 θ 随 x 的增加而增大,则按正 x 方向作用在杆的端截面上一个正的内扭矩,而杆施加给刀头的扭矩就是负 x 方向的。因此刀头扭转振动微分方程为

$$-T_t = J_0\left(\frac{\partial^2\theta}{\partial t^2}\right)_{x=l} \tag{b}$$

式中,T_t 为长轴端部的转矩。由材料力学知

$$T_t = GI_p\left(\frac{\partial\theta}{\partial x}\right)_{x=l} \tag{c}$$

故下端边界条件为

$$-GI_p\left(\frac{\partial\theta}{\partial x}\right)_{x=l} = J_0\left(\frac{\partial^2\theta}{\partial t^2}\right)_{x=l} \tag{d}$$

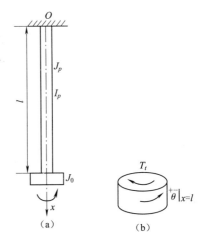

图 4-10　油井钻杆力学模型

将式(a)代入式(4-35)得 $C_2 = 0$。

将式(4-35)分别对 x 求偏导及对 t 求二阶偏导数,得

$$\frac{\partial\theta}{\partial x} = C_1\frac{\omega_n}{\alpha}\cos\frac{\omega_n}{\alpha}x\sin(\omega_n t + \varphi)$$

$$\frac{\partial^2\theta}{\partial t^2} = -C_1\omega_n^2\sin\frac{\omega_n}{\alpha}x\sin(\omega_n t + \varphi)$$

将上两式代入式(d)化简得

$$GI_p\frac{1}{\alpha}\cos\frac{\omega_n}{\alpha}l = J_0\omega_n\sin\frac{\omega_n}{\alpha}l$$

由式(4-32)有

$$J_p = I_p\rho l$$

且有 $\alpha = \sqrt{G/\rho}$,则

$$\tan\frac{\omega_n}{\alpha}l = \frac{J_p}{J_0}\frac{\alpha}{\omega_n l} \tag{e}$$

式(e)即为扭转系统的频率方程。该方程是一个超越方程。上式与式(4-24)的求解方法相同,也是采用作图法求解。

令 $b = \frac{\omega_n}{\alpha}l$,分别作出 $y_1 = \tan b$ 和 $y_2 = \frac{J_p}{J_0 b}$。以 b 为横坐标,y 为纵坐标,作出 $y_1(b)$ 和 $y_2(b)$ 曲线,如图 4-11 所示,其交点对应 $b_1, b_2, \cdots$ 值,而固有频率分别为 $\omega_{n1} = \frac{\alpha}{l}b_1, \omega_{n2} = \frac{\alpha}{l}b_2, \cdots$。

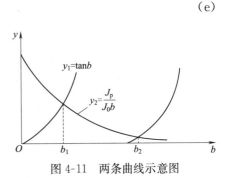

图 4-11　两条曲线示意图

第四节　梁的横向振动

工程中常见的以承受弯曲为主的机械零件,可简化为梁类力学模型。当一根梁作垂直于其轴线方向的振动时,称为梁的横向振动。由于其主要变形形式是弯曲变形,所以又称为弯曲

振动。下面讨论的梁振动限于这样的假设条件:梁各截面的中心主轴在同一平面内,如图 4-12(a)所示的 xOy 平面,且在此平面内作横向振动。在振动过程中,仍用材料力学中的平面假设,忽略剪切变形的影响。同时截面绕中性轴的转动比横向位移也小得多而不予考虑。

■ 一、振动微分方程及求解

设梁轴线的横向位移用 $y(x,t)$ 表示,它同样是截面位置 x 和时间 t 的二元函数。设梁的密度为 ρ,x 处的截面抗弯刚度为 $EI(x)$,$I(x)$ 为该截面对中心轴的惯性矩,$A(x)$ 为该截面面积。

取微段 $\mathrm{d}x$ 如图 4-12(b)所示,它的两截面上受剪力和弯矩作用。按牛顿第二定律,该微段在 y 方向的运动微分方程为

$$\rho A \mathrm{d}x \frac{\partial^2 y}{\partial t^2} = \frac{\partial Q}{\partial x} \mathrm{d}x \qquad (4\text{-}38)$$

在前述假设条件下,由材料力学知,剪力和弯矩存在下列关系:

$$-\frac{\partial M}{\partial x} = Q$$

故

$$\frac{\partial Q}{\partial x} = -\frac{\partial^2 M}{\partial x^2} \qquad (4\text{-}39)$$

而弯曲和挠度之间的关系为

$$EI \frac{\partial^2 y}{\partial x^2} = M \qquad (4\text{-}40)$$

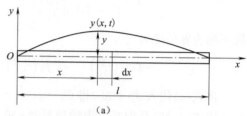

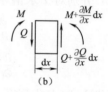

图 4-12　梁的横向振动

将式(4-39)、式(4-40)代入式(4-38)整理得

$$\rho A \frac{\partial^2 y}{\partial t^2} + \frac{\partial^2}{\partial x^2}\left(EI \frac{\partial^2 y}{\partial x^2}\right) = 0 \qquad (4\text{-}41)$$

该式为梁的横向自由振动偏微分方程。

对于均质截面直梁,E、I、A 及 ρ 均为常数,式(4-41)可简化为

$$\frac{\partial^2 y}{\partial t^2} + \alpha^2 \frac{\partial^4 y}{\partial x^4} = 0 \qquad (4\text{-}42)$$

其中:$\alpha^2 = \dfrac{EI}{\rho A}$ 是由梁的物理及几何参数确定的常数。

对于式(4-42)这个四阶偏微分方程,仍采用分离变量法求解。设方程的解为

$$y(x,t) = Y(x)\Phi(t)$$

式中,$\Phi(t)$ 为简谐函数。

由

$$\Phi(t) = \sin(\omega_n t + \varphi)$$

故解得

$$y(x,t) = Y(x)\sin(\omega_n t + \varphi)$$

及

$$\left. \begin{array}{l} \dfrac{\partial^2 y}{\partial t^2} = -\omega_n^2 Y(x)\sin(\omega_n t + \varphi) \\[2mm] \dfrac{\partial^4 y}{\partial x^4} = \dfrac{\mathrm{d}^4 Y(x)}{\mathrm{d}x^4}\sin(\omega_n t + \varphi) \end{array} \right\} \qquad (4\text{-}43)$$

将式(4-43)代入式(4-42),并取 $\lambda^4 = \omega_n^2/\alpha^2$ 可得

$$\frac{\mathrm{d}^4 Y(x)}{\mathrm{d}x^4} - \lambda^4 Y(x) = 0 \tag{4-44}$$

式(4-44)为四阶常微分方程,它的解可设为 $Y(x) = \mathrm{e}^{sx}$,代入式(4-44)得

$$s^4 - \lambda^4 = 0$$

此代数方程的四个根为

$$s_{1,2} = \pm\lambda, \quad s_{3,4} = \pm i\lambda$$

于是,式(4-44)的通解为

$$Y(x) = C_1' \mathrm{e}^{\lambda x} + C_2' \mathrm{e}^{-\lambda x} + C_3' \mathrm{e}^{i\lambda x} + C_4' \mathrm{e}^{-i\lambda x} \tag{4-45}$$

又因

$$\mathrm{e}^{\pm\lambda x} = \mathrm{ch}\lambda x \pm \mathrm{sh}\lambda x$$

$$\mathrm{e}^{\pm i\lambda x} = \cos\lambda x \pm \sin\lambda x$$

式中,$\mathrm{ch}(x)$ 和 $\mathrm{sh}(x)$ 为双曲函数。所以,式(4-45)可表达为常用形式

$$Y(x) = C_1 \sin\lambda x + C_2 \cos\lambda x + C_3 \mathrm{sh}\lambda x + C_4 \mathrm{ch}\lambda x \tag{4-46}$$

该式即为梁的振型函数,由此可得偏微分方程式(4-42)的解为

$$y(x,t) = (C_1 \sin\lambda x + C_2 \cos\lambda x + C_3 \mathrm{sh}\lambda x + C_4 \mathrm{ch}\lambda x)\sin(\omega_n t + \varphi) \tag{4-47}$$

该式即为梁横向振动响应表达式,式中有六个待定系数 C_1、C_2、C_3、C_4、ω_n 和 φ。由于梁每个端点有两个边界条件(位移和转角),故有四个边界条件,加上两个振动初始条件,便可以确定六个待定系数。

二、固有频率和主振型

梁振动的固有频率和主振型同样要根据端点条件确定。梁的端点条件除固定端、简支端和自由端外,还有弹性支承及集中质量等情况,现对后两种情况分别加以讨论。

图 4-13(a)表示端部为弹性支承的情况,图中 k_t 表示端部支承扭转弹簧刚度,k 表示端部支承 y 向弹簧刚度。设端部的位移和转角分别为 $y(l,t)$ 及 $\frac{\partial y}{\partial x}(l,t)$。关于弯曲位移情况,$x=l$ 处的正位移 y 是向上的,它导致弹簧产生一个向下的弹力 ky,这就是剪力。但在此截面上剪力 Q 的正方向朝上,因此 $Q=-ky$;对施加弯矩的扭矩弹簧的分析与上类似,右端的正转角 $\frac{\partial y}{\partial x}$ 是逆时针的,因此弹簧施加的恢复扭矩 $k_t \frac{\partial y}{\partial x}$ 是顺时针的。但是由前面分析可知如果一个截面的法线指向正 x 方向,那么施加在该截面上的正弯矩是逆时针的,因此 $M=-k_t \frac{\partial y}{\partial x}$。所以,弹性支承的端部条件为

$$x=l, \quad M=-k_t \frac{\partial y}{\partial x}, \quad Q=-ky \tag{4-48}$$

图 4-13(b)表示端部有集中质量的情形,此时由于惯性力的存在,使梁受到一个数量上等于惯性力的剪力 Q,如果 Q 是正的,那么当它加于梁在 $x=l$ 处的横截面上时,它的方向是朝上的,因此梁加给集中质量的力向下,因此集中质量的横向运动方程是 $Q=-m\frac{\partial^2 y}{\partial t^2}$;另外因集中质量的转动惯性可以忽略,作用在集中质量上的力矩必定是零。所以有集中质量存在的端部

边界条件为

$$x = l, M = 0, Q = -m\frac{\partial^2 y}{\partial t^2} \tag{4-49}$$

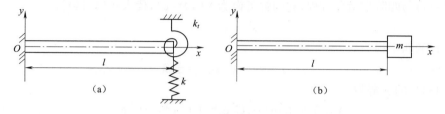

图 4-13　端部弹性支承的梁振动

几种典型端部的边界条件见表 4-1。

表 4-1 　　　　　　　　　　　　　　　**梁端部的边界条件**

端部状态	位移 y	转角 $\theta = \dfrac{\partial y}{\partial x}$	弯矩 $M = EI\dfrac{\partial^2 y}{\partial x^2}$	剪力 $Q = \dfrac{\partial M}{\partial x}$
固定端	0	0		
简支端	0		0	
自由端			0	0
弹性支承			$-k_t\dfrac{\partial y}{\partial x}$	$-ky$
惯性载荷			0	$-m\dfrac{\partial^2 y}{\partial t^2}$

在上述端点边界条件中,位移与转角条件属于几何端点条件,剪力和弯矩条件属于力端点条件。

【例 4-4】　图 4-14 所示为一个均质等截面梁,两端简支,参数 E、I、A 及 ρ 均为已知,求此梁作横向振动时的固有频率与主振型。

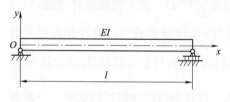

图 4-14　等截面梁

解　简支梁的端点条件为

$$x = 0, Y(0) = 0, \left.\frac{\partial^2 Y}{\partial x^2}\right|_{x=0} = 0$$

$$x = l, Y(l) = 0, \left.\frac{\partial^2 Y}{\partial x^2}\right|_{x=l} = 0$$

将上述边界条件代入振型函数表达式(4-46)及其二阶导数式,得

$$C_2 = C_4 = 0$$

及

$$C_1\sin\lambda l + C_3\operatorname{sh}\lambda l = 0$$

$$-C_1\sin\lambda l + C_3\operatorname{sh}\lambda l = 0$$

由于 $\operatorname{sh}\lambda l \neq 0$,故得 $C_3 = 0$,并得简支梁振动频率方程

$$\sin\lambda l = 0 \tag{a}$$

此方程的根为

$$\lambda_k l = k\pi, \quad k = 1, 2, 3, \cdots \tag{b}$$

因为 $\lambda^4 = \omega^2/\alpha^2$，且 $\alpha^2 = EI/(\rho A)$，故固有频率表达式为

$$\omega_{nk} = \alpha\lambda_k^2 = \frac{k^2\pi^2}{l^2}\sqrt{\frac{EI}{\rho A}}, \quad k = 1,2,3\cdots \tag{c}$$

相应的主振型函数为

$$Y_k(x) = C_{1k}\sin\lambda_k x = C_{1k}\sin\frac{k\pi}{l}x \tag{d}$$

分析固有频率计算式（c）及式（b）可知，对于 A、I、l、ρ 和 E 已确定的梁，其固有频率可表达为

$$\omega_{nk} = (\lambda_k l)^2 h \tag{e}$$

其中

$$h = \sqrt{\frac{EI}{\rho A l^4}} \tag{f}$$

所以前三阶固有频率为 $\omega_{n1} = 9.87h$，$\omega_{n2} = 39.5h$，$\omega_{n3} = 88.9h$。

对于其他支承形式的梁，其对应的固有频率可用类似的方法导出。结果表明，各种支承形式的梁振动的固有频率均可用形式如式（e）的公式计算。不过对不同的支承形式，式中的 $\lambda_k l$ 值不同。表 4-2 中列出了不同支承梁的 $\lambda_k l$ 表达式及所计算的前三阶固有频率值。

表 4-2　　　　　　　　　不同支承梁的 $\lambda_k l$ 表达式及前三阶固有频率值

梁的支承形式	$\lambda_k l$ 表达式	ω_{n1}	ω_{n2}	ω_{n3}
两端简支	$k\pi$	$9.87h$	$39.5h$	$88.9h$
两端自由	$\dfrac{2k+1}{2}\pi$	$22.4h$	$61.7h$	$121.0h$
两端固定	$\dfrac{2k+1}{2}\pi$	$22.4h$	$61.7h$	$121.0h$
一端固定 一端自由	$\dfrac{2k-1}{2}\pi$	$3.52h$	$22.4h$	$61.7h$
一端固定 一端简支	$\dfrac{4k-1}{2}\pi$	$15.4h$	$50.0h$	$104.0h$

注：表中 $h = \sqrt{EI/(\rho A l^4)}$。

三、梁的横向受迫振动响应

在求出梁弯曲振动的固有频率和振型后，即可利用弹性体主振动的正交性和模态分析法，求出梁在外激励力作用下的受迫振动响应。

1. 主振型的正交性

前面已导出梁的振型函数关系式（4-44），即

$$\frac{\mathrm{d}^4 Y(x)}{\mathrm{d}x^4} - \lambda^4 Y(x) = 0$$

设以 $Y_j(x)$ 和 $Y_k(x)$ 分别表示对应于第 j 阶和第 k 阶固有频率 ω_{nj} 和 ω_{nk} 的两个主振型，必须满足振型函数式，即

$$\frac{\mathrm{d}^4 Y_j(x)}{\mathrm{d}x^4} - \lambda_j^4 Y_j(x) = 0; \quad \frac{\mathrm{d}^4 Y_k(x)}{\mathrm{d}x^4} - \lambda_k^4 Y_k(x) = 0$$

又因

$$\lambda_j^4 = \frac{\omega_{nj}^2}{\alpha^2}; \quad \lambda_k^4 = \frac{\omega_{nk}^2}{\alpha^2}$$

$$\frac{\mathrm{d}^4 Y_j(x)}{\mathrm{d}x^4} = \frac{\omega_{nj}^2}{\alpha^2} Y_j(x) \tag{4-50}$$

$$\frac{\mathrm{d}^4 Y_k(x)}{\mathrm{d}x^4} = \frac{\omega_{nk}^2}{\alpha^2} Y_k(x) \tag{4-51}$$

用 Y_k 乘以式(4-50)的两边,并用分部积分法对梁的全长进行积分,得

$$\begin{aligned}
\int_0^l Y_k(x) \frac{\mathrm{d}^4 Y_j(x)}{\mathrm{d}x^4} \mathrm{d}x &= Y_k(x) \frac{\mathrm{d}^3 Y_j(x)}{\mathrm{d}x^3}\Big|_0^l - \int_0^l \frac{\mathrm{d}Y_k(x)}{\mathrm{d}x} \frac{\mathrm{d}^3 Y_j(x)}{\mathrm{d}x^3} \mathrm{d}x \\
&= Y_k(x) \frac{\mathrm{d}^3 Y_j(x)}{\mathrm{d}x^3}\Big|_0^l - \left[\frac{\mathrm{d}Y_k(x)}{\mathrm{d}x} \frac{\mathrm{d}^2 Y_j(x)}{\mathrm{d}x^2}\Big|_0^l - \right. \\
&\quad \left. \int_0^l \frac{\mathrm{d}^2 Y_k(x)}{\mathrm{d}x^2} \frac{\mathrm{d}^2 Y_j(x)}{\mathrm{d}x^2} \mathrm{d}x \right] \\
&= \frac{\omega_{nj}^2}{\alpha^2} \int_0^l Y_k(x) Y_j(x) \mathrm{d}x
\end{aligned} \tag{4-52}$$

同理,用 Y_j 乘以式(4-51)的两边,并用分部积分法对梁的全长进行积分,得

$$\begin{aligned}
\int_0^l Y_j \frac{\mathrm{d}^4 Y_k(x)}{\mathrm{d}x^4} \mathrm{d}x &= Y_j(x) \frac{\mathrm{d}^3 Y_k(x)}{\mathrm{d}x^3}\Big|_0^l - \left[\frac{\mathrm{d}Y_j(x)}{\mathrm{d}x} \frac{\mathrm{d}^2 Y_k(x)}{\mathrm{d}x^2}\Big|_0^l - \right. \\
&\quad \left. \int_0^l \frac{\mathrm{d}^2 Y_j(x)}{\mathrm{d}x^2} \frac{\mathrm{d}^2 Y_k(x)}{\mathrm{d}x^2} \mathrm{d}x \right] \\
&= \frac{\omega_{nk}^2}{\alpha^2} \int_0^l Y_j(x) Y_k(x) \mathrm{d}x
\end{aligned} \tag{4-53}$$

将上两式相减得

$$\begin{aligned}
\frac{1}{\alpha^2}(\omega_{nk}^2 - \omega_{nj}^2) \int_0^l Y_k(x) Y_j(x) \mathrm{d}x &= \left[Y_j(x) \frac{\mathrm{d}^3 Y_k(x)}{\mathrm{d}x^3} - Y_k(x) \frac{\mathrm{d}^3 Y_j(x)}{\mathrm{d}x^3} \right]\Big|_0^l - \\
&\quad \left[\frac{\mathrm{d}Y_j(x)}{\mathrm{d}x} \frac{\mathrm{d}^2 Y_k(x)}{\mathrm{d}x^2} - \frac{\mathrm{d}Y_k(x)}{\mathrm{d}x} \frac{\mathrm{d}^2 Y_j(x)}{\mathrm{d}x^2} \right]\Big|_0^l
\end{aligned} \tag{4-54}$$

式(4-54)的右边实际上是梁的端点边界条件,无论梁的端点是自由、固定或简支,将端点边界条件(参见表4-1)代入上式,右边始终为零,故有

$$\frac{1}{\alpha^2}(\omega_{nk}^2 - \omega_{nj}^2) \int_0^l Y_k(x) Y_j(x) \mathrm{d}x = 0 \tag{4-55}$$

因此,只要 $j \neq k$,则 $\omega_{nk}^2 \neq \omega_{nj}^2$,即有

$$\int_0^l Y_k(x) Y_j(x) \mathrm{d}x = 0, \quad j \neq k \tag{4-56}$$

将式(4-56)代入式(4-52),得

$$\int_0^l Y_k(x) \frac{\mathrm{d}^4 Y_j(x)}{\mathrm{d}x^4} \mathrm{d}x = 0, \quad j \neq k \tag{4-57}$$

由于式(4-52)中也含有端点条件式,该部分也为零,即

$$Y_k(x) \frac{\mathrm{d}^3 Y_j(x)}{\mathrm{d}x^3}\Big|_0^l - \left[\frac{\mathrm{d}Y_k(x)}{\mathrm{d}x} \frac{\mathrm{d}^2 Y_j(x)}{\mathrm{d}x^2} \right]\Big|_0^l = 0$$

所以，由式(4-52)可得

$$\int_0^l \frac{\mathrm{d}^2 Y_k(x)}{\mathrm{d}x^2} \frac{\mathrm{d}^2 Y_j(x)}{\mathrm{d}x^2} \mathrm{d}x = 0, \quad j \neq k \tag{4-58}$$

式(4-56)和式(4-58)就是均质等截面梁横向振动主振型正交性的表达式。

当 $j = k$ 时，$\omega_{nk}^2 = \omega_{nj}^2$，则式(4-55)中的积分部分可以等于常数，即

$$\int_0^l Y_k^2(x)\mathrm{d}x = \alpha_k \tag{4-59}$$

将式(4-59)及 $\alpha^2 = EI/(\rho A)$ 代入式(4-52)，得

$$\int_0^l Y_k(x) \frac{\mathrm{d}^4 Y_k(x)}{\mathrm{d}x^4}\mathrm{d}x = \int_0^l \left[\frac{\mathrm{d}^2 Y_k(x)}{\mathrm{d}x^2}\right]^2 \mathrm{d}x = \alpha_k \frac{\rho A}{EI}\omega_{nk}^2 \tag{4-60}$$

为了运算方便，常将主振型正则化，可取正则化因子 $\alpha_k = 1/(\rho A)$，则式(4-59)可化为

$$\rho A \int_0^l Y_k^2(x)\mathrm{d}x = 1 \tag{4-61}$$

式(4-60)经正则化后，得

$$EI \int_0^l Y_k(x) \frac{\mathrm{d}^4 Y_k(x)}{\mathrm{d}x^4}\mathrm{d}x = EI \int_0^l \left[\frac{\mathrm{d}^2 Y_k(x)}{\mathrm{d}x^2}\right]^2 \mathrm{d}x = \omega_{nk}^2 \tag{4-62}$$

利用主振型正交性，就可将任何由初始条件引起的自由振动和由任意激励力引起的受迫振动，简化为类似于单自由度系统那样的微分方程，用模态分析法求解。

2. 用模态分析法求梁振动响应

设等截面梁受外界横向分布力 $f(x,t)$ 作用时，梁横向振动微分方程为

$$EI \frac{\partial^4 y}{\partial x^4} + \rho A \frac{\partial^2 y}{\partial t^2} = f(x,t) \tag{4-63}$$

式(4-63)为一个四阶常系数非齐次偏微分方程，其对应的齐次方程的解就是前面讨论的梁的自由振动响应，它是瞬态响应。这里只讨论非齐次方程的特解，即梁的稳态振动。

用模态分析法求梁稳态响应的步骤如下。

(1)通过求梁的自由振动微分方程，可求出在给定端点条件下梁各阶固有频率 ω_{nk} 和相应的各阶主振型 $Y_k(x)$，$k=1,2,3,\cdots$。

(2)对原方程进行坐标变换，将梁的受迫振动微分方程变换成用模态方程来表达。梁的坐标变换表达式

$$y(x,t) = \sum_{k=1}^{\infty} Y_k(x)q_k(t) \tag{4-64}$$

式中，$q_k(t)$ 为系统的模态坐标或主坐标。

将式(4-64)对变量 x 和 t 分别求偏导，然后代入式(4-63)得

$$EI \sum_{k=1}^{\infty} \frac{\mathrm{d}^4 Y_k(x)}{\mathrm{d}x^4}q_k(t) + \rho A \sum_{k=1}^{\infty} Y_k(x) \frac{\mathrm{d}^2 q_k(t)}{\mathrm{d}t^2} = f(x,t) \tag{4-65}$$

或

$$\sum_{k=1}^{\infty} \left[EIq_k(t) \frac{\mathrm{d}^4 Y_k(x)}{\mathrm{d}x^4} + \rho A \frac{\mathrm{d}^2 q_k(t)}{\mathrm{d}t^2}Y_k(x)\right] = f(x,t) \tag{4-66}$$

将 $Y_j(x)$ 乘以上式两边，并对梁的全长积分得

$$\sum_{k=1}^{\infty} \left[EIq_k(t) \int_0^l \frac{\mathrm{d}^4 Y_k(x)}{\mathrm{d}x^4}Y_j(x)\mathrm{d}x + \rho A \frac{\mathrm{d}^2 q_k(t)}{\mathrm{d}t^2} \int_0^l Y_k(x)Y_j(x)\mathrm{d}x\right]$$
$$= \int_0^l Y_j(x)f(x,t)\mathrm{d}x \tag{4-67}$$

利用主振型的正交性,由式(4-56)和式(4-57)可知,上式左端 $j\neq k$ 的各项积分均为零,而只剩下 $j=k$ 的积分项,因此,可得

$$EIq_k(t)\int_0^l \frac{\mathrm{d}^4Y_k(x)}{\mathrm{d}x^4}Y_k(x)\mathrm{d}x + \rho A \frac{\mathrm{d}^2q_k(t)}{\mathrm{d}t^2}\int_0^l Y_k^2(x)\mathrm{d}x = \int_0^l Y_k(x)f(x,t)\mathrm{d}x \quad (4\text{-}68)$$

将式(4-61)和式(4-62)代入上式,则可得

$$\frac{\mathrm{d}^2q_k(t)}{\mathrm{d}t^2} + \omega_{nk}^2 q_k(t) = Q_k(t), \quad k=1,2,3,\cdots \quad (4\text{-}69)$$

$$Q_k(t) = \int_0^l Y_k(x)f(x,t)\mathrm{d}x \quad (4\text{-}70)$$

式中, $Q_k(t)$ 为第 k 阶模态坐标上广义激励力。则式(4-69)为系统的**模态方程**。

(3)求解模态方程,求模态坐标响应 $q_k(t)$。从式(4-69)可以看出,它是无穷多个互相独立的微分方程,每个方程形式和单自由度无阻尼受迫振动方程完全相同。因此,可以用杜哈美积分求解。利用式(1-42)即可得

$$q_k(t) = \frac{1}{\omega_{nk}}\int_0^t Q_k(t)\sin\omega_{nk}(t-\tau)\mathrm{d}\tau, \quad k=1,2,3,\cdots \quad (4\text{-}71)$$

该式为模态坐标表示的梁的受迫振动响应。

(4)求系统在原坐标上的响应 $y(x,t)$。将求出的模态坐标上的响应 $q_k(t)$ 代入式(4-64),得

$$y(x,t) = \sum_{k=1}^{\infty} Y_k(x)\frac{1}{\omega_{nk}}\int_0^t Q_k(t)\sin\omega_{nk}(t-\tau)\mathrm{d}\tau \quad (4\text{-}72)$$

上式表明,梁在受到横向分布激励力 $f(x,t)$ 作用时的动力响应是各阶主振型的叠加。

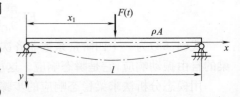

图 4-15 施加集中力的梁

若梁上作用的是在 $x=x_1$ 处的一个集中力 $F(t)$ 时,如图 4-15 所示,则在模态坐标上的广义力 $Q_k(t)$ 为

$$Q_k(t) = F(t)Y_k(x_1) \quad (4\text{-}73)$$

式中, $Y_k(x_1)$ 为第 k 阶主振型在 $x=x_1$ 处的值。此时,梁的振动响应在模态坐标上应表示为

$$q_k(t) = \frac{1}{\omega_{nk}}\int_0^t F(\tau)Y_k(x_1)\sin\omega_{nk}(t-\tau)\mathrm{d}\tau, \quad k=1,2,3,\cdots \quad (4\text{-}74)$$

因此,在原坐标上梁的振动响应为

$$y(x,t) = \sum_{k=1}^{\infty} \frac{Y_k(x)Y_k(x_1)}{\omega_{nk}}\int_0^t F(\tau)\sin\omega_{nk}(t-\tau)\mathrm{d}\tau \quad (4\text{-}75)$$

【例 4-5】 利用模态分析法,求图 4-16 的系统对时间的响应,已知初始情况下静止,且 $\omega\neq\omega_n$。

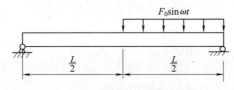

图 4-16 【例 4-5】力学模型

解 由【例 4-4】中式(e)及表 4-2 可知,简支梁的固有频率为

$$\omega_{nk} = (k\pi)^2\sqrt{EI/(\rho AL^4)}$$

由【例 4-4】中式(d)及式(4-61)

$$Y_k(x) = C_{1k}\sin\frac{k\pi}{L}x, \quad \rho A\int_0^L Y_k^2(x)\mathrm{d}x = 1$$

则

$$\rho A\int_0^L\left(C_{1k}\sin\frac{k\pi}{L}x\right)^2\mathrm{d}x = 1$$

可求出 $C_{1k}=\sqrt{\dfrac{2}{\rho AL}}$，则简支梁的主振型为

$$Y_k(x) = \sqrt{\frac{2}{\rho AL}}\sin\left(\frac{k\pi x}{L}\right)$$

由式(4-63)可建立梁的运动微分方程为

$$EI\frac{\partial^4 y}{\partial x^4} + \rho A\frac{\partial^2 y}{\partial t^2} = F_0\sin(\omega t)u\left(x-\frac{L}{2}\right) \tag{a}$$

式中，$u\left(x-\dfrac{L}{2}\right)$ 为单位阶跃函数，可通过如下公式与单位脉冲函数相联系：

$$u(x-x_0) = \int_0^x\delta(x-x_0)\mathrm{d}x \tag{b}$$

而单位脉冲函数 $\delta(x-x_0)$ 的数学定义是

$$\delta(x-x_0) = \begin{cases} 0, & x\neq x_0 \\ \infty, & x = x_0 \end{cases} \tag{c}$$

并且

$$\int_0^\infty\delta(x-x_0)\mathrm{d}x = 1 \tag{d}$$

因此，通过式(b)、式(c)和式(d)可推出

$$u(x-x_0) = \begin{cases} 0, & x\leqslant x_0 \\ 1, & x > x_0 \end{cases}$$

单位阶跃函数满足如下公式：

$$\int_0^L u(x-x_0)g(L,x)\mathrm{d}x = u(x-x_0)\int_0^L g(L,x)\mathrm{d}x \tag{e}$$

其中，$g(L,x)$ 为一般函数。

在离散时间点，激励力的数学表达式发生变化，可用单位阶跃函数对它建立统一的数学表达式，如式(a)所示。

由式(4-70)得出第 k 阶模态坐标上广义激励力为

$$Q_k(t) = \int_0^L Y_k(x)f(x,t)\mathrm{d}x = \int_0^L F_0\sin(\omega t)u\left(x-\frac{L}{2}\right)\sqrt{\frac{2}{\rho AL}}\sin\frac{k\pi x}{L}\mathrm{d}x$$

由式(e)可知

$$Q_k(t) = \int_0^L F_0\sin(\omega t)u\left(x-\frac{L}{2}\right)\sqrt{\frac{2}{\rho AL}}\sin\frac{k\pi x}{L}\mathrm{d}x$$

$$= \sqrt{\frac{2L}{\rho A}}\frac{F_0}{k\pi}\sin(\omega t)\left[\cos\left(\frac{k\pi}{2}\right)-\cos(k\pi)\right] = B_k\sin\omega t$$

式中

$$B_k = \sqrt{\frac{2L}{\rho A}} \frac{F_0}{k\pi} \begin{cases} 1, & k = 1,3,5,\cdots \\ -2, & k = 2,6,10\cdots \\ 0, & k = 4,8,12\cdots \end{cases}$$

由式(4-69)得出系统的模态方程为

$$\frac{\mathrm{d}^2 q_k(t)}{\mathrm{d}t^2} + \omega_{nk}^2 q_k(t) = B_k \sin\omega t$$

由 $q_k(0) = 0, \dot{q}_k(0) = 0$ 且 $\omega \neq \omega_{nk}$,则通过式(4-71)可得

$$q_k(t) = \frac{1}{\omega_{nk}} \int_0^t B_k \sin\omega\tau \sin\omega_{nk}(t-\tau)\mathrm{d}\tau$$

$$= \frac{B_k}{2\omega_{nk}} \int_0^t \left[\cos(\omega\tau - \omega_{nk}t + \omega_{nk}\tau) - \cos(\omega\tau + \omega_{nk}t - \omega_{nk}\tau)\right]\mathrm{d}\tau$$

$$= \frac{B_k}{\omega_{nk}^2 - \omega^2}\left(\sin\omega t - \frac{\omega}{\omega_{nk}}\sin\omega_{nk}t\right)$$

最后通过式(4-64)即可求得系统在原坐标上的响应 $y(x,t)$。

第五节　连续系统固有频率的其他求解方法

以上介绍了以波动方程和梁的横向振动方程为基础模型求解系统固有频率的方法,但这种方法在可用性方面受到了很多限制。首先除了少数例外,用这种方法处理变截面的杆件是相当困难的。此外,在杆件端部以外的任何部位放置附加质量和支撑约束都会使分析大为复杂。用若干单个杆件集合成结构框架和连杆机构,会导致分析进一步复杂。同样,阻尼装置(即阻尼器)所引起的功耗效应也难以结合到公式中去。对于组合构件以及存在阻尼装置的系统,其固有频率的求解方法可见第九章的相关内容。下面所讲解的方法主要解决变截面及任意放置附加质量或约束问题。

1. 瑞雷(Rayleigh)商

在第二章第四节中已经对瑞雷法在离散系统中的应用作了介绍。对于由波动方程决定的自由振动的连续系统,令 $f(x)$ 为满足几何边界条件(对波动方程的零阶导数和对梁的方程的零阶和一阶导数)的任意连续函数,则瑞雷商函数由式(4-76)决定:

$$R(f) = \frac{\int_0^L g(x)\left(\frac{\mathrm{d}f}{\mathrm{d}x}\right)^2 \mathrm{d}x}{\int_0^L m(x)f(x)^2\mathrm{d}x + \sum_{i=1}^n m_i f(x_i)^2} \tag{4-76}$$

式中,m_i 为集中质量;x_i 为集中质量的坐标;L 为杆的长度;$g(x)$ 和 $m(x)$ 是关于系统几何的弹性特征和惯性特征的已知函数。

对于杆的纵向振动,$g(x) = EA(x)$,$m(x) = \rho A(x)$;对于轴的扭转振动,$g(x) = GJ(x)$ 和 $m(x) = \rho J(x)$。

方程(4-76)的分母是系统所有质量包括附加质量(离散质量)的求和。将该方程与方程(2-7)比较可知,两者在物理意义上完全相同。

瑞雷商满足的条件是,当且仅当 $f(x)$ 是系统的模态时,在这种情况下

$$R\left[Y_i(x)\right] = \omega_{ni}^2 \tag{4-77}$$

则 $R(f)$ 的最小值是 ω_{n1}^2。由瑞雷商满足的条件可知,与任何一个试探函数 $f(x)$ 相对应的瑞雷商的平方根是系统基频的上界;只有当这个试探函数实际上是基频模态时等号才成立,这就是瑞雷商上界定理。

关于梁的振动问题的瑞雷商是

$$R(f) = \frac{\int_0^L EI\left(\frac{\mathrm{d}f}{\mathrm{d}x}\right)^2 \mathrm{d}x}{\int_0^L \rho A f(x)^2 \mathrm{d}x + \sum_{i=1}^n m_i f(x_i)^2} \tag{4-78}$$

由以上分析即可知,$f(x)$ 的选择至关重要。一般情况下,可选择与系统相对应的典型问题的第一阶主振型作为 $f(x)$ 的基本形式,这样选择可使计算的收敛速度更快,且计算精度更高。

【例 4-6】 利用瑞雷商法,求图 4-17 的系统轴向振动的第一阶固有频率的近似值,图中集中质量为 M。

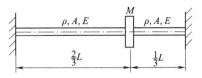

解　由图 4-17 可知,该系统对应的是典型问题中两端都固定的杆的轴向振动,由式(4-29)可知其第一阶主振型为 $C_1 \sin\frac{\pi}{L}x$,因此选择 $f(x) = B\sin\frac{\pi x}{L}$。

图 4-17　【例 4-6】力学模型

图 4-17 中系统的瑞雷商的形式为

$$R(f) = \frac{\int_0^L EA\left(\frac{\mathrm{d}f}{\mathrm{d}x}\right)^2 \mathrm{d}x}{\int_0^L \rho A f^2(x)\mathrm{d}x + Mf^2\left(\frac{2}{3}L\right)} = \frac{\int_0^L EA\left[B\frac{\pi}{L}\cos\left(\frac{\pi x}{L}\right)\right]^2 \mathrm{d}x}{\int_0^L \rho AB^2 \sin^2\left(\frac{\pi x}{L}\right)\mathrm{d}x + MB^2 \sin^2\left(\frac{2\pi}{3}\right)}$$

$$= \frac{\dfrac{\pi^2 EAB^2}{2L}}{\dfrac{\rho AB^2 L}{2} + \dfrac{3MB^2}{4}}$$

因此,系统的第一阶固有频率即为上边界,即

$$\omega_{n1} \leqslant \left(\frac{\pi^2 E}{\rho L^2 + \dfrac{3ML}{2A}}\right)^{\frac{1}{2}}$$

2. 瑞雷-李兹法

(1) 基本理论

瑞雷-李兹法利用能量方法求解连续系统固有频率、模态和关于力的响应的近似解,该法是有限元方法的理论基础。

瑞雷-李兹法是根据机械能守恒定律得到的计算基频的近似方法,其实质是根据机械能守恒定律 $T_{\max} = U_{\max}$ 估算系统的基频。该方法不仅适用于离散系统,同样也适用于连续系统。

按照瑞雷-李兹法,任意连续系统的振型函数可以使用线性组合的形式构成

$$Y(x) = \sum_{k=1}^n c_k \varphi_k(x) \tag{4-79}$$

即将连续系统的试探振型函数假设为 n 个线性无关函数的线性组合。式中,$Y(x)$ 为假定的振

型函数;c_k 为待定系数;$\varphi_k(x)$ 是满足系统几何边界条件的 n 维线性无关的函数,即指定的空间坐标 x 的函数,统称为基函数。

将问题转化为给定函数 $\varphi_k(x)$ 后,如何确定系数 c_k?基本思想是使估计值的瑞雷商 $R(Y)=\dfrac{U_{\max}}{T_{\max}}$ 尽可能接近真实值,即使泛函 $R(Y)$ 成为驻值。而使 $R(Y)$ 成为驻值的必要条件是将 $R(Y)$ 分别对每个系数 $c_k(k=1,2,\cdots,n)$ 求偏导数,并令其等于零,即有

$$\frac{\partial R}{\partial c_k}=\frac{\partial\left(\dfrac{U_{\max}}{T_{\max}}\right)}{\partial c_k}=\frac{T_{\max}\dfrac{\partial U_{\max}}{\partial c_k}-U_{\max}\dfrac{\partial T_{\max}}{\partial c_k}}{(T_{\max})^2}=0 \quad (k=1,2,\cdots,n) \tag{4-80}$$

式中,最大势能 $U_{\max}(c_1,c_2,\cdots,c_n)$ 和最大动能 $T_{\max}(c_1,c_2,\cdots,c_n)$ 都是未知系数 $c_k(k=1,2,\cdots,n)$ 的函数。

由于瑞雷商 $R=\dfrac{U_{\max}}{T_{\max}}=\omega_n^2$,式(4-80)变为

$$\frac{\partial U_{\max}}{\partial c_k}-\omega_n^2\frac{\partial T_{\max}}{\partial c_k}=0 \quad (k=1,2,\cdots,n) \tag{4-81}$$

$Y(x)=\sum\limits_{k=1}^{n}c_k\varphi_k(x)$ 将连续系统的试探振型函数假设为 n 个线性无关函数的线性组合,因此,连续系统的最大势能和参考动能可以表示为 n 个未知系数 $c_k(k=1,2,\cdots,n)$ 的二次型,即

$$\left.\begin{array}{l}U_{\max}(c_1,c_2,\cdots,c_n)=\dfrac{1}{2}\sum\limits_{i=1}^{n}\sum\limits_{j=1}^{n}\alpha_{ij}c_ic_j\\[3mm]T_{\max}(c_1,c_2,\cdots,c_n)=\dfrac{1}{2}\sum\limits_{i=1}^{n}\sum\limits_{j=1}^{n}\beta_{ij}c_ic_j\end{array}\right\} \tag{4-82}$$

式中,α_{ij} 称为势能系数;β_{ij} 称为动能系数;α_{ij} 和 β_{ij} 是对称的,即有 $\alpha_{ij}=\alpha_{ji}(i,j=1,2,\cdots,n)$,$\beta_{ij}=\beta_{ji}(i,j=1,2,\cdots,n)$。

因此,最大势能 $U_{\max}$ 对系数 c_k 的偏导数为

$$\frac{\partial U_{\max}}{\partial c_k}=\frac{1}{2}\sum_{i=1}^{n}\sum_{j=1}^{n}\alpha_{ij}\left(\frac{\partial c_i}{\partial c_k}c_j+c_i\frac{\partial c_j}{\partial c_k}\right)=\frac{1}{2}\sum_{i=1}^{n}\sum_{j=1}^{n}\alpha_{ij}(\delta_{ik}c_j+\delta_{jk}c_i)$$

$$=\frac{1}{2}\left(\sum_{j=1}^{n}\alpha_{kj}c_j+\sum_{i=1}^{n}\alpha_{ik}c_i\right)=\sum_{j=1}^{n}\alpha_{kj}c_j \tag{4-83}$$

式中,δ_{ik} 和 δ_{jk} 为克朗尼格符号。

同理,最大动能对系数 c_k 的偏导数为

$$\frac{\partial T_{\max}}{\partial c_k}=\sum_{j=1}^{n}\beta_{kj}c_j \tag{4-84}$$

将式(4-83)和式(4-84)代入式(4-81)可得

$$\sum_{j=1}^{n}(\alpha_{kj}-\omega_n^2\beta_{kj})c_j=0 \quad (k=1,2,\cdots,n) \tag{4-85}$$

式(4-85)的意义:将连续系统的特征值求解问题转化为求解 n 个自由度离散系统的特征值问题。由方程(4-85)所表示的方程组的系数矩阵的行列式为零,即可得到关于 ω_n^2 的 n 次解。可以从瑞雷商上界定理的角度证明,当 $n\to\infty$ 时,各阶近似固有频率将从上面单调趋近于相应的固有频率真值。

（2）杆的轴向振动 α_{ij} 和 β_{ij}

由振型为 $Y(x) = \sum\limits_{k=1}^{n} c_k \varphi_k(x)$，此时杆的轴向振动位移为

$$u(x,t) = Y(x)\sin(\omega t + \varphi) \qquad (4\text{-}86)$$

此时杆的轴向振动势能可以写为（不考虑离散质量和离散弹簧的作用）

$$U(t) = \frac{1}{2}\int_0^L EA(x)\left[\frac{\partial u(x,t)}{\partial x}\right]^2 \mathrm{d}x \qquad (4\text{-}87)$$

动能为（不考虑离散质量和离散弹簧的作用）

$$T(t) = \frac{1}{2}\int_0^L m(x)\left[\frac{\partial u(x,t)}{\partial t}\right]^2 \mathrm{d}x \qquad (4\text{-}88)$$

因此

$$U_{\max} = \frac{1}{2}\int_0^L EA(x)\left[\frac{\mathrm{d}Y(x)}{\mathrm{d}x}\right]^2 \mathrm{d}x \qquad (4\text{-}89)$$

$$T_{\max} = \frac{\omega^2}{2}\int_0^L m(x)Y^2(x)\mathrm{d}x = \omega^2 T^* \qquad (4\text{-}90)$$

式中

$$T^* = \frac{1}{2}\int_0^L m(x)Y^2(x)\mathrm{d}x \qquad (4\text{-}91)$$

将式（4-79）代入式（4-89）和式（4-91）可得

$$\begin{aligned}
U_{\max} &= \frac{1}{2}\int_0^L EA(x)\left[\sum_{i=1}^{n} c_i \frac{\mathrm{d}\varphi_i(x)}{\mathrm{d}x}\right]\left[\sum_{j=1}^{n} c_j \frac{\mathrm{d}\varphi_j(x)}{\mathrm{d}x}\right]\mathrm{d}x \\
&= \frac{1}{2}\sum_{i=1}^{n}\sum_{j=1}^{n} c_i c_j \int_0^L EA(x)\frac{\mathrm{d}\varphi_i(x)}{\mathrm{d}x}\frac{\mathrm{d}\varphi_j(x)}{\mathrm{d}x}\mathrm{d}x \\
&= \frac{1}{2}\sum_{i=1}^{n}\sum_{j=1}^{n} \alpha_{ij} c_i c_j
\end{aligned} \qquad (4\text{-}92)$$

式中，$\alpha_{ij} = \int_0^L EA(x)\dfrac{\mathrm{d}\varphi_i(x)}{\mathrm{d}x}\dfrac{\mathrm{d}\varphi_j(x)}{\mathrm{d}x}\mathrm{d}x$。

$$\begin{aligned}
T^* &= \frac{1}{2}\int_0^L m(x)\left[\sum_{i=1}^{n} c_i \varphi_i(x)\right]\left[\sum_{j=1}^{n} c_j \varphi_j(x)\right]\mathrm{d}x \\
&= \frac{1}{2}\sum_{i=1}^{n}\sum_{j=1}^{n} \beta_{ij} c_i c_j
\end{aligned} \qquad (4\text{-}93)$$

式中，$\beta_{ij} = \int_0^L m(x)\varphi_i(x)\varphi_j(x)\mathrm{d}x$。

（3）轴的扭转振动 α_{ij} 和 β_{ij}

关于轴的扭转振动，只须将以上各式中的杆的轴向刚度 $EA(x)$ 和单位长度质量 $m(x)$ 分别用轴的截面抗扭刚度 $GJ(x)$ 和单位长度转动惯量 $J(x)$ 代替即可。因此

$$\alpha_{ij} = \int_0^L GJ(x)\frac{\mathrm{d}\varphi_i(x)}{\mathrm{d}x}\frac{\mathrm{d}\varphi_j(x)}{\mathrm{d}x}\mathrm{d}x, \quad \beta_{ij} = \int_0^L J(x)\varphi_i(x)\varphi_j(x)\mathrm{d}x$$

（4）梁的横向振动 α_{ij} 和 β_{ij}

振型为 $Y(x) = \sum\limits_{k=1}^{n} c_k \varphi_k(x)$，此时杆的轴向振动位移为

$$y(x,t) = Y(x)\sin(\omega t + \varphi) \qquad (4\text{-}94)$$

此时梁的横向振动势能可以写为(不考虑离散质量和离散弹簧的作用)

$$U(t) = \frac{1}{2} \int_0^L EI(x) \left[\frac{\partial^2 y(x,t)}{\partial x^2} \right]^2 dx \tag{4-95}$$

动能为(不考虑离散质量和离散弹簧的作用)

$$T(t) = \frac{1}{2} \int_0^L m(x) \left[\frac{\partial y(x,t)}{\partial t} \right]^2 dx \tag{4-96}$$

将式(4-94)代入式(4-95)和式(4-96)可得

$$U_{max} = \frac{1}{2} \int_0^L EI(x) \left[\frac{d^2 Y(x)}{dx^2} \right]^2 dx \tag{4-97}$$

$$T_{max} = \frac{\omega^2}{2} \int_0^L m(x) Y^2(x) dx = \omega^2 T^* \tag{4-98}$$

$$T^* = \frac{1}{2} \int_0^L m(x) Y^2(x) dx \tag{4-99}$$

将式(4-79)代入式(4-97)和式(4-99)可得

$$\begin{aligned}
U_{max} &= \frac{1}{2} \int_0^L EI(x) \left[\sum_{i=1}^n c_i \frac{d^2 \varphi_i(x)}{dx^2} \right] \left[\sum_{j=1}^n c_j \frac{d^2 \varphi_j(x)}{dx^2} \right] dx \\
&= \frac{1}{2} \sum_{i=1}^n \sum_{j=1}^n c_i c_j \int_0^L EI(x) \frac{d^2 \varphi_i(x)}{dx^2} \frac{d^2 \varphi_j(x)}{dx^2} dx \\
&= \frac{1}{2} \sum_{i=1}^n \sum_{j=1}^n \alpha_{ij} c_i c_j
\end{aligned} \tag{4-100}$$

式中,$\alpha_{ij} = \int_0^L EI(x) \frac{d^2 \varphi_i(x)}{dx^2} \frac{d^2 \varphi_j(x)}{dx^2} dx$。

$$\begin{aligned}
T^* &= \frac{1}{2} \int_0^L m(x) \left[\sum_{i=1}^n c_i \varphi_i(x) \right] \left[\sum_{j=1}^n c_j \varphi_j(x) \right] dx \\
&= \frac{1}{2} \sum_{i=1}^n \sum_{j=1}^n \beta_{ij} c_i c_j
\end{aligned} \tag{4-101}$$

式中,$\beta_{ij} = \int_0^L m(x) \varphi_i(x) \varphi_j(x) dx$。

表 4-3 中列出了杆的轴向振动、轴的扭转振动和梁的横向振动的 α_{ij} 和 β_{ij}。

表 4-3 α_{ij} 和 β_{ij} 的形式

种类	α_{ij}(势能系数)	β_{ij}(动能系数)
杆的轴向振动	$\int_0^L EA(x) \left(\frac{d\varphi_i}{dx} \right) \left(\frac{d\varphi_j}{dx} \right) dx$	$\int_0^L m(x) \varphi_i(x) \varphi_j(x) dx$
轴的扭转振动	$\int_0^L GJ(x) \left(\frac{d\varphi_i}{dx} \right) \left(\frac{d\varphi_j}{dx} \right) dx$	$\int_0^L J(x) \varphi_i(x) \varphi_j(x) dx$
梁的横向振动	$\int_0^L EI(x) \left(\frac{d^2\varphi_i}{dx^2} \right) \left(\frac{d^2\varphi_j}{dx^2} \right) dx$	$\int_0^L m(x) \varphi_i(x) \varphi_j(x) dx$

(5)基函数

与瑞雷商中的 $f(x)$ 函数的选择相同,在瑞雷-李兹法中也可选择与系统相对应的典型问题的主振型,作为基函数的基本形式。

因此对于杆的轴向振动或轴的扭转振动而言,基函数具有下列形式:

$$\varphi_j = \sin\left(\frac{j\pi x}{L}\right),\ \cos\left(\frac{j\pi x}{L}\right),\ \sin\left(\frac{j\pi x}{2L}\right)\ 或\ \cos\left(\frac{j\pi x}{2L}\right),\ j = 1, 2, 3 \tag{4-102}$$

以图 4-4 所示的杆件为例,取杆的左端为 $x=0$,规定轴向位移的正方向朝右。唯一的几何边界条件是在 $x=0$ 处 $U=0$。因此可选择一组形式为 $\sin(\alpha x)$ 的函数作为基函数。因在 $x=L$ 处位移不能是零,可使 αL 作为 $\pi/2$ 的奇数倍,所以选择如下基函数:

$$\varphi_j = \sin\left[\frac{(2j-1)\pi x}{2L}\right],\quad j = 1, 2, 3$$

对于梁的横向振动而言,基函数的选择可参照表 4-4 进行。以简支梁(即铰支－铰支梁)为例,在 $x=0$ 和 $x=L$ 处其值等于零的任何正弦函数都满足这两端的几何边界条件,并且由于正弦函数在其零点的斜率不等于零,因此这样的正弦项不会引起多余的零转动几何边界条件,所以我们选择 $\varphi_j = \sin(j\pi x/L)$ 作为铰支－铰支梁的基函数。

表 4-4　　　　　　　　　　　　**梁的横向振动基函数形式**

边界条件		φ_j
$x=0$	$x=L$	
固定	固定	$\dfrac{x}{L}\left(1-\dfrac{x}{L}\right)\sin\left(\dfrac{j\pi x}{L}\right)$
	铰支	$\dfrac{x}{L}\sin\left(\dfrac{j\pi x}{L}\right)$
	自由	$\left(\dfrac{x}{L}\right)^{j+1}$
铰支	铰支	$\sin\left(\dfrac{j\pi x}{L}\right)$
	自由	$\left(\dfrac{x}{L}\right)^{j}$

【**例 4-7**】　利用瑞雷-李兹法,求如图 4-18 所示固定－铰支等截面均质梁系统的前两阶固有频率的近似值。

解　固定－铰支梁的前两阶基函数由表 4-4 可知为

$$\varphi_1 = \frac{x}{L}\sin\left(\frac{\pi x}{L}\right),\ \varphi_2 = \frac{x}{L}\sin\left(\frac{2\pi x}{L}\right)$$

由表 4-3,梁的横向振动的 α_{ij} 和 β_{ij} 为

$$\alpha_{ij} = \int_0^L EI\left(\frac{\mathrm{d}^2\varphi_i}{\mathrm{d}x^2}\right)\left(\frac{\mathrm{d}^2\varphi_j}{\mathrm{d}x^2}\right)\mathrm{d}x,\ \beta_{ij} = \int_0^L \rho A\varphi_i(x)\varphi_j(x)\mathrm{d}x$$

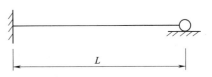

图 4-18　【例 4-7】力学模型

因此本题系数为

$$\alpha_{11} = \int_0^L EI\left[\frac{2\pi}{L^2}\cos\left(\frac{\pi x}{L}\right) - \frac{\pi^2 x}{L^3}\sin\left(\frac{\pi x}{L}\right)\right]^2\mathrm{d}x = \frac{43.3537EI}{L^3}$$

$$\alpha_{12} = \alpha_{21}$$
$$= \int_0^L EI\left[\frac{2\pi}{L^2}\cos\left(\frac{\pi x}{L}\right) - \frac{\pi^2 x}{L^3}\sin\left(\frac{\pi x}{L}\right)\right]\left[\frac{4\pi}{L^2}\cos\left(\frac{2\pi x}{L}\right) - \frac{4\pi^2 x}{L^3}\sin\left(\frac{2\pi x}{L}\right)\right]\mathrm{d}x$$
$$= -\frac{74.6059EI}{L^3}$$

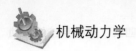

$$\alpha_{22} = \int_0^L EI\left[\frac{4\pi}{L^2}\cos\left(\frac{2\pi x}{L}\right) - \frac{4\pi^2 x}{L^3}\sin\left(\frac{2\pi x}{L}\right)\right]^2 \mathrm{d}x = \frac{368.2332EI}{L^3}$$

$$\beta_{11} = \int_0^L \rho A\left[\frac{x}{L}\sin\left(\frac{\pi x}{L}\right)\right]^2 \mathrm{d}x = 0.1413\rho AL$$

$$\beta_{12} = \beta_{21} = \int_0^L \rho A\left[\frac{x}{L}\sin\left(\frac{\pi x}{L}\right)\right]\left[\frac{x}{L}\sin\left(\frac{2\pi x}{L}\right)\right]\mathrm{d}x = -0.0901\rho AL$$

$$\beta_{22} = \int_0^L \rho A\left[\frac{x}{L}\sin\left(\frac{2\pi x}{L}\right)\right]^2 \mathrm{d}x = 0.1603\rho AL$$

由式(4-85)得

$$\left.\begin{array}{l}(\alpha_{11} - \omega_n^2\beta_{11})c_1 + (\alpha_{12} - \omega_n^2\beta_{12})c_2 = 0 \\ (\alpha_{21} - \omega_n^2\beta_{21})c_1 + (\alpha_{22} - \omega_n^2\beta_{22})c_2 = 0\end{array}\right\}$$

$$\left.\begin{array}{l}(43.3537 - 0.1413\varPhi)c_1 + (-74.6059 + 0.0901\varPhi)c_2 = 0 \\ (-74.6059 + 0.0901\varPhi)c_1 + (368.2332 - 0.1603\varPhi)c_2 = 0\end{array}\right\}$$

式中，$\varPhi = \omega_n^2\dfrac{\rho AL^4}{EI}$。以上方程存在非零解的条件是，当且仅当系统的系数行列式为零，因此

$$\begin{vmatrix} 43.3537 - 0.1413\varPhi & -74.6059 + 0.0901\varPhi \\ -74.6059 + 0.0901\varPhi & 368.2332 - 0.1603\varPhi \end{vmatrix} = 0$$

可得：$\varPhi = 248.1885, 2884.5492$，从而得到

$$\omega_{n1} = 15.75\sqrt{\frac{EI}{\rho AL^4}}, \quad \omega_{n2} = 53.71\sqrt{\frac{EI}{\rho AL^4}}$$

由表 4-2 中可知，固定—铰支梁的固有频率分析值为 $\omega_{n1} = 15.4\sqrt{\dfrac{EI}{\rho AL^4}}$，$\omega_{n2} = 50.0\sqrt{\dfrac{EI}{\rho AL^4}}$，因此通过瑞雷-李兹法计算后得到的固有频率与分析值非常接近，而且得到的数值都大于分析值，这是由瑞雷商中的上界理论所决定的。

【例 4-7】求解前两阶固有频率，如果要求解前三阶固有频率，则要根据表 4-4 确定 φ_1、φ_2 和 φ_3。

习 题 四

4-1　一个张紧的弦，长为 l，单位长度质量为 ρA，两端固定，初始张力为 F_0，如图 4-19 所示。现在弦中点给以初始横向位移 δ，然后突然释放，求其响应。

（答案：$y(x,t) = \dfrac{8\delta}{\pi^2}\displaystyle\sum_{n=1,3,\cdots}^{\infty} \dfrac{(-1)^{\frac{n-1}{2}}}{n^2}\sin\dfrac{n\pi}{l}x\cos\omega_n t, \ \omega_n = \dfrac{n\pi}{l}$）

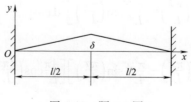

图 4-19　题 4-1 图

4-2 一个长为 l 的弦,密度为 ρ,截面积为 A,弦中张力为 F_0,左端固定,右端联接于一弹簧—质量系统的质量块 m 上,m 只能作上下微振动,其静平衡位置在 $y=0$ 处,如图 4-20 所示,假定振动过程中 F_0 不变动。求此弦横向振动的频率方程。（答案: $\tan\dfrac{\omega_n l}{\sqrt{F_0/\rho}}=\dfrac{\dfrac{F_0\omega_n}{k}\sqrt{F_0/\rho}}{\dfrac{m\omega_n^2}{k}-1}$ ）

图 4-20 题 4-2 图

4-3 一个等直杆左端固定,右端附一个重量为 W 的重物并和一个弹簧相联,如图 4-21 所示。已知杆长为 l,密度为 ρ,截面积为 A,弹簧刚度为 k,杆的弹性模量为 E。求杆纵向自由振动的频率方程。（答案: $EA\dfrac{\partial u}{\partial x}+\dfrac{W}{g}\dfrac{\partial^2 u}{\partial t^2}+ku=0$ ）

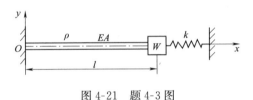

图 4-21 题 4-3 图

4-4 如图 4-22 所示,长为 l 的等直圆杆以等角速度 ω 转动,某瞬时左端突然固定,求杆扭转振动响应。（答案: $\theta(x,t)=\dfrac{8\omega l}{\pi^2 a}\sum\limits_{n=1}^{\infty}\dfrac{1}{(2n-1)^2}\sin\dfrac{\omega_n}{a}x\sin\omega_n t$, $a=\sqrt{\dfrac{G}{\rho}}$, $\omega_n=\dfrac{(2n-1)\pi a}{2l}$ ）

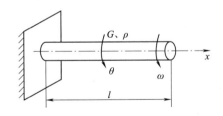

图 4-22 题 4-4 图

4-5 一个悬臂梁左端固定、右端自由,如图 4-23 所示。梁的长度为 l,抗弯刚度为 EI,密度为 ρ。试求系统横向振动频率方程,并求出前三阶固有频率,画出对应的主振型。（答案: $3.52h,22.4h,61.7h$, $h=\sqrt{\dfrac{EI}{\rho Al^4}}$ ）

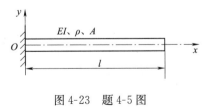

图 4-23 题 4-5 图

4-6 如图 4-24 所示为两端固定的等直梁,有关参数如图示。试求前三阶固有频率和对应的主振型。(答案:$22.4h,61.7h,121.0h,h=\sqrt{\dfrac{EI}{\rho Al^4}}$)

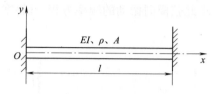

图 4-24 题 4-6 图

4-7 求图 4-25 所示系统的前三阶固有频率,$m=10$ kg,$E=200\times10^9$ N/m^2,$\rho=7800$ kg/m^3,$A=2.6\times10^{-3}$ m^2,$L=1$ m,$I=4.7\times10^{-6}$ m^4。(答案:486.1 rad/s,3642 rad/s,11140 rad/s)

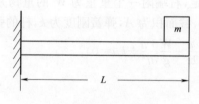

图 4-25 题 4-7 图

4-8 求图 4-26 所示的系统对时间的响应。设已知梁的固有参数 ρ、E、A、I。(答案:

$$y(x,t)=\frac{2F_0}{\pi\rho A}\sum_{n=1}^{\infty}\frac{1-\cos\dfrac{n\pi}{2}}{n(\alpha_n^2-\omega^2)}\sin\frac{n\pi}{l}x\sin\omega t,\alpha_n^2=\left(\frac{n\pi}{l}\right)^4\frac{EI}{\rho A})$$

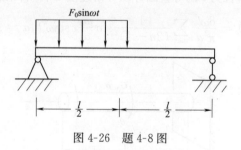

图 4-26 题 4-8 图

约瑟夫·拉格朗日(Joseph-Louis Lagrange,1736—1813),法国籍意大利裔数学家、物理学家和天文学家。1755 年成为意大利都灵炮兵学校的数学教授。拉格朗日在数学、物理和天文等领域做出了很多重大的贡献。他的成就包括著名的拉格朗日中值定理,创立了拉格朗日力学等等。拉格朗日的名著 mechanique 中包含了著名的"拉格朗日方程"。1813 年 4 月 3 日,拿破仑授予他帝国大十字勋章。

第五章

刚性构件组成的机械系统动力学

在刚性构件组成的机械系统中,存在着大量的单自由度和多自由度系统,如内燃机、鹤式起重机、急回压力机、牛头刨床、机械手、汽车转向机构、惯性筛等,这些系统采用低副,承载大、便于润滑、不易磨损、形状简单、易加工,同时可以实现丰富的运动形式。这些系统具有多个构件,通常包含有约束方程,如果采用牛顿力学的建模方法,势必会使系统非常庞杂,还有多个作用力和反作用力,求解困难。采用拉格朗日方程建模,则可以获得数目最少的微分方程,同时因为拉格朗日方程具有形式不变性,对任意广义坐标具有通用性,而理想约束的约束反力都不会出现在方程中,可以说约束方程越多,拉格朗日方程的优越性越大。

本章主要介绍拉格朗日方程在机械系统中的应用,通过分析曲柄连杆机构、差动轮系和五杆机构,以能量观点建立系统的运动微分方程,在建模的过程中细致地分析了如何利用各个自由度之间的约束关系来精简方程数目,同时这种建模方法具有很强的通用性,对于自由度大于 2 的系统同样适用。通过本章学习,使读者能够掌握以刚性构件构成的机械系统的动力学分析能力。

第一节　曲柄连杆机构动力学

曲柄连杆机构是发动机实现能量转换的主要机构。它的功用是把燃气作用在活塞顶上的力转变为曲轴的扭矩,以向工作机械输出机械能。如图 5-1 所示的均质杆曲柄滑块机构,曲柄长度为 r,质量为 m_1,滑块质量为 M,连杆的长度为 l,质量为 m_2,曲柄受到一个大小为 T_1 的扭矩作用。

曲柄滑块机构是一个典型的单自由度多刚体系统,系统由曲柄、连杆和滑块组成,曲柄具

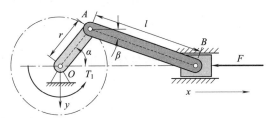

图 5-1　曲柄滑块机构

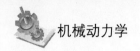

有一个转动自由度,连杆也有一个转动自由度,而滑块则有一个水平移动的自由度,但由于系统存在着两个约束方程,因此系统的总自由度数为1。设曲柄和连杆的转角为 α 和 β,滑块的水平方向坐标设为 x_3,通过系统的约束关系,将连杆的转角和滑块的水平坐标都表示为曲柄转角 α 的函数。

■ 一、建立约束方程

根据曲柄连杆机构的几何关系,曲柄和连杆在 A 点通过铰约束连接在一起,因此在垂直方向存在如下约束:

$$r\sin\alpha = l\sin\beta \tag{5-1}$$

式(5-1)的两边同时对 β 求偏导数可得

$$\frac{\partial \beta}{\partial \alpha} = \frac{r\cos\alpha}{l\cos\beta} = \frac{r\cos\alpha}{\sqrt{l^2 - r^2\sin^2\alpha}}, \frac{\partial^2 \beta}{\partial \alpha^2} = \frac{(r\sin\alpha)(r^2 - l^2)}{(l^2 - r^2\sin^2\alpha)\sqrt{l^2 - r^2\sin^2\alpha}} \tag{5-2}$$

连杆的转动角速度为转动角度对时间的一阶导数,由此可得

$$\dot{\beta} = \frac{\mathrm{d}\beta}{\mathrm{d}t} = \frac{\mathrm{d}\alpha}{\mathrm{d}t}\frac{\partial \beta}{\partial \alpha} = \dot{\alpha}\frac{\partial \beta}{\partial \alpha} \tag{5-3}$$

在水平方向,滑块的坐标可以表示为曲柄和连杆转角的函数,即

$$x_3 = r\cos\alpha + l\cos\beta \tag{5-4}$$

■ 二、建立系统的动能与势能表达式

曲柄和连杆均为均质材料,所以质心位置分别在曲柄和连杆的几何中心位置,因此曲柄和连杆质心处的坐标可以表示为

$$x_1 = \frac{1}{2}r\cos\alpha, \ y_1 = \frac{1}{2}r\sin\alpha \tag{5-5}$$

$$x_2 = r\cos\alpha + \frac{1}{2}l\cos\beta, \ y_2 = \frac{1}{2}l\sin\beta = \frac{1}{2}r\sin\alpha \tag{5-6}$$

对式(5-5)进行时间 t 求导,得曲柄质心的速度

$$\dot{x}_1 = -\frac{1}{2}r\dot{\alpha}\sin\alpha, \ \dot{y}_1 = \frac{1}{2}r\dot{\alpha}\cos\alpha \tag{5-7}$$

对式(5-6)进行时间 t 求导,并运用式(5-1),得连杆质心的速度分别为

$$\dot{x}_2 = -r\dot{\alpha}\sin\alpha\left(1 + \frac{1}{2}\frac{\partial \beta}{\partial \alpha}\right) = -r\dot{\alpha}\sin\alpha\left(1 + \frac{1}{2}\frac{r\cos\alpha}{\sqrt{l^2 - r^2\sin^2\alpha}}\right),$$

$$\dot{y}_2 = \frac{1}{2}r\dot{\alpha}\cos\alpha \tag{5-8}$$

对于滑块的位移表达式(5-4)对时间 t 进行求导,即可得滑块的速度表达式为

$$\dot{x}_3 = -r\dot{\alpha}\sin\alpha\left(1 + \frac{\partial \beta}{\partial \alpha}\right) = -r\dot{\alpha}\sin\alpha\left(1 + \frac{r\cos\alpha}{\sqrt{(l^2 - r^2\sin^2\alpha)}}\right) \tag{5-9}$$

曲柄和连杆的转动惯量分别为

$$J_1 = \frac{1}{12}m_1 r^2 \tag{5-10}$$

$$J_2 = \frac{1}{12}m_2 l^2 \tag{5-11}$$

系统的动能为曲柄、连杆和滑块的动能之和，即

$$T = \frac{1}{2}\left(\frac{1}{4}m_1 r^2 \dot{\alpha}^2 + J_1 \dot{\alpha}^2\right) + \frac{1}{2}m_2\left[r^2 \sin^2\alpha\left(1 + \frac{1}{2}\frac{\partial\beta}{\partial\alpha}\right)^2 + \frac{1}{4}r^2\cos^2\alpha\right]\dot{\alpha}^2 +$$

$$\frac{1}{2}J_2\dot{\alpha}^2\left(\frac{\partial\beta}{\partial\alpha}\right)^2 + \frac{1}{2}Mr^2\sin^2\alpha\left(1 + \frac{\partial\beta}{\partial\alpha}\right)^2\dot{\alpha}^2 \tag{5-12}$$

选取过 Ox 轴的平面为势能零点参考平面，依据图 5-1 中所示的势能参考方向可以得曲柄和连杆的重力势能分别为：

$$U_1 = -\frac{1}{2}m_1 gr\sin\alpha \tag{5-13}$$

$$U_2 = -\frac{1}{2}m_2 gl\sin\beta = -\frac{1}{2}m_2 gr\sin\alpha \tag{5-14}$$

■ 三、建立运动微分方程

拉格朗日方程的动势 $L = T - U$，即

$$L = \frac{1}{2}\left(\frac{1}{4}m_1 r^2\dot{\alpha}^2 + J_1\dot{\alpha}^2\right) + \frac{1}{2}m_2\left[r^2\sin^2\alpha\left(1 + \frac{1}{2}\frac{\partial\beta}{\partial\alpha}\right)^2 + \frac{1}{4}r^2\cos^2\alpha\right]\dot{\alpha}^2 +$$

$$\frac{1}{2}J_2\dot{\alpha}^2\left(\frac{\partial\beta}{\partial\alpha}\right)^2 + \frac{1}{2}Mr^2\sin^2\alpha\left(1 + \frac{\partial\beta}{\partial\alpha}\right)^2\dot{\alpha}^2 + \frac{1}{2}(m_1 + m_2)gr\sin\alpha \tag{5-15}$$

该单自由度系统广义坐标取 α，对应的广义力为扭矩 T_1。由第二章第一节拉格朗日方程，有

$$\frac{\mathrm{d}}{\mathrm{d}t}\left(\frac{\partial L}{\partial\dot{\alpha}}\right) - \frac{\partial L}{\partial\alpha} = T_1 \tag{5-16}$$

$$\frac{\mathrm{d}}{\mathrm{d}t}\left(\frac{\partial L}{\partial\dot{\alpha}}\right) = \ddot{\alpha}\left[\frac{1}{4}m_1 r^2 + J_1 + J_2\left(\frac{\partial\beta}{\partial\alpha}\right)^2 + Mr^2\sin^2\alpha\left(1 + \frac{\partial\beta}{\partial\alpha}\right)^2 +\right.$$

$$\left. m_2 r^2\sin^2\alpha\left(1 + \frac{1}{2}\frac{\partial\beta}{\partial\alpha}\right)^2 + \frac{1}{4}m_2 r^2\cos^2\alpha\right] + \dot{\alpha}^2\left[2J_2\frac{\partial\beta}{\partial\alpha}\frac{\partial^2\beta}{\partial\alpha^2} +\right.$$

$$Mr^2\sin2\alpha\left(1 + \frac{\partial\beta}{\partial\alpha}\right)^2 + 2Mr^2\sin^2\alpha\left(1 + \frac{\partial\beta}{\partial\alpha}\right)\frac{\partial^2\beta}{\partial\alpha^2} + m_2 r^2\left(1 +\right.$$

$$\left.\frac{1}{2}\frac{\partial\beta}{\partial\alpha}\right)^2\sin2\alpha + m_2 r^2\sin^2\alpha\left(1 + \frac{1}{2}\frac{\partial\beta}{\partial\alpha}\right)\frac{\partial^2\beta}{\partial\alpha^2} - \frac{1}{4}m_2 r^2\sin2\alpha\right] \tag{5-17}$$

注意：求 $\dfrac{\partial L}{\partial\dot{\alpha}}$ 时，不要对 α 求导。

$$\frac{\partial L}{\partial\alpha} = \frac{1}{2}(m_1 + m_2)gr\cos\alpha + \left\{\frac{1}{2}m_2 r^2\left[\sin2\alpha\left(1 + \frac{1}{2}\frac{\partial\beta}{\partial\alpha}\right)^2 +\right.\right.$$

$$\left. \sin^2\alpha\left(1 + \frac{1}{2}\frac{\partial\beta}{\partial\alpha}\right)\frac{\partial^2\beta}{\partial\alpha^2} - \frac{1}{4}\sin2\alpha\right] + J_2\frac{\partial\beta}{\partial\alpha}\frac{\partial^2\beta}{\partial\alpha^2} +$$

$$\left. Mr^2\sin\alpha\cos\alpha\left(1 + \frac{\partial\beta}{\partial\alpha}\right)^2 + Mr^2\sin^2\alpha\left(1 + \frac{\partial\beta}{\partial\alpha}\right)\frac{\partial^2\beta}{\partial\alpha^2}\right\}\dot{\alpha}^2 \tag{5-18}$$

注意：求 $\dfrac{\partial L}{\partial\alpha}$ 时，不要对 $\dot{\alpha}$ 求导。

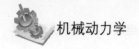

代入第二类拉格朗日方程,有

$$T_1 = \ddot{\alpha}\left[\frac{1}{4}\, m_1\, r^2 + J_1 + J_2 \left(\frac{\partial \beta}{\partial \alpha}\right)^2 + Mr^2\, \sin^2\alpha \left(1 + \frac{\partial \beta}{\partial \alpha}\right)^2 + \right.$$

$$m_2\, r^2\, \sin^2\alpha \left(1 + \frac{1}{2}\, \frac{\partial \beta}{\partial \alpha}\right)^2 + \frac{1}{4}\, m_2\, r^2\, \cos^2\alpha\left] + \dot{\alpha}^2\left[2\, J_2\, \frac{\partial \beta}{\partial \alpha}\, \frac{\partial^2 \beta}{\partial \alpha^2} + \right.\right.$$

$$Mr^2\sin 2\alpha \left(1 + \frac{\partial \beta}{\partial \alpha}\right)^2 + 2Mr^2\, \sin^2\alpha\left(1 + \frac{\partial \beta}{\partial \alpha}\right)\frac{\partial^2 \beta}{\partial \alpha^2} + $$

$$m_2\, r^2 \left(1 + \frac{1}{2}\, \frac{\partial \beta}{\partial \alpha}\right)^2\sin 2\alpha + m_2\, r^2\, \sin^2\alpha\left(1 + \frac{1}{2}\, \frac{\partial \beta}{\partial \alpha}\right)\frac{\partial^2 \beta}{\partial \alpha^2} - $$

$$\frac{1}{4}\, m_2\, r^2 \sin 2\alpha\left] - \frac{1}{2}\,(m_1 + m_2)\, gr\cos\alpha - \left\{\frac{1}{2}\, m_2\, r^2\left[\sin 2\alpha\left(1 + \right.\right.\right.$$

$$\frac{1}{2}\, \frac{\partial \beta}{\partial \alpha}\right)^2 + \sin^2\alpha\left(1 + \frac{1}{2}\, \frac{\partial \beta}{\partial \alpha}\right)\frac{\partial^2 \beta}{\partial \alpha^2} - \frac{1}{4}\sin 2\alpha\right] + J_2\, \frac{\partial \beta}{\partial \alpha}\, \frac{\partial^2 \beta}{\partial \alpha^2} + $$

$$Mr^2\sin\alpha\cos\alpha \left(1 + \frac{\partial \beta}{\partial \alpha}\right)^2 + Mr^2\, \sin^2\alpha\left(1 + \frac{\partial \beta}{\partial \alpha}\right)\frac{\partial^2 \beta}{\partial \alpha^2}\right\}\dot{\alpha}^2 \qquad (5\text{-}19)$$

提取微分方程的同类项系数,令

$$A = \frac{1}{4}\, m_1\, r^2 + J_1 + J_2 \left(\frac{\partial \beta}{\partial \alpha}\right)^2 + Mr^2\, \sin^2\alpha \left(1 + \frac{\partial \beta}{\partial \alpha}\right)^2 + $$

$$m_2\, r^2\, \sin^2\alpha \left(1 + \frac{1}{2}\, \frac{\partial \beta}{\partial \alpha}\right)^2 + \frac{1}{4}\, m_2\, r^2\, \cos^2\alpha \qquad (5\text{-}20)$$

$$B = 2\, J_2\, \frac{\partial \beta}{\partial \alpha}\, \frac{\partial^2 \beta}{\partial \alpha^2} + Mr^2\sin 2\alpha \left(1 + \frac{\partial \beta}{\partial \alpha}\right)^2 + 2Mr^2\, \sin^2\alpha\left(1 + \frac{\partial \beta}{\partial \alpha}\right)\frac{\partial^2 \beta}{\partial \alpha^2} + $$

$$m_2\, r^2 \left(1 + \frac{1}{2}\, \frac{\partial \beta}{\partial \alpha}\right)^2\sin 2\alpha + m_2\, r^2\, \sin^2\alpha\left(1 + \frac{1}{2}\, \frac{\partial \beta}{\partial \alpha}\right)\frac{\partial^2 \beta}{\partial \alpha^2} - $$

$$\frac{1}{4}\, m_2\, r^2 \sin 2\alpha - \left\{\frac{1}{2}\, m_2\, r^2\left[\sin 2\alpha\left(1 + \frac{1}{2}\, \frac{\partial \beta}{\partial \alpha}\right)^2 + \right.\right.$$

$$\sin^2\alpha\left(1 + \frac{1}{2}\, \frac{\partial \beta}{\partial \alpha}\right)\frac{\partial^2 \beta}{\partial \alpha^2} - \frac{1}{4}\sin 2\alpha\right] + J_2\, \frac{\partial \beta}{\partial \alpha}\, \frac{\partial^2 \beta}{\partial \alpha^2} + $$

$$Mr^2\sin\alpha\cos\alpha \left(1 + \frac{\partial \beta}{\partial \alpha}\right)^2 + Mr^2\, \sin^2\alpha\left(1 + \frac{\partial \beta}{\partial \alpha}\right)\frac{\partial^2 \beta}{\partial \alpha^2}\right\} \qquad (5\text{-}21)$$

$$C = -\frac{1}{2}\,(m_1 + m_2)\, gr\cos\alpha \qquad (5\text{-}22)$$

则系统的微分动力方程式(5-19)为

$$T_1 = \ddot{\alpha}A + \dot{\alpha}^2 B + C$$

系统的运动微分方程可以通过将阶化为一阶微分方程组

$$\left.\begin{aligned} \dot{\theta} &= \frac{T_1}{A} - \frac{B}{A}\theta^2 - \frac{C}{A} = f(t_i, \alpha_i, \theta_i)\\ \dot{\alpha} &= \theta \end{aligned}\right\} \qquad (5\text{-}23)$$

■ 四、微分方程的求解

对于上述微分方程,采用数值积分方法进行计算,利用前面介绍四阶龙格-库塔方法。则

$$\left.\begin{array}{c}\theta_{i+1}=\theta_i+\dfrac{h}{6}(K_1+2K_2+2K_3+K_4)\\[2mm]\alpha_{i+1}=\alpha_i+\dfrac{h}{6}(L_1+2L_2+2L_3+L_4)\end{array}\right\}$$

其中

$$\left.\begin{array}{l}h\ \text{为步长（自定）}\\[1mm]K_1=f(t_i,\alpha_i,\theta_i),L_1=\theta_i\\[1mm]K_2=f(t_i+\dfrac{h}{2},\alpha_i+\dfrac{h}{2}L_1,\theta_i+\dfrac{h}{2}K_1),L_2=\theta_i+\dfrac{h}{2}K_1\\[1mm]K_3=f(t_i+\dfrac{h}{2},\alpha_i+\dfrac{h}{2}L_2,\theta_i+\dfrac{h}{2}K_2),L_3=\theta_i+\dfrac{h}{2}K_2\\[1mm]K_4=f(t_i+h,\alpha_i+hL_3,\theta_i+hK_3),L_4=\theta_i+hK_3\end{array}\right\}$$

在 MATLAB 内以 ode45 为积分器对二阶微分方程进行计算。设曲柄的质量为 $m_1=1\ \text{kg}$，连杆的质量为 $m_2=2\ \text{kg}$，曲柄的长度为 $r=0.1\ \text{m}$，连杆的长度为 $l=0.2\ \text{m}$，滑块的质量为 $M=1\ \text{kg}$，施加在系统的外加扭矩为 $T_1=200\ \text{N·m}$，将式（5-23）的系统运动微分方程组写成 matlab 函数，调用 ode45 求解器对方程进行求解的格式如下：

[t,u]=ode45(@crank2linkfun,[0:0.001:3],[alpha1,dalpha1])

式中，crank2linkfun 为系统的微分方程组的 m 文件；alpha1、dalpha1 分别为曲柄的转动角度和角速度的初始值；t 为输出仿真时间，在 $t=0\sim3$ 秒内进行仿真；时间步长为 0.001 秒；u 为输出仿真结果。第一列为曲柄的角度，第二列为曲柄的转动角速度。MATLAB 编写程序时，注意如下几点：

（1）曲柄的角位移随时间的变化规律：$\alpha_{i+1}=\alpha_i+\dfrac{h}{6}(L_1+2L_2+2L_3+L_4)$。

（2）曲柄的角速度随时间的变化规律（见图 5-2）：$\theta_{i+1}=\theta_i+\dfrac{h}{6}(K_1+2K_2+2K_3+K_4)$。

（3）曲柄的角加速度随时间的变化规律：$K_1=f(t_i,\alpha_i,\theta_i)=\dfrac{\mathrm{d}\theta}{\mathrm{d}t}=\ddot{\alpha}$。

（4）连杆的角速度随时间的变化规律（见图 5-3）：由式（5-2）和式（5-3）得出。

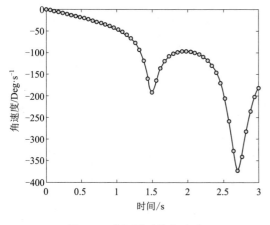

图 5-2 曲柄转动的角速度

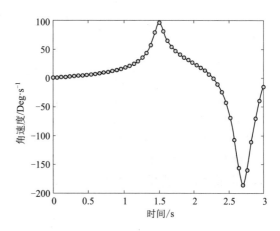

图 5-3 连杆转动的角速度

$$\dot\beta = \frac{\mathrm{d}\beta}{\mathrm{d}t} = \frac{\partial\beta}{\partial\alpha}\frac{\mathrm{d}\alpha}{\mathrm{d}t} = \dot\alpha\,\frac{r\cos\alpha}{\sqrt{l^2 - r^2\sin^2\alpha}} = \theta_{i+1}\,\frac{r\cos\alpha}{l\sqrt{1 - \left(\frac{r\sin\alpha}{l}\right)^2}}$$

(5)滑块的位移随时间的变化规律(见图 5-4):由式(5-4)得出

$$x_3 = r\cos\alpha + l\cos\beta = r\cos\alpha + \sqrt{l^2 - r^2\sin^2\alpha}$$

(6)滑块的速度随时间的变化规律(见图 5-5):由式(5-9)得出

$$\dot x_3 = -r\sin\alpha\left(1 + \frac{\partial\beta}{\partial\alpha}\right)\dot\alpha = -r\sin\alpha\left(1 + \frac{r\cos\alpha}{\sqrt{l^2 - r^2\sin^2\alpha}}\right)\theta_{i+1}$$

从计算结果可以看出,曲柄在外加扭矩的作用下,起始阶段以恒定的角加速度运行,随后由于受到连杆的惯性力作用,使得角加速度增大,但由于连杆在转动时惯性力方向的变化,使得角加速度从负变为正,随着惯性力作用的消失,又变化为近似恒定角速度运行。连杆运行时受曲柄和滑块的约束作用,速度变化从正到负,有一个往复运动的过程。滑块被约束在滑槽内移动,从滑块的位移时间曲线可以看出,受曲柄作加速度运行的影响,滑块对应在 x 轴方向的运行也分别朝 x 轴正方向和负方向呈现加速运行的趋势。

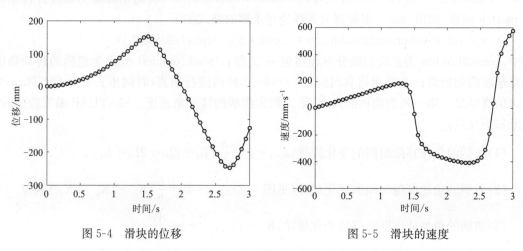

图 5-4　滑块的位移　　　　　　　　图 5-5　滑块的速度

第二节　差动轮系动力学

如图 5-6 所示为一差动轮系,是一种典型的二自由度机械系统。设作用在中心轮 1、4 及系杆 H 上的力矩为 T_1、T_4、T_H(图 5-6 中所示的力矩方向为正,与角速度方向相同,否则为负);轮 1、4 对其中心的转动惯量为 J_1、J_4;行星轮 2、3 的质量为 m,它们绕其中心轴的转动惯量为 J_2;系杆对轴 O_1O_4 的转动惯量为 J'_H。

对于差动轮系,不包括弹性势能,不计重力势能。所以,由第二章第一节拉格朗日方程可知,差动轮系的动力学方程为

$$\left.\begin{aligned}
\frac{\mathrm{d}}{\mathrm{d}t}\left(\frac{\partial T}{\partial \dot q_1}\right) - \frac{\partial T}{\partial q_1} &= F_1 \\
\frac{\mathrm{d}}{\mathrm{d}t}\left(\frac{\partial T}{\partial \dot q_2}\right) - \frac{\partial T}{\partial q_2} &= F_2
\end{aligned}\right\} \tag{5-24}$$

式中，T 为系统的动能；q_1、q_2 为广义坐标；F_1、F_2 为对应的广义力。因此，建立差动轮系的动力学方程，关键是计算系统的动能 T 和广义力 F_1、F_2。

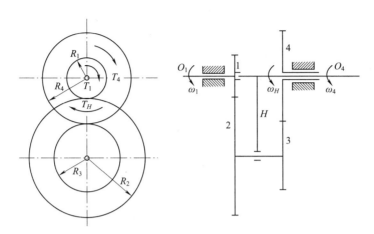

图 5-6　差动轮系

■ 一、运动分析

设机构的两个广义坐标为 q_1、q_2，则 $q_1 = \varphi_1$，$q_2 = \varphi_4$，$\dot{q}_1 = \dot{\varphi}_1 = \omega_1$，$\dot{q}_2 = \dot{\varphi}_4 = \omega_4$。下面求出 ω_2、ω_H 用广义速度表示的计算式：

$$\frac{\omega_1 - \omega_H}{\omega_4 - \omega_H} = i_{14}^H = \frac{R_4 R_2}{R_1 R_3}$$

$$\omega_H = \frac{R_1 R_3}{R_1 R_3 - R_4 R_2}\omega_1 - \frac{R_4 R_2}{R_1 R_3 - R_4 R_2}\omega_4$$

根据同轴条件 $R_1 + R_2 = R_3 + R_4$，则

$$R_1 R_3 - R_4 R_2 = R_1 R_3 - (R_1 + R_2 - R_3)R_2 = (R_1 + R_2)(R_3 - R_2)$$

所以

$$\omega_H = \frac{R_1 R_3}{(R_1 + R_2)(R_3 - R_2)}\dot{q}_1 - \frac{R_4 R_2}{(R_1 + R_2)(R_3 - R_2)}\dot{q}_2 \tag{5-25}$$

又 $\dfrac{\omega_2 - \omega_H}{\omega_1 - \omega_H} = i_{21}^H = -\dfrac{R_1}{R_2}$，则

$$\omega_2 = \frac{R_1}{R_3 - R_2}\dot{q}_1 - \frac{R_4}{R_3 - R_2}\dot{q}_2 \tag{5-26}$$

■ 二、计算系统的动能和等效转动惯量

$$T = \frac{1}{2}J_1\omega_1^2 + \frac{1}{2}J_2\omega_2^2 + \frac{1}{2}m(R_1 + R_2)^2\omega_H^2 + \frac{1}{2}J_H'\omega_H^2 + \frac{1}{2}J_4\omega_4^2$$

$$J_H = J_H' + m(R_1 + R_2)^2$$

则

$$T = \frac{1}{2}J_1\omega_1^2 + \frac{1}{2}J_2\omega_2^2 + \frac{1}{2}J_H\omega_H^2 + \frac{1}{2}J_4\omega_4^2$$

将式(5-25)、式(5-26)代入上式得

$$T = \frac{1}{2} J_{11} \dot{q}_1^2 + J_{12} \dot{q}_1 \dot{q}_2 + \frac{1}{2} J_{22} \dot{q}_2^2 \tag{5-27}$$

其中

$$\left.\begin{array}{l} J_{11} = J_1 + J_2 \left(\dfrac{R_1}{R_3 - R_2} \right)^2 + J_H \left(\dfrac{R_1 R_3}{(R_3 - R_2)(R_1 + R_2)} \right)^2 \\[4mm] J_{12} = - J_2 \dfrac{R_1 R_4}{(R_3 - R_2)^2} - J_H \dfrac{R_1 R_2 R_3 R_4}{(R_3 - R_2)^2 (R_1 + R_2)^2} \\[4mm] J_{22} = J_4 + J_2 \left(\dfrac{R_4}{R_3 - R_2} \right)^2 + J_H \left(\dfrac{R_2 R_4}{(R_3 - R_2)(R_1 + R_2)} \right)^2 \end{array}\right\} \tag{5-28}$$

■ 三、计算等效力矩

外力功率为

$$P = T_1 \omega_1 + T_H \omega_H + T_4 \omega_4$$

将式(5-25)及广义速度代入上式,得

$$P = \left[T_1 + T_H \frac{R_1 R_3}{(R_1 + R_2)(R_3 - R_2)} \right] \dot{q}_1 + \left[T_4 - T_H \frac{R_2 R_4}{(R_1 + R_2)(R_3 - R_2)} \right] \dot{q}_2$$

由此可以得出广义力

$$F_1 = T_1 + T_H \frac{R_1 R_3}{(R_1 + R_2)(R_3 - R_2)}$$

$$F_2 = T_4 - T_H \frac{R_2 R_4}{(R_1 + R_2)(R_3 - R_2)} \tag{5-29}$$

■ 四、建立微分方程

利用式(5-24)有

$$\left.\begin{array}{l} J_{11} \ddot{q}_1 + J_{12} \ddot{q}_2 = F_1 \\ J_{12} \ddot{q}_1 + J_{22} \ddot{q}_2 = F_2 \end{array}\right\} \tag{5-30}$$

注意:在运用式(5-24)时,$\dfrac{\partial T}{\partial q_1} = 0$,$\dfrac{\partial T}{\partial q_2} = 0$。

可以得出 $\ddot{q}_1 = \dfrac{F_1 J_{22} - F_2 J_{12}}{J_{11} J_{22} - J_{12}^2}$,$\ddot{q}_2 = \dfrac{-F_1 J_{12} + F_2 J_{11}}{J_{11} J_{22} - J_{12}^2}$。当已知外力 T_1、T_4、T_H 的变化规律及初始条件,则可用上式解出 q_1、q_2 变化规律。

式(5-30)也可用于下述情况:当某一广义坐标的变化规律已知时,求解另一个广义坐标和外力矩需要满足的条件。

上述分析中,未考虑差动轮系的重力势能。如果考虑重力势能,微分方程就复杂一些。

第三节 五杆机构动力学

平面五杆机构在工程中的应用日趋广泛,具有两自由度的平面五杆机构不仅使得运动机构的刚度增强,其更加突出的优点在于能够实现变轨迹运动,因而成为现代工程不可缺少的研究对象。如图 5-7 所示的均质杆五杆机构 $ABCDE$，各个杆件的长度分别为 l_1、l_2、l_3、l_4、l_5，其中为 l_5 机架杆。四个杆件的质量分别为 m_1、m_2、m_3、m_4。四个活动杆质心点分别为 I、J、K、M，且 $l_{s1}=l_{AI}$，$l_{s2}=l_{BJ}$，$l_{s3}=l_{DK}$，$l_{s4}=l_{EM}$。连杆 1 和 4 上受到的外力矩分别为 T_1 和 T_2，杆 1、2、3、4 的转动角度分别用 θ_1、θ_2、θ_3、θ_4 来决定。

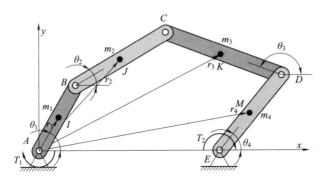

图 5-7　五杆机构

一、约束方程的推导

五杆机构在运行时，五杆在平面上构成一个封闭的五边形，在水平方向和垂直方向分别存在着约束方程，由图 5-7 可以得到下面的约束方程：

$$\left.\begin{aligned} l_1\sin\theta_1 + l_2\sin\theta_2 &= l_3\sin\theta_3 + l_4\sin\theta_4 \\ l_1\cos\theta_1 + l_2\cos\theta_2 &= l_3\cos\theta_3 + l_4\cos\theta_4 + l_5 \end{aligned}\right\} \tag{5-31}$$

式(5-31)对 θ_1 求偏导(注意 $\dfrac{\partial\theta_4}{\partial\theta_1}=0$，即 θ_4 的函数关系与 θ_1 无关)，得

$$\left.\begin{aligned} \frac{\partial\theta_2}{\partial\theta_1} &= -\frac{l_1\sin(\theta_3-\theta_1)}{l_2\sin(\theta_3-\theta_2)} \\ \frac{\partial\theta_3}{\partial\theta_1} &= -\frac{l_1\sin(\theta_2-\theta_1)}{l_3\sin(\theta_3-\theta_2)} \end{aligned}\right\} \tag{5-32}$$

式(5-31)对 θ_4 求偏导，(注意 $\dfrac{\partial\theta_1}{\partial\theta_4}=0$，即 θ_4 的函数关系与 θ_1 无关)，得

$$\left.\begin{aligned} \frac{\partial\theta_2}{\partial\theta_4} &= -\frac{l_4\sin(\theta_4-\theta_3)}{l_2\sin(\theta_3-\theta_2)} \\ \frac{\partial\theta_3}{\partial\theta_4} &= -\frac{l_4\sin(\theta_4-\theta_2)}{l_3\sin(\theta_3-\theta_2)} \end{aligned}\right\} \tag{5-33}$$

所以，可求出 2 杆和 3 杆转动角速度(关于 1 杆和 4 杆的转动角速度)的表达式为

$$\left.\begin{aligned} \dot\theta_2 &= \frac{\mathrm{d}\theta_2}{\mathrm{d}t} = \dot\theta_1\frac{\partial\theta_2}{\partial\theta_1} + \dot\theta_4\frac{\partial\theta_2}{\partial\theta_4} \\ \dot\theta_3 &= \frac{\mathrm{d}\theta_3}{\mathrm{d}t} = \dot\theta_1\frac{\partial\theta_3}{\partial\theta_1} + \dot\theta_4\frac{\partial\theta_3}{\partial\theta_4} \end{aligned}\right\} \tag{5-34}$$

即求出 $\dot\theta_2$，$\dot\theta_3$ 关于 $\dot\theta_1$，$\dot\theta_4$ 的表达式。

二、系统动能与势能

五连杆机构中的连杆均设为匀质杆，所以连杆的质心都位于各个连杆的几何中心，因此可

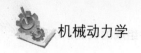

以求出四个活动连杆的质心位置的表达式：

$$\left.\begin{aligned}
x_1 &= l_{s1}\cos\theta_1 \\
y_1 &= l_{s1}\sin\theta_1 \\
x_2 &= l_1\cos\theta_1 + l_{s2}\cos\theta_2 \\
y_2 &= l_1\sin\theta_1 + l_{s2}\sin\theta_2 \\
x_3 &= l_5 + l_4\cos\theta_4 + l_{s3}\cos\theta_3 \\
y_3 &= l_4\sin\theta_4 + l_{s3}\sin\theta_3 \\
x_4 &= l_5 + l_{s4}\cos\theta_4 \\
y_4 &= l_{s4}\sin\theta_4
\end{aligned}\right\} \tag{5-35}$$

质心位置对时间进行求导，可以求出各个连杆质心速度的表达式：

$$\left.\begin{aligned}
\dot{x}_1 &= -l_{s1}\sin\theta_1\,\dot{\theta}_1 \\
\dot{y}_1 &= -l_{s1}\cos\theta_1\,\dot{\theta}_1 \\
\dot{x}_2 &= -l_1\sin\theta_1\,\dot{\theta}_1 - l_{s2}\sin\theta_2\left(\dot{\theta}_1\frac{\partial\theta_2}{\partial\theta_1} + \dot{\theta}_4\frac{\partial\theta_2}{\partial\theta_4}\right) \\
\dot{y}_2 &= l_1\cos\theta_1\,\dot{\theta}_1 + l_{s2}\cos\theta_2\left(\dot{\theta}_1\frac{\partial\theta_2}{\partial\theta_1} + \dot{\theta}_4\frac{\partial\theta_2}{\partial\theta_4}\right) \\
\dot{x}_3 &= -l_4\sin\theta_4\,\dot{\theta}_4 - l_{s3}\sin\theta_3\left(\dot{\theta}_1\frac{\partial\theta_3}{\partial\theta_1} + \dot{\theta}_4\frac{\partial\theta_3}{\partial\theta_4}\right) \\
\dot{y}_3 &= l_4\cos\theta_4\,\dot{\theta}_4 + l_{s3}\cos\theta_3\left(\dot{\theta}_1\frac{\partial\theta_3}{\partial\theta_1} + \dot{\theta}_4\frac{\partial\theta_3}{\partial\theta_4}\right) \\
\dot{x}_4 &= -l_{s4}\sin\theta_4\,\dot{\theta}_4 \\
\dot{y}_4 &= l_{s4}\cos\theta_4\,\dot{\theta}_4
\end{aligned}\right\} \tag{5-36}$$

四个连杆的转动惯量为：

$$J_1 = \frac{1}{12}m_1 l_1^2,\ J_2 = \frac{1}{12}m_2 l_2^2,\ J_3 = \frac{1}{12}m_3 l_3^2,\ J_4 = \frac{1}{12}m_4 l_4^2 \tag{5-37}$$

由此可以求出系统的总动能为：

$$T = \frac{1}{2}\sum_{i=1}^{4}\left[m_i(\dot{x}_i^2 + \dot{y}_i^2) + J_i\dot{\theta}_i^2\right] \tag{5-38}$$

系统的总动能

$$\begin{aligned}
T =\ & \left[\frac{1}{2}m_1 l_{s1}^2\dot{\theta}_1^2 + \frac{1}{2}J_1\dot{\theta}_1^2\right] + \left[\frac{1}{2}m_2 l_1^2\dot{\theta}_1^2 + \frac{1}{2}m_2 l_{s2}^2\left(\dot{\theta}_1\frac{\partial\theta_2}{\partial\theta_1} + \dot{\theta}_4\frac{\partial\theta_2}{\partial\theta_4}\right)^2 + \right. \\
& m_2 l_1 l_{s2}\dot{\theta}_1\left(\dot{\theta}_1\frac{\partial\theta_2}{\partial\theta_1} + \dot{\theta}_4\frac{\partial\theta_2}{\partial\theta_4}\right)\cos(\theta_1+\theta_2) + \frac{1}{2}J_2\left(\dot{\theta}_1\frac{\partial\theta_2}{\partial\theta_1} + \dot{\theta}_4\frac{\partial\theta_2}{\partial\theta_4}\right)^2\right] + \\
& \left[\frac{1}{2}m_3 l_4^2\dot{\theta}_4^2 + \frac{1}{2}m_3 l_{s3}^2\left(\dot{\theta}_1\frac{\partial\theta_3}{\partial\theta_1} + \dot{\theta}_4\frac{\partial\theta_3}{\partial\theta_4}\right)^2 + m_3 l_4 l_{s3}\dot{\theta}_4\left(\dot{\theta}_1\frac{\partial\theta_3}{\partial\theta_1} + \dot{\theta}_4\frac{\partial\theta_3}{\partial\theta_4}\right)\cdot\right. \\
& \left.\cos(\theta_3+\theta_4) + \frac{1}{2}J_3\left(\dot{\theta}_1\frac{\partial\theta_3}{\partial\theta_1} + \dot{\theta}_4\frac{\partial\theta_3}{\partial\theta_4}\right)^2\right] + \left[\frac{1}{2}m_4 l_{s4}^2\dot{\theta}_4^2 + \frac{1}{2}J_4\dot{\theta}_4^2\right] \tag{5-39}
\end{aligned}$$

整理得

$$T = \left[\frac{1}{2}(m_1 l_{s1}^2 + J_1) + \frac{1}{2} m_2 l_1^2 + \frac{1}{2}(m_2 l_{s2}^2 + J_2)\left(\frac{\partial \theta_2}{\partial \theta_1}\right)^2 + \right.$$
$$\left. m_2 l_1 l_{s2} \frac{\partial \theta_2}{\partial \theta_1}\cos(\theta_1 + \theta_2) + \frac{1}{2}(m_3 l_{s3}^2 + J_3)\left(\frac{\partial \theta_3}{\partial \theta_1}\right)^2 \right]\dot{\theta}_1^2 +$$
$$\left[(m_2 l_{s2}^2 + J_2)\frac{\partial \theta_2}{\partial \theta_1}\frac{\partial \theta_2}{\partial \theta_4} + m_2 l_1 l_{s2}\frac{\partial \theta_2}{\partial \theta_4}\cos(\theta_1 + \theta_2) + \right.$$
$$\left. (m_3 l_{s3}^2 + J_3)\frac{\partial \theta_3}{\partial \theta_1}\frac{\partial \theta_3}{\partial \theta_4} + m_3 l_4 l_{s3}\frac{\partial \theta_3}{\partial \theta_1}\cos(\theta_3 + \theta_4) \right]\dot{\theta}_1\dot{\theta}_4 +$$
$$\left[\frac{1}{2}(m_4 l_{s4}^2 + J_4) + \frac{1}{2} m_3 l_4^2 + \frac{1}{2}(m_2 l_{s2}^2 + J_2)\left(\frac{\partial \theta_2}{\partial \theta_4}\right)^2 + \right.$$
$$\left. m_3 l_4 l_{s3}\frac{\partial \theta_3}{\partial \theta_4}\cos(\theta_3 + \theta_4) + \frac{1}{2}(m_3 l_{s3}^2 + J_3)\left(\frac{\partial \theta_3}{\partial \theta_4}\right)^2 \right]\dot{\theta}_4^2 \tag{5-40}$$

$$T = J_{11}\dot{\theta}_1^2 + J_{14}\dot{\theta}_1\dot{\theta}_4 + J_{44}\dot{\theta}_4^2 \tag{5-41}$$

其中

$$J_{11} = \frac{1}{2}(m_1 l_{s1}^2 + J_1) + \frac{1}{2} m_2 l_1^2 + \frac{1}{2}(m_2 l_{s2}^2 + J_2)\left(\frac{\partial \theta_2}{\partial \theta_1}\right)^2 +$$
$$m_2 l_1 l_{s2}\frac{\partial \theta_2}{\partial \theta_1}\cos(\theta_1 + \theta_2) + \frac{1}{2}(m_3 l_{s3}^2 + J_3)\left(\frac{\partial \theta_3}{\partial \theta_1}\right)^2$$

$$J_{14} = (m_2 l_{s2}^2 + J_2)\frac{\partial \theta_2}{\partial \theta_1}\frac{\partial \theta_2}{\partial \theta_4} + m_2 l_1 l_{s2}\frac{\partial \theta_2}{\partial \theta_4}\cos(\theta_1 + \theta_2) +$$
$$(m_3 l_{s3}^2 + J_3)\frac{\partial \theta_3}{\partial \theta_1}\frac{\partial \theta_3}{\partial \theta_4} + m_3 l_4 l_{s3}\frac{\partial \theta_3}{\partial \theta_1}\cos(\theta_3 + \theta_4) \tag{5-42}$$

$$J_{44} = \frac{1}{2}(m_4 l_{s4}^2 + J_4) + \frac{1}{2} m_3 l_4^2 + \frac{1}{2}(m_2 l_{s2}^2 + J_2)\left(\frac{\partial \theta_2}{\partial \theta_4}\right)^2 +$$
$$m_3 l_4 l_{s3}\frac{\partial \theta_3}{\partial \theta_4}\cos(\theta_3 + \theta_4) + \frac{1}{2}(m_3 l_{s3}^2 + J_3)\left(\frac{\partial \theta_3}{\partial \theta_4}\right)^2$$

系统势能（无弹性势能）的表达式为：

$$U = \sum_{i=1}^4 U_i = -\sum_{i=1}^4 m_i g y_i \tag{5-43}$$

$$U_1 = -m_1 g l_{s1}\sin \theta_1$$
$$U_2 = -m_2 g(l_1 \sin \theta_1 + l_{s2}\sin \theta_2)$$
$$U_3 = -m_3 g(l_4 \sin \theta_4 + l_{s3}\sin \theta_3)$$
$$U_4 = -m_4 g l_{s4}\sin \theta_4 \tag{5-44}$$

则

$$U = -m_1 g l_{s1}\sin \theta_1 - m_2 g(l_1 \sin \theta_1 + l_{s2}\sin \theta_2) -$$
$$m_3 g(l_4 \sin \theta_4 + l_{s3}\sin \theta_3) - m_4 g l_{s4}\sin \theta_4 \tag{5-45}$$

三、建立系统的运动微分方程

系统的广义坐标为 θ_1 和 θ_4，作用于系统的外力矩为 T_1、T_2，由此可以根据第二类拉格朗日方程求出系统的微分动力方程组：

$$\left.\begin{array}{c}\dfrac{\mathrm{d}}{\mathrm{d}t}\left(\dfrac{\partial L}{\partial \dot{\theta}_1}\right)-\dfrac{\partial L}{\partial \theta_1}=T_1\\[2mm]\dfrac{\mathrm{d}}{\mathrm{d}t}\left(\dfrac{\partial L}{\partial \dot{\theta}_4}\right)-\dfrac{\partial L}{\partial \theta_4}=T_2\end{array}\right\}\tag{5-46}$$

式中，动势 $L=T-U$。

根据第二类拉格朗日方程分别取广义坐标为 θ_1 和 θ_4，可以求得系统的二阶微分方程组为

$$\left.\begin{array}{c}J_{11}\ddot{\theta}_1+J_{14}\ddot{\theta}_4+\dfrac{1}{2}\dfrac{\partial J_{11}}{\partial \theta_1}\dot{\theta}_1^2+\dfrac{\partial J_{11}}{\partial \theta_4}\dot{\theta}_1\dot{\theta}_4+\left(\dfrac{\partial J_{14}}{\partial \theta_4}-\dfrac{1}{2}\dfrac{\partial J_{44}}{\partial \theta_1}\right)\dot{\theta}_4^2+R_1=T_1\\[3mm]J_{14}\ddot{\theta}_1+J_{44}\ddot{\theta}_4+\dfrac{\partial J_{44}}{\partial \theta_1}\dot{\theta}_1\dot{\theta}_4+\dfrac{1}{2}\dfrac{\partial J_{44}}{\partial \theta_4}\dot{\theta}_4^2+\left(\dfrac{\partial J_{14}}{\partial \theta_1}-\dfrac{1}{2}\dfrac{\partial J_{11}}{\partial \theta_4}\right)\dot{\theta}_1^2+R_2=T_2\end{array}\right\}\tag{5-47}$$

式(5-47)中，注意 $\dfrac{\partial J_{11}}{\partial \theta_1}$、$\dfrac{\partial J_{11}}{\partial \theta_4}$、$\dfrac{\partial J_{14}}{\partial \theta_1}$、$\dfrac{\partial J_{14}}{\partial \theta_4}$、$\dfrac{\partial J_{44}}{\partial \theta_1}$、$\dfrac{\partial J_{44}}{\partial \theta_4}$，

$$\left.\begin{array}{c}R_1=m_1gl_{s1}\cos\theta_1+m_2g\left(l_1\cos\theta_1+l_{s2}\cos\theta_2\dfrac{\partial\theta_2}{\partial\theta_1}\right)+m_3gl_{s3}\cos\theta_3\dfrac{\partial\theta_3}{\partial\theta_1}\\[3mm]R_2=m_4gl_{s4}\cos\theta_4+m_3g\left(l_4\cos\theta_4+l_{s3}\cos\theta_3\dfrac{\partial\theta_3}{\partial\theta_4}\right)+m_2gl_{s2}\cos\theta_2\dfrac{\partial\theta_2}{\partial\theta_4}\end{array}\right\}\tag{5-48}$$

四、运动微分方程求解

J_{11}、J_{14}、J_{44}、R_1、R_2 均为 θ_1、θ_2、θ_3、θ_4 的函数，式(5-47)无法用解析方法求解。下面采用第三章第五节的龙格-库塔法，式(5-47)可写成

$$\left.\begin{array}{c}\ddot{\theta}_1=f_1(\theta_1,\theta_2,\theta_3,\theta_4,\dot{\theta}_1,\dot{\theta}_2,\dot{\theta}_3,\dot{\theta}_4)\\[2mm]\ddot{\theta}_4=f_2(\theta_1,\theta_2,\theta_3,\theta_4,\dot{\theta}_1,\dot{\theta}_2,\dot{\theta}_3,\dot{\theta}_4)\end{array}\right\}\tag{5-49}$$

降阶后

$$\left.\begin{array}{l}\dot{u}_1=f_1(\theta_1,\theta_2,\theta_3,\theta_4,\dot{\theta}_1,\dot{\theta}_2,\dot{\theta}_3,\dot{\theta}_4)\\[2mm]\dot{\theta}_1=u_2\\[2mm]\dot{u}_4=f_2(\theta_1,\theta_2,\theta_3,\theta_4,\dot{\theta}_1,\dot{\theta}_2,\dot{\theta}_3,\dot{\theta}_4)\\[2mm]\dot{\theta}_4=u_4\end{array}\right\}\tag{5-50}$$

初始条件：$\theta_1(0)=\theta_{10}$，$\theta_2(0)=\theta_{20}$，$\dot{\theta}_1(0)=\dot{\theta}_{10}$，$\dot{\theta}_2(0)=\dot{\theta}_{20}$。

由于微分方程组为隐式函数（各阶微分变量也是各个变量的函数），计算十分复杂。可以采用 ADAMS(或 DADS、RecurDyn 等)软件求解。

在 ADAMS 内建立封闭均质五连杆机构，建模时连杆材料均为钢，连杆 1 的长度 $l_1=0.20$ m，连杆 2 的长度 $l_2=0.35$ m，连杆 3 的长度 $l_3=0.40$ m，连杆 4 的长度 $l_4=0.25$ m，连杆 5 的长度 $l_5=0.50$ m。各个连杆的质量分别为 1 kg、2 kg、2 kg、1 kg，外加扭矩的大小分别为

$T_1 = -200$ N·m，$T_2 = 50$ N·m，计算得出五杆机构各杆件的转动角速度，如图5-8～图5-11所示。

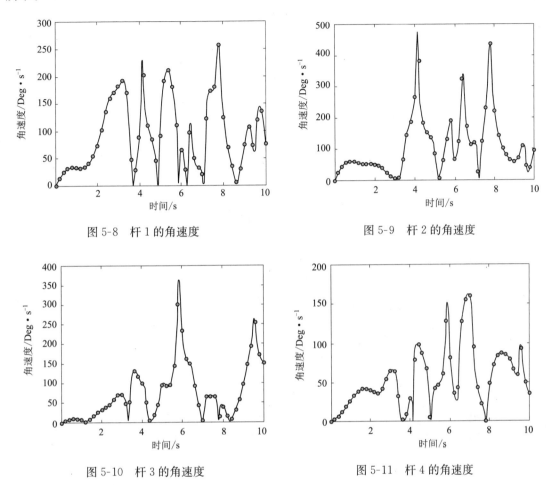

图 5-8　杆 1 的角速度　　　　　　　图 5-9　杆 2 的角速度

图 5-10　杆 3 的角速度　　　　　　　图 5-11　杆 4 的角速度

可以看出，在外部扭矩的作用下，由简单的五个杆件组成的机构呈现了复杂的运动形式，这是一种近似随机性的运动，但可以通过施加控制得到预想的运动形式，使得各个杆件按照特定的轨迹运行。

习题五

5-1　在图5-6所示的差动轮系中，轮4为主动件，轮1为输出构件。轮4的轴和发动机相连，发动机具有的特性很"硬"，使轮4的角速度保持不变等于500 rad/s。在轮1上加阻力矩 $T_1 = 100$ N·m。轮1（包括装在其轴上的其他零件）、轮2、轮4及系杆 H 的转动惯量（包括集中在行星轮轴上的质量 m 对系杆转轴的转动惯量）分别为：$J_1 = 0.01$，$J_2 = 0.006$，$J_4 = 0.001$，$J_H = 0.036$，单位为 kg·m²。各轮的半径为 $R_1 = 0.02$，$R_2 = 0.04$，$R_3 = 0.02$，$R_4 = 0.04$，单位为 m。系杆开始用制动器刹住不转。当制动器逐渐松开时，制动力矩按时间的一次方减小：$T_H = -T_{H0} + 3t$，单位为 N·m，T_{H0} 为系杆 H 被完全制动时制动力矩的绝对值。求在逐渐松开制动器时，各轮及系杆角速度变化情况，并且求驱动力矩的变化情况。

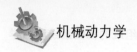

5-2　在图 5-12 所示的正弦机构中,滑块 3 上受的阻力 $F=-Cv_3$。C 为常数。设曲柄长为 r,当以曲柄 1 为等效构件时,求阻力 F 的等效力矩。

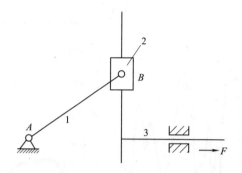

图 5-12　题 5-2 图

5-3　如图 5-13 所示的行星齿轮机构在水平面内运动。质量为 m 的均质行星架 AB 带动行星齿轮 2 在固定齿轮 1 上纯滚动。齿轮 2 的质量为 m_2,半径为 r_2。固定齿轮 1 的半径为 r_1。杆与轮铰接处的摩擦力忽略不计。当行星架 AB 受常力矩 T 的作用时,用第二类拉格朗日方程求行星架的角加速度。(答案:$\omega_2=\dfrac{r_2-r_1}{r_2}\omega_1$,动能 $T=\dfrac{1}{2}\left(\dfrac{1}{4}m(r_1+r_2)^2\omega_1^2+J_1\omega_1^2\right)+$

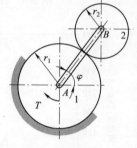

$\dfrac{1}{2}(m_2(r_1+r_2)^2\omega_1^2+J_2\omega_2^2)$,势能 $U=-\dfrac{1}{2}(m+m_2)g(r_1+r_2)\sin\varphi$,行

星架角加速度 $\dot{\omega}_1=-\dfrac{12T+6(m+m_2)(r_1+r_2)g\cos\varphi}{3(m+m_2)(r_1+r_2)^2+mr_1^2+6m_2(r_2-r_1)^2}$)

图 5-13　题 5-3 图

5-4　如图 5-14 所示,半径为 r 的圆环在力矩为 T 的作用下以角速度 ω 匀速转动,质量为 m 的小环可在圆环上自由滑动。已知圆环对 y 轴的转动惯量为 J,忽略摩擦力。求为使圆环匀角速转动所需施加的力矩 T。

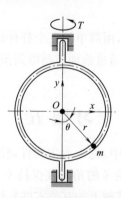

图 5-14　题 5-4 图

内森·莫蒂莫尔·纽马克(Nathan M. Newmark, 1910—1981)是美国结构工程师和学者,被广泛认为是地震工程的奠基人之一。他被授予国家工程科学奖章。1959 发表了"A Method of Computation for Structural Dynamics"(ASCE Journal of Engineering Mechanics Division, Vol 85. No EM3,1959),引入了被称为纽马克积分法的数值积分,用来求解微分方程。该方法仍广泛应用于结构和固体动力响应的数值计算。

第六章

弹性构件组成的机械系统动力学

在机械动力学的发展过程中先后提出了静力分析、动态静力分析、动力分析、弹性动力分析四种方法,弹性动力分析方法是将机械系统看作是弹性体,而不是刚体,从而分析机械系统的运动状态和受力状态,研究抑制弹性动力响应的措施和设计方法。

上一章讨论的刚性构件组成的机械系统是一种理想的机械系统,即在建立系统动力学模型时不考虑构件的弹性和间隙,求得的运动规律是机械系统的刚体运动规律。对于构件刚性较大(变形较小)或运动速度较低的情况,按这种规律考虑是可以满足工程要求的。

随着机械向轻量化、高速化的方向发展,分别导致构件的柔度加大和惯性力急剧增大。在这种情况下,构件的弹性变形可能给机械的运动输出带来误差。对于一些高精密机械,就必须计入这种弹性变形对精度的影响。机械系统的柔度加大,系统的固有频率下降;而机械运转速度的提高,激励频率上升。这两者的这种变化,有可能使机械的运转速度进入或靠近机械的"共振区",引发较强烈的振动,既破坏机械的运动精度,又影响构件的疲劳强度,并加剧运动副中的磨损。因此对于大多数动态运行的机械,必须考虑由于构件弹性引起的振动。

机械的高速化带来的挑战首先表现在轴和轴系的振动问题上,因为轴类零件中有不少是细长零件,固有频率低。在大多数情况下只要求计算轴的固有频率,使轴的转速离开固有频率较远就可以了,而不必进行振动响应计算。对于一些重要的大型轴类零件,如汽轮机转子,其共振会造成巨大的经济损失,因而在分析中不仅要计算固有频率,还要计算响应,甚至考虑故障的诊断与预报。因此,转子动力学至今仍然是研究的热点。

内燃机的高速化推动了凸轮机构的高速化。人们在凸轮机构振动分析中计入了系统的弹性后,才认识到具有最小加速度峰值的凸轮从动件的"等加速等减速运动规律"使从动件发生剧烈的振动,它不能用于高速情况。自此以后,高速凸轮动力学得到了蓬勃发展,人们提出了许多新的凸轮曲线,研究了凸轮机构的动态设计。

在汽车和精密机床等机械中都要求解决齿轮传动的噪声问题。20 世纪 50 年代人们就已

经把齿轮视为弹性体,把一对齿轮视为一个振动系统,考察了系统啮合刚度的变化和制造误差这两个激励的影响。在此基础上提出了修正齿形的方法(修缘),以减轻啮合中的冲击、振动和噪声。

对于高速带传动,必须考虑因带速增高而引起的带的振动,这已成为高速带传动设计的主要问题。振动会造成带的剧烈抖动、拍击甚至脱带,也会引起从动轴与工作机械的强烈扭振,致使机械无法工作。由此,对于高速带传动应按动态要求进行设计或者进行振动计算。

对于不同的机械系统,构件形状各异,构件的连接方式也不同,因而如何把机械构件和机械系统合理简化为供研究的模型就成为机械弹性动力学的首要任务。建立模型之后,再利用机械振动理论进行动力分析。为了进行正确的设计,还必须了解系统的哪些参数对动力响应有影响、有哪些影响、影响的程度如何。

本章主要讨论轴与轴系、凸轮机构、齿轮传动系统和带传动系统的弹性动力学。

第一节　轴与轴系的振动

■ 一、轴系扭转振动力学模型

1. 等效转动惯量

在第一章第三节中讨论了将离散分布的各集中质量等效为一个转动惯量。

这里讨论将传动系统的各转动惯量向转化中心等效。如图 6-1(a)所示,J_2、J_2'为一对啮合齿轮,但不考虑轮齿的啮合刚度;J_1、J_3为转动元件;k_{t1}、k_{t2}为两段轴的扭转刚度。

选轴 I 的轴线为转化中心线,按照动能不变的原则,如图 6-1(b)所示模型中的等效转动惯量为

$$J_{1e} = J_1, \ J_{2e} = J_2 + \frac{J_2'}{i_{12}^2}, \ J_{3e} = \frac{J_3}{i_{12}^2} \tag{6-1}$$

式中,$i_{12} = \dfrac{\dot{\theta}_1}{\dot{\theta}_2'} = \dfrac{z_2'}{z_2} = \dfrac{\theta_2}{\theta_2'}$。

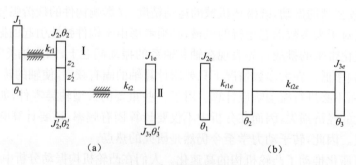

(a)　　　　　　　　　　　　　(b)

图 6-1　转动惯量的等效

应注意的是,虽然转动惯量转化的方法与第一章第三节中的等效力学模型方法相同,但各转动惯量不是转化到同一构件上的,而是转化在同一转化中心线上的,各等效转动构件之间是用弹性构件来联系的,而不是相加。

2. 等效刚度

系统中各弹性构件的刚度也要向转化中心转化。求等效刚度时必须保证系统总势能不变的原则(参见第一章第三节)。

(1)对于受扭的等截面圆断面轴

$$k_e = k_t = \frac{GI_p}{l} \tag{6-2}$$

式中,G 为材料剪切弹性模量;I_p 为圆断面轴截面极惯性矩,$I_p = \frac{\pi d^4}{32}$;l 为受扭轴长度。

(2)对于阶梯轴,其等效刚度与各轴段刚度存在下列关系:

$$\frac{1}{k_e} = \frac{1}{k_{t1e}} + \frac{1}{k_{t2e}} + \cdots + \frac{1}{k_{tne}} \tag{6-3}$$

(3)对于串联齿轮系统,如图 6-1(a)所示,若以轴Ⅰ的轴线为转化中心线,则

$$k_{t1e} = k_{t1}$$

由于 $\frac{1}{2} k_{t2} (\theta'_3 - \theta'_2)^2 = \frac{1}{2} k_{t2e} (\theta_3 - \theta_2)^2$,$\theta_3 = \theta'_3 i_{12}$,$\theta_2 = \theta'_2 i_{12}$,则

$$k_{t2e} = \frac{k_{t2}}{i_{12}^2}$$

通过上述简化,可将原系统简化为同一轴线上的三转动惯量扭振系统,如图 6-1(b)所示。

将上述结果推广至任意多级齿轮传动系统,如图 6-2(a)所示,可转化为如图 6-2(b)所示的扭振系统。整个系统具有 n 个自由度,其中一个自由度为整体运动自由度,即整个轴以 θ_1 一起转动;另外还有 $n-1$ 个弹性自由度。图 6-2 中

$$J_{1e} = J_1; \quad J_{2e} = J_2 + \frac{J'_2}{i_{12}^2}; \quad J_{3e} = \frac{J_3}{i_{12}^2} + \frac{J'_3}{i_{13}^2}; \quad \cdots \tag{6-4}$$

$$k_{t1e} = k_{t1}; \quad k_{t2e} = \frac{k_{t2}}{i_{12}^2}; \quad k_{t3e} = \frac{k_{t3}}{i_{13}^2}; \quad \cdots$$

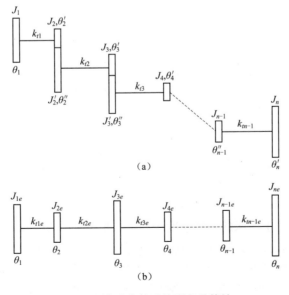

(a)

(b)

图 6-2 串联齿轮系统刚度的等效

【例 6-1】 如图 6-3(a)所示为一个铣床主传动系统图,当主轴的转速为 375 r/min 时,从电动机到主轴的各级传动齿轮对为 27∶53、16∶39、18∶47、20∶70、42∶30、80∶60。扭转振动的力学模型如图 6-3(b)所示。

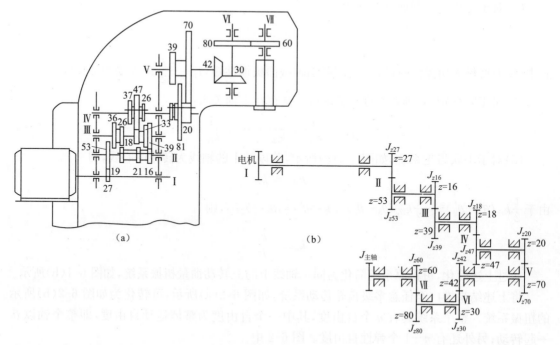

图 6-3 铣床传动系统

解 按照等效方法,将其简化为八个质量的模型如图 6-4 所示。图 6-4 中圆盘上的数字表示转动惯量,单位为 kg·m²,圆盘之间的轴段上标注的数字为柔度系数,它等于刚度系数的倒数,即 $\frac{1}{k_{ti}}$,单位为(N·m/rad)$^{-1}$。为了方便书写,所有的柔度系数乘 10^{-6} 才是真正的柔度系数。

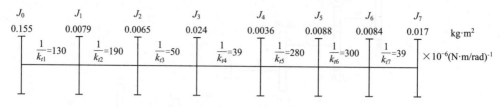

图 6-4 铣床传动系统等效力学模型

可以运用矩阵迭代法、传递矩阵法等来求解系统的固有频率和主振型。该系统有一个自由度为整体运动自由度,有七个弹性自由度。计算结果为:前三阶固有频率分别为 30.4、61、133(1/s)。

应注意的是:

(1)该系统只是描述了铣床的一种速度传动链。根据图 6-3(a),通过滑移齿轮,铣床可以实现 3×3×2=18 种速度传动链。用上述方法,可以获得每种速度传动链的各阶固有频率和主振型,从而可以判断传动系统是否会发生共振,也能判断传动链的结构薄弱环节。

(2)如果调整某段轴的尺寸、齿轮的结构或轴向位置,可以获得满意的动态性能。

(3)上述模型中仅考虑传动链的扭转振动。实际上,铣床的传动性能还与轴的横向弯曲、齿轮啮合精度、轴承的预紧、润滑状态以及立柱等因素有关,可以采用有限元分析和实验测试等方法,达到优化设计的目的。

二、单圆盘挠性转子的振动

1. 刚性支承单圆盘挠性转子

刚性支承单圆盘挠性转子系统如图 6-5 所示。O_1 为圆盘形心,G 为质心,O 为回转中心。假定轴的质量不计,其横向刚度为 $k_x=k_y=k$。系统是黏性阻尼,阻尼系数为 $c_x=c_y=c$,ξ 为阻尼比。圆盘的偏心距为 e,不平衡量为 $U=me$。当转子以 ω 角速度稳定转动时,根据圆盘的受力可以写出 O_1 点横向振动的微分方程

$$\left.\begin{aligned} m\ddot{x}+c_x\dot{x}+k_x x &= me\omega^2\cos\omega t \\ m\ddot{y}+c_y\dot{y}+k_y y &= me\omega^2\sin\omega t \end{aligned}\right\} \tag{6-5}$$

方程的稳态解为

$$\left.\begin{aligned} x &= B_x\cos(\omega t-\varphi_x) \\ y &= B_y\sin(\omega t-\varphi_y) \end{aligned}\right\} \tag{6-6}$$

式中,振幅为 $B_x=\dfrac{e\lambda_x^2}{\sqrt{(1-\lambda_x^2)^2+(2\xi\lambda_x)^2}}$,$B_y=\dfrac{e\lambda_y^2}{\sqrt{(1-\lambda_y^2)^2+(2\xi\lambda_y)^2}}$;$x$ 和 y 方向的位移滞后于激励的相位角分别为 $\varphi_x=\arctan\left(\dfrac{2\xi\lambda_x}{1-\lambda_x^2}\right)$,$\varphi_y=\arctan\left(\dfrac{2\xi\lambda_y}{1-\lambda_y^2}\right)$。$\lambda_x$、$\lambda_y$ 分别为 x、y 方向的频率比,即 $\lambda_x=\dfrac{\omega}{\omega_{nx}}$,$\lambda_y=\dfrac{\omega}{\omega_{ny}}$,$\omega_{nx}$、$\omega_{ny}$ 为转子系统在 x、y 方向的固有频率。由于 $k_x=k_y=k$,故 $\omega_{nx}=\omega_{ny}=\omega_n$,$\lambda_x=\lambda_y=\lambda$,$B_x=B_y=B$,$\varphi_x=\varphi_y=\varphi$。

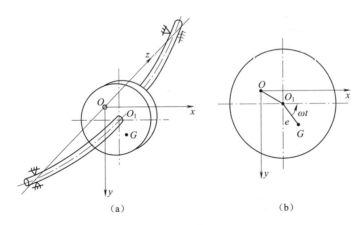

（a）　　　　　　　　　　　　（b）

图 6-5　刚性支承单圆盘挠性转子系统

转子在 x、y 方向的受迫振动响应为

$$\left.\begin{aligned} x &= B\cos(\omega t-\varphi) \\ y &= B\sin(\omega t-\varphi) \end{aligned}\right\} \tag{6-7}$$

圆盘在 x、y 方向作等幅同频的简谐振动,两者的相位角为 $\pi/2$。因此,这两个方向振动合成之后,形心 O_1 的轨迹为圆,圆心在坐标原点,其半径为

$$R=\sqrt{x^2+y^2}=\dfrac{e\lambda^2}{\sqrt{(1-\lambda_y^2)^2+(2\xi\lambda_y)^2}} \tag{6-8}$$

圆盘形心 O_1 点转动的角速度为 ω，圆盘(绕 O_1)自转的角速度也是 ω。转子的这种既自转又公转的运动称为弓形回旋。

图 6-6 表示矢量 OO_1 和 O_1G 之间的相位角 φ 与频率比 λ 的关系。由图 6-6 可见，当 $\omega<\omega_n$ 时，$\varphi<\pi/2$，如图 6-6(a)所示，质心 G 位于形心 O_1 的外侧；当 $\omega=\omega_n$ 时，$\varphi=\pi/2$，如图 6-6(b) 所示；当 $\omega>\omega_n$ 时，$\varphi>\pi/2$，如图 6-6(c)所示，质心 G 位于形心 O_1 的内侧。同时可以看到，当 $\omega=\omega_n$ 时，回转半径即转轴的横向位移达到最大值 $R=\dfrac{e}{2\xi}$，转轴产生剧烈的弓形回旋，而且当 ω 一定时，O、O_1 和 G 三点的相互位置是保持不变的。

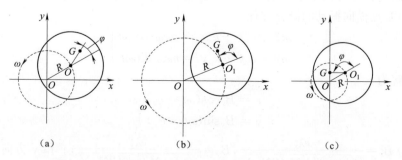

图 6-6　矢量 OO_1 和 O_1G 之间的相位角 φ 与频率比 λ 的关系

若不计系统阻尼，即 $\xi=0$ 时，振幅为

$$B_x = \frac{e\lambda^2}{1-\lambda^2} \tag{6-9}$$

此时，在 $\varphi=0$ 时，O、O_1 和 G 三点在同一直线上，如图 6-7 所示。当 $\omega<\omega_n$ 时，G 点在 O_1 外侧见图 6-7(a)；当 $\omega=\omega_n$ 时，G 点与 O_1 重合，$B\to\infty$；当 $\omega>\omega_n$ 时，见图 6-7(b)，G 点在 OO_1 之间；$\omega\gg\omega_n$ 时，G 点和 O 点重合，见图 6-7(c)。

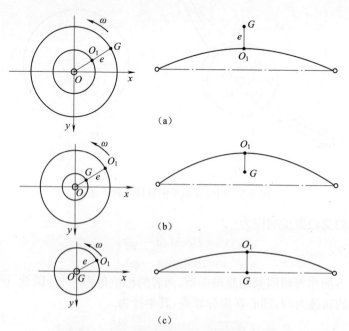

图 6-7　$\xi=0$ 时，形心、质心与回转中心位置

定义：$B \to \infty$ 时的 ω 为临界转速，以 ω_{cr} 表示。在不考虑其他因素时，$\omega_{cr} = \omega_n$，即临界转速 ω_{cr} 在数值上与转轴横向弯曲振动固有频率 ω_n 相等。

临界转速虽然在数值上与转轴横向弯曲振动固有频率相等，但是弓形回旋与横向振动完全是不同的物理现象。弓形回旋是挠曲轴绕轴承回转轴线的回转，转轴自身的弯曲应力不产生交变，但它所产生的动挠度会使轴产生破坏。同时弓形回旋作用于轴承一个交变应力，导致支承系统发生受迫振动，这就是机器在通过临界转速时产生剧烈振动的原因。

2. 弹性支承单圆盘挠性转子

一般旋转式机械的轴刚度比支承刚度要小很多，因此，可将支承视为刚性。但严格来说，支承的弹性影响是不可忽略的，这种影响将首先表现在转轴临界转速的下降。

一般支承结构中，水平刚度 k_h 不等于垂直刚度 k_v，通常 $k_h < k_v$。所以在水平与垂直方向的临界转速也不相等。

图 6-8 表示一个弹性支承单圆盘挠性转子，不计阻尼与轴质量。系统的刚度是支承刚度和轴刚度 k 的串联组合，可得

$$k_x = \frac{2k_h k}{2k_h + k}, \quad k_y = \frac{2k_v k}{2k_v + k} \tag{6-10}$$

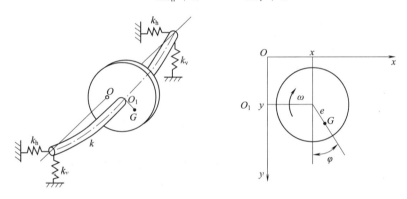

图 6-8 弹性支承单圆盘挠性转子

当转轴有动挠度，且稳定运转时，可得到圆盘（形心为 O_1）的振动微分方程

$$\left.\begin{array}{l} m\ddot{x} + k_x x = me\omega^2 \cos\omega t \\ m\ddot{y} + k_y y = me\omega^2 \sin\omega t \end{array}\right\} \tag{6-11}$$

方程的全解为转轴的动挠度，即

$$\left.\begin{array}{l} x = A_x \cos(\omega_{nx} t + \varphi_x) + e\dfrac{\omega^2}{\omega_{nx}^2 + \omega^2}\cos\omega t \\[3mm] y = A_y \sin(\omega_{ny} t + \varphi_y) + e\dfrac{\omega^2}{\omega_{ny}^2 + \omega^2}\sin\omega t \end{array}\right\} \tag{6-12}$$

式中，x、y 方向的固有频率分别为 $\omega_{nx} = \sqrt{\dfrac{k_x}{m}}$，$\omega_{ny} = \sqrt{\dfrac{k_y}{m}}$。

转子系统的振动是由自由振动和受迫振动所组成的。如果系统存在一定的阻尼，其自由振动将逐渐衰减，稳态受迫振动为

$$\left.\begin{array}{l} x = B_x \cos\omega t \\ y = B_y \sin\omega t \end{array}\right\} \tag{6-13}$$

受迫振动的振幅是角速度 ω（或频率比 λ）的函数，如图 6-9 所示。振幅为

$$
\left.
\begin{aligned}
B_x &= e\,\frac{\omega^2}{\omega_{nx}^2 - \omega^2} = \frac{e\lambda_x^2}{1 - \lambda_x^2} \\
B_y &= e\,\frac{\omega^2}{\omega_{ny}^2 - \omega^2} = \frac{e\lambda_y^2}{1 - \lambda_y^2}
\end{aligned}
\right\}
\tag{6-14}
$$

转轴中心 O_1 运动轨迹是一个椭圆，如图 6-10 所示。其主轴与坐标轴方向一致，半轴为 B_x、B_y。由式(6-13)可得椭圆方程为

$$
\left(\frac{x}{B_x}\right)^2 + \left(\frac{y}{B_y}\right)^2 = 1
\tag{6-15}
$$

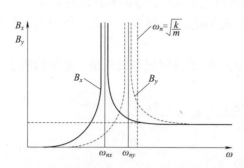

图 6-9　受迫振动的振幅与角速度的关系

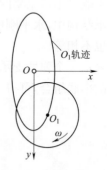

图 6-10　转轴中心轨迹

当转速 ω 不同时，转轴中心 O_1 的运动轨迹椭圆也具有不同的形状。假设 $k_h < k_v$（即 $k_x < k_y$），则 $\omega_{nx} < \omega_{ny}$。

当 $0 < \omega < \omega_{nx}$ 时，$\lambda_y < \lambda_x < 1$，椭圆长轴在 x 方向，O_1 在椭圆轨迹上的运动方向和轴的转向一致。

当 $\omega_{nx} < \omega < \omega_{ny}$ 时，$\lambda_y < 1 < \lambda_x$，$B_y$ 为负值，O_1 在椭圆轨迹上的运动方向和轴的转向相反。

当 $\omega > \omega_{ny}$ 时，$\lambda_y < 1$，B_x 和 B_y 均为负值，O_1 在椭圆轨迹上的运动方向和轴的转向一致，椭圆长轴在 y 方向，如图 6-10 所示。

当 $\omega = \omega_{ny}$ 或 $\omega = \omega_{nx}$，即 $\lambda_y = 1$ 或 $\lambda_x = 1$ 时，B_y 或 B_x 相应地趋向无穷大。通过临界转速时，转向发生变化。

当 $\omega = \sqrt{(\omega_{nx}^2 + \omega_{ny}^2)/2}$ 或 $\omega \gg \omega_{nx}$ 或 $\omega \gg \omega_{ny}$ 时，O_1 的运动轨迹为圆。

三、挠性转子的振动与平衡

1. 均匀挠性转子的振动

挠性转子在失衡力作用下的振动，相当于弹性梁在周期激励力作用下的振动。某等截面挠性轴（图 6-11）未转动，上部作用分布静载荷 $q_s(x)$，并产生微小变形，由材料力学可知，轴的弯矩 $M(x)$、挠度 $y(x)$ 与载荷 $q_s(x)$ 有如下关系：

$$
M(x) = EI\,\frac{\partial^2 y}{\partial x^2}, \quad q_s(x) = \frac{\partial^2 M(x)}{\partial x^2}
$$

则

$$
q_s(x) = \frac{\partial^2}{\partial x^2}\left(EI\,\frac{\partial^2 y}{\partial x^2}\right)
$$

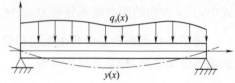

图 6-11　等截面挠性轴

式中,EI 为抗弯刚度,对等截面轴 EI 为定值,则

$$q_s(x) = EI \frac{\partial^4 y}{\partial x^4} \tag{6-16}$$

式(6-16)表示挠性轴在静载作用下的变形规律,即静载荷与挠度之间的关系。

均质轴可视为连续的弹性系统,由无穷多个质点组成。当轴旋转时,轴上分布的偏心质量 m 将产生连续分布的惯性力,在该载荷作用下轴产生弯曲变形。

分布的动载荷

$$q_d(x,t) = -m \frac{\partial^2 y}{\partial t^2}$$

同样可用式(6-16),得出动载荷和轴挠度之间的关系

$$q_d(x,t) = EI \frac{\partial^4 y}{\partial x^4}$$

由以上两式得

$$EI \frac{\partial^4 y}{\partial x^4} + m \frac{\partial^2 y}{\partial t^2} = 0 \tag{6-17}$$

式(6-17)为均质挠性轴无阻尼横向自由振动的微分方程。可以看出系统的振动响应(即动挠度)是 x 与 t 的二元函数。系统的振动也将包含无穷多个固有频率与主振型。

轴的横向自由振动微分方程式(6-17)与式(4-42)完全相同,求解过程已于前述。此处端点边界条件为两端简支,其固有频率与主振型如例 4-4 所示。

如果挠性轴在刚性支承上以 ω 转速旋转,由于存在挠曲变形,使轴上每一截面产生一个离心惯性力,此力与弹性恢复力相平衡。

离心惯性力为 $q(x) = m\omega^2 y(x)$,弹性恢复力为 $EI \dfrac{\mathrm{d}^4 y(x)}{\mathrm{d}x^4}$,则

$$EI \frac{\mathrm{d}^4 y(x)}{\mathrm{d}u^4} - m\omega^2 y(x) = 0 \tag{6-18}$$

式中,轴的挠度曲线为

$$y_n(x) = D_n \sin \frac{n\pi}{l} x, \quad n = 1,2,3,\cdots \tag{6-19}$$

在不计转动惯量影响时,由上式求得的临界转速和横向振动固有频率相等

$$\omega = \omega_{\mathrm{cr}} = \omega_n = \left(\frac{n\pi}{l}\right)^2 \sqrt{\frac{EI}{m}} \tag{6-20}$$

2. 非均匀挠性转子的振动

机械中的转子一般是非均质的阶梯轴,不平衡质量沿轴向分布往往是不连续的函数,可表示为 $m(x)$。

轴的振动微分方程可写成

$$\frac{\mathrm{d}^2}{\mathrm{d}x^2}\left[EI(x) \frac{\mathrm{d}^2 y}{\mathrm{d}x^2}\right] - m(x)\omega^2 y = 0 \tag{6-21}$$

求解上述方程是比较困难的,由此常采用数值解的普劳尔(Prohl)法。这种方法是将轴分成若干段,用传递矩阵法计算出横向振动的固有频率。对转速不太高,挠度不太大的转子,常以此固有频率作为临界转速。在工程实际中还有其他的常用解法,如分解代换法、解析法、当量直径法等。下面介绍普劳尔法的基本过程。

（1）转轴质量的离散化。将转轴连续系统简化为若干个集中质量的离散系统，如图 6-12 所示。离散系统由 $n+1$ 个集中质量 m_i 和 n 个无质量的弹性梁组成。梁的柔度系数为 α_i，具有 m 个支承，其刚度为 k_j。

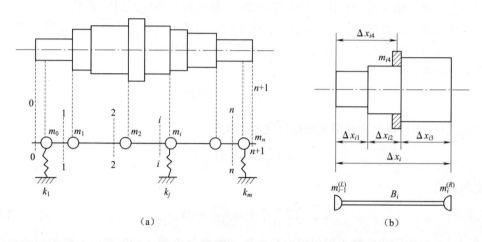

图 6-12　转轴连续系统简化为若干个集中质量的离散系统

取第 i 段梁[如图 6-12(b)所示]，其中有三个小梁段和一个集中质量 m_{i4}，现说明 m_i 和 α_i 的求法。

质量简化的原则是简化后应保证该段重心不变。现将 Δx_i 段梁的总质量 m_i 分为左右两部分

$$m_i^R = \frac{\sum\limits_{k=1}^{4} G_{ik} \Delta x_{ik}}{g \Delta x_i}, \quad m_{i-1}^L = m_i - m_i^R$$

式中，m_i^R 为 i 段梁简化到 i 点的部分质量；m_{i-1}^L 为 i 段梁简化到 $i-1$ 点的部分质量；G_{ik}、Δx_{ik} 为 i 段梁第 k 小段集中质量的重量及长度。简化后的集中质量 m_i 由 m_i^R 和 m_{i-1}^L 组成。

柔度系数为

$$\alpha_i = \frac{\Delta x_i}{EI_i} = \sum_{k=1}^{3} \frac{\Delta x_{ik}}{EI_{ik}}$$

（2）传递矩阵。参考第二章第四节传递矩阵的概念，第 i 段质量右侧截面的状态参数（即挠度 y、转角 θ、弯矩 M 及剪力 Q）为

$$\begin{bmatrix} y \\ \theta \\ M \\ Q \end{bmatrix}_i^R = \begin{bmatrix} 1 & \Delta x & \dfrac{\alpha \Delta x}{2} & \dfrac{\alpha \Delta x^2}{6} \\ 0 & 1 & \alpha & \dfrac{\alpha \Delta x}{2} \\ 0 & 0 & 1 & \Delta x \\ m\omega_n^2 & m \Delta x \omega_n^2 & m \Delta x & 1 + \dfrac{\alpha m \omega_n^2 \Delta x^2}{6} \end{bmatrix}_i \begin{bmatrix} y \\ \theta \\ M \\ Q \end{bmatrix}_{i-1}^R \qquad (6\text{-}22)$$

或简写成

$$z_i^R = U_i z_{i-1}^R$$

式中，U_i 为第 i 段梁的传递矩阵，是一个 4×4 阶方阵。

第 i 点的状态参数可由 0 点的状态参数推出,即
$$z_i^R = U_i U_{i-1} \cdots U_0 z_0^L$$
从 0 点(左端)到 n 点(右端)之间的传递关系为
$$z_n^R = U_n U_{n-1} \cdots U_0 z_0^L = U z_0^L$$
式中,U 为系统的总传递矩阵,也是一个 4×4 阶方阵。

一般表达式为

$$\begin{bmatrix} y \\ \theta \\ M \\ Q \end{bmatrix}_n^R = \begin{bmatrix} u_{11} & u_{12} & u_{13} & u_{14} \\ u_{21} & u_{22} & u_{23} & u_{24} \\ u_{31} & u_{32} & u_{33} & u_{34} \\ u_{41} & u_{42} & u_{43} & u_{44} \end{bmatrix} \begin{bmatrix} y \\ \theta \\ M \\ Q \end{bmatrix}_0^L \tag{6-23}$$

代入 0 点和 n 点的边界条件后,可整理出频率方程组。

铰支端:左右两端均为铰链支承时,又可分为刚性支承与弹性支承。两端均为刚性支承时,边界条件为 $y_0 = M_0 = y_n = M_n = 0$。两端均为弹性支承时,可认为转轴两端均为自由端,边界条件为 $M_1 = Q_1 = M_n = Q_n = 0$。

固定端与自由端:设 0 端为自由端,n 端为固定端,则边界条件为 $M_0 = Q_0 = y_n = \theta_n = 0$。

固定端与铰支端:设 0 端为铰支端,n 端为固定端,则边界条件为 $y_0 = M_0 = y_n = \theta_n = 0$。

(3)固有频率和振型的求法。频率方程一般用数值解法。现以两端为自由端的轴为例说明其解法,其频率方程为

$$\Delta(\omega) = \begin{vmatrix} u_{31} & u_{32} \\ u_{41} & u_{42} \end{vmatrix} = 0 \tag{6-24}$$

假定一系列的 ω 值,代入频率方程,如果 ω 值不是 ω_n,则行列式不为零。找到 $\Delta(\omega)$ 与 ω 的变化关系,绘出曲线,$\Delta(\omega) = 0$ 的曲线交点即为固有频率,如图 6-13 所示。将 ω_{n1}、ω_{n2}、$\cdots$ 依次代入式(6-22),计算出各点的挠度 y_1、y_2、$\cdots$、y_n,它们都是 y_0 的相对值,故为振型曲线。

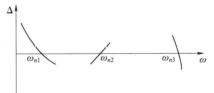

图 6-13 固有频率的求法

3. 挠性转子的模态平衡法

根据振动原理,振型具有<u>正交性</u>。假设转子的不平衡离心惯性力的 n 阶分量为

$$m\omega_n^2 \int_0^l \sin \frac{n\pi x}{l} \mathrm{d}x$$

k 阶振型的变化规律为 $\sin \dfrac{k\pi x}{l}$,则振型正交性的条件为

$$m\omega_n^2 \int_0^l \sin \frac{n\pi x}{l} \sin \frac{k\pi x}{l} \mathrm{d}x \begin{cases} = 0, & n \neq k \\ \neq 0, & n = k \end{cases}$$

由此可见,n 阶不平衡力对 k 阶振型所做的功等于零。由此,<u>转子的 k 阶振型只是由 k 阶不平衡力所激起</u>,而与其他阶不平衡量无关。这样,可在 k 阶振型(k 阶固有频率)时,把 k 阶不平衡量平衡掉;再在 $k+1$ 阶时,再把 $k+1$ 阶不平衡量平衡掉。依此类推,便可将各阶不平衡量逐一平衡。而振型的正交性,则保证了在逐阶平衡时,不会产生相互影响。

模态平衡方法分 N 法和 $N+2$ 法两类。常用的是 $N+2$ 法,即在转子上加平衡质量矩的

平面数目等于振型阶次加 2。对于对称性弯曲振型挠度的平衡,其基本步骤为:

先将转子在低速下($\omega<\omega_{c1}$)进行刚性转子平衡,然后把转速升高到一阶临界转速 ω_{c1} 附近,使转子呈现一阶振型,并分别在 Ⅰ、Ⅳ、Ⅶ平面上加平衡质量矩 $-\frac{1}{2}U$、$+U$、$-\frac{1}{2}U$(为了达到平衡一阶振型而又不影响刚性平衡及其他振型平衡的目的,平衡质量矩必须满足这一比例关系,且三个平衡质量矩均在过转子中心的同一平面内),平衡掉一阶不平衡量,如图 6-14(a)所示。把转速升高到二阶临界转速 ω_{c2} 附近,并分别在Ⅰ、Ⅲ、Ⅴ、Ⅶ平面上加平衡质量矩 $-\frac{1}{2}U'$、$+U'$、$-U'$、$+\frac{1}{2}U'$,以平衡掉二阶平衡量。同理,可平衡掉三阶不平衡量。依此类推,一直平衡到与转子的工作速度相应的阶次。例如,一般汽轮发电机组转子常工作在转子的二阶与三阶临界转速之间,所以平衡到三阶不平衡量就可以了。

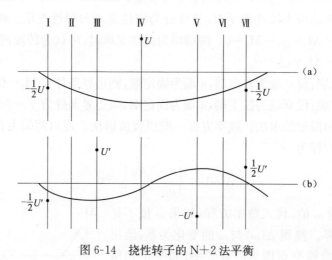

图 6-14 挠性转子的 N+2 法平衡

第二节 凸轮机构动力学

凸轮机构是工程中的一种常用机构。进行凸轮机构动力学分析时,若凸轮转速较低,凸轮轴及推杆刚度较大时,按刚性构件分析可得到满意的结果。当凸轮转速较高或凸轮轴及推杆刚度较小时,必须考虑构件的弹性。

凸轮机构的分析中一般多采用集中参数模型,将弹性较大的部分用无质量弹簧来模拟,惯性较大的部分用集中质量来模拟。有的杆件本身既有弹性、又有质量,则用等效弹簧替代杆件的弹性,保持替代前后的变形能不变;用等效集中质量来替代杆件的质量,保持替代前后的动能不变。

■ 一、不包含凸轮轴扭转振动的动力学模型

图 6-15(a)表示一个内燃机配气的凸轮机构。当凸轮轴具有较大的刚度时,其振动可以不考虑,建立动力学模型时,可以不包含凸轮轴的扭转振动。这样不仅可以减少自由度数目,

而且摆脱了质量矩阵 M、刚度 K 随凸轮转角的变化,避开变系数微分方程组。

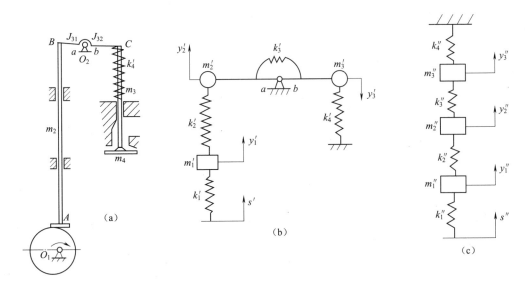

图 6-15　内燃机配气凸轮机构

将构件的质量作集中化简化。

(1)推杆质量 m_2 按质心不变原则集中于 A、B 两端,分别为 m_{A2} 和 m_{B2},且有

$$m_{A2} + m_{B2} = m_2 \tag{6-25}$$

(2)由于转臂 BC 的摆角不大,近似认为 B、C 两点作小幅度的直线运动。按照转动惯量不变的原则,用集中于 B、C 两点的集中质量代替转臂左右两部分的转动惯量,即

$$m_{B3} = J_{31}/a^2, \quad m_{C3} = J_{32}/b^2 \tag{6-26}$$

式中,J_{31}、J_{32} 为转臂左右两部分对 O_2 的转动惯量。

(3)忽略阀的弹性,将其质量集中于 C 点,则有

$$m_{C4} = m_4 + \frac{1}{3}m_S \tag{6-27}$$

式中,m_4 为阀的质量;m_S 为弹簧质量。根据振动理论,弹簧质量可取其 1/3 集中在其端部。

这样即可得到如图 6-15(b)所示的动力学模型,其中

$$\left. \begin{aligned} m_1' &= m_{A2} \\ m_2' &= m_{B2} + m_{B3} \\ m_3' &= m_{C3} + m_{C4} \end{aligned} \right\} \tag{6-28}$$

k_1' 为凸轮与推杆接触表面的接触刚度;k_2' 为推杆 AB 的拉伸刚度;k_3' 为转臂 BC 的弯曲刚度;k_4' 为弹簧刚度;s' 为凸轮作用于从动杆的理论位移。

再作一次坐标变换。以推杆为等效构件,将转臂右边的位移、质量、刚度等效到推杆轴线上,等效时保持动能、势能不变,即可得到如图 6-15(c)所示的动力学模型。其中

$$\left. \begin{aligned} s'' &= s', \ y_1'' = y_1', \ y_2'' = y_2', y_3'' = \left(\frac{a}{b}\right)y_3' \\ k_1'' &= k_1', \ k_2'' = k_2', \ k_3'' = k_3', k_4'' = \left(\frac{b}{a}\right)^2 k_4' \\ m_1'' &= m_1', \ m_2'' = m_2', m_3'' = \left(\frac{b}{a}\right)^2 m_3' \end{aligned} \right\} \tag{6-29}$$

这是一个关于支承位移激励的问题(参考第一章第九节),根据第二章的方法,不难写出这个三自由度系统的动力学方程

$$M\ddot{Y} + KY = F \tag{6-30}$$

式中,Y、F分别为系统的广义坐标列阵和广义力列阵,$Y=\begin{bmatrix} y_1'' & y_2'' & y_3'' \end{bmatrix}^T$,$F=\begin{bmatrix} k_1''s'' & 0 & 0 \end{bmatrix}^T$;$M$、$K$为系统的质量矩阵和刚度矩阵。

二、包含凸轮轴扭转振动的动力学模型

对于图 6-16(a)的凸轮机构,如果考虑轴的变形,则因凸轮轴受到较大的径向力,且因轴的弯曲变形对从动件运动有影响,所以除了扭转变形外,还要考虑轴的弯曲变形。通常凸轮轴在 x 方向受力较小,压力角也不是很大,因而为简化计算,常忽略 x 方向的变形,而计算 y 方向的变形,使力学模型简化,如图 6-16(b)所示。设主动轮 1 和凸轮盘 2 的质量和转动惯量分别为 m_1、m_2、J_1、J_2;凸轮轴扭转刚度为 k_1;主动轮 1 上作用有驱动力矩 T_1;凸轮轴两端为刚性支承;凸轮机构的从动件简化为一单质量 m;从动杆的刚度为 k_2;封闭弹簧的刚度为 k_3;主动轮 1 和凸轮盘 2 的转角分别为 θ_1、θ_2,y 向(横向)位移分别为 y_1、y_2;从动件顶端作用有外载荷 F;从动件的运动与凸轮转角的关系为 $G(\theta_2)$,它是设计时确定的;从动杆顶端位移(输出位移)为 y,底端位移为 h_c,则 $h_c=G(\theta_2)+y_2$。

图 6-16(b)所示的系统共计 5 个自由度有:凸轮轴上的旋转运动 θ_1、θ_2 和横向运动 y_1、y_2;凸轮从动件只有一个自由度 y。

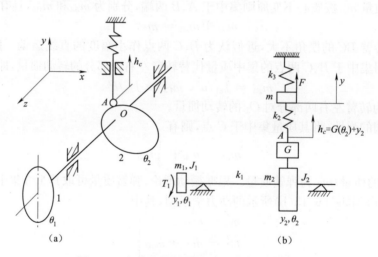

图 6-16 包含凸轮轴扭转振动的动力学模型

下面分别建立凸轮轴的横向振动和从动杆直线振动微分方程。

取五个广义坐标:q_1 为主动轮 1 的转角,$q_1=\theta_1$;q_2 为凸动轴的相对转角,$q_2=\theta_2-\theta_1$;q_3 为从动杆的变形量,$q_3=y-h_c$;y 为杆上端位移;h 为杆下端位移;y_1 为主动轮 1 处的垂直方向变形;y_2 为凸轮盘 2 处的垂直方向变形。这些坐标的关系为

$$\left. \begin{array}{l} \theta_1 = q_1 \\ \theta_2 = q_2 + \theta_1 = q_1 + q_2 \\ h_c = G(\theta_2) + y_2 \\ y = q_3 + G(\theta_2) + y_2 \end{array} \right\} \tag{6-31}$$

1. 关于广义坐标 y_1 和 y_2 的横向振动微分方程

根据"柔度影响系数法",列出凸轮轴的横向振动微分方程

$$\left.\begin{array}{l} y_1 = -\alpha_{11}m_1\ddot{y}_1 + \alpha_{12}(-m_2\ddot{y}_2 + k_2q_3) \\ y_2 = -\alpha_{21}m_1\ddot{y}_1 + \alpha_{22}(-m_2\ddot{y}_2 + k_2q_3) \end{array}\right\} \tag{6-32}$$

式中,α_{ij} 为柔度影响系数,即在 j 点处施加单位力时,在 i 点处产生的位移。上式可写成

$$\left.\begin{array}{l} \alpha_{11}m_1\ddot{y}_1 + \alpha_{12}m_2\ddot{y}_2 + y_1 = \alpha_{12}k_2q_3 \\ \alpha_{21}m_1\ddot{y}_1 + \alpha_{22}m_2\ddot{y}_2 + y_2 = \alpha_{22}k_2q_3 \end{array}\right\} \tag{6-33}$$

式(6-33)可写成

$$\left.\begin{array}{l} \ddot{y}_1 = \dfrac{-\alpha_{22}y_1 + \alpha_{12}y_2}{m_1(\alpha_{11}\alpha_{22} - \alpha_{21}\alpha_{12})} \\[2mm] \ddot{y}_2 = \dfrac{\alpha_{21}y_1 - \alpha_{11}y_2}{m_2(\alpha_{11}\alpha_{22} - \alpha_{21}\alpha_{12})} + \dfrac{k_2q_3}{m_2} \end{array}\right\} \tag{6-34}$$

2. 关于广义坐标 q_1、q_2 和 q_3 的振动微分方程

可采用拉格朗日方程建立系统微分方程,即

$$\frac{\mathrm{d}}{\mathrm{d}t}\left(\frac{\partial T}{\partial \dot{q}_i}\right) - \frac{\partial T}{\partial q_i} + \frac{\partial U}{\partial q_i} = F_i \quad (i = 1, 2, \cdots, N)$$

式中,T 为系统的动能;U 为系统的势能;q_i 为广义坐标;F_i 为非有势力

$$F_j = \sum_{j=1}^{k}\left(F_{jx}\frac{\partial x_j}{\partial q_i} + F_{jy}\frac{\partial y_j}{\partial q_i} + F_{jz}\frac{\partial z_j}{\partial q_i}\right)$$

式中,F_{jx},F_{jy},F_{jz} 为外力 F_j 在坐标 x,y,z 方向的投影;x_j,y_j,z_j 为力 F_j 的作用点坐标。

动能 T 为

$$\begin{aligned} T &= \frac{1}{2}J_1\dot{\theta}_1^2 + \frac{1}{2}J_2\dot{\theta}_2^2 + \frac{1}{2}m\dot{y}^2 \\ &= \frac{1}{2}J_1\dot{q}_1^2 + \frac{1}{2}J_2(\dot{q}_1 + \dot{q}_2)^2 + \frac{1}{2}m(\dot{q}_3 + \dot{G} + \dot{y}_2)^2 \end{aligned} \tag{6-35}$$

其中

$$\dot{G} = \frac{\mathrm{d}G}{\mathrm{d}t} = \frac{\mathrm{d}G}{\mathrm{d}\theta_2}\frac{\mathrm{d}\theta_2}{\mathrm{d}t} = G'\dot{\theta}_2 = G'(\dot{q}_1 + \dot{q}_2), \quad G' = \frac{\mathrm{d}G}{\mathrm{d}\theta_2} \tag{6-36}$$

势能 U 为

$$U = \frac{1}{2}k_1q_2^2 + \frac{1}{2}k_2q_3^2 + \frac{1}{2}k_3y^2 \tag{6-37}$$

运用式(6-31),广义力 F_i 为

$$\left.\begin{array}{l} F_1 = T_1\dfrac{\partial\theta_1}{\partial q_1} - F\dfrac{\partial y}{\partial q_1} = T_1 - F\dfrac{\partial G}{\partial q_1} = T_1 - F\dfrac{\partial G}{\partial\theta_2}\dfrac{\partial\theta_2}{\partial q_1} = T_1 - FG' \\[2mm] F_2 = T_1\dfrac{\partial\theta_1}{\partial q_2} - F\dfrac{\partial y}{\partial q_2} = -F\dfrac{\partial G}{\partial\theta_2}\dfrac{\partial\theta_2}{\partial q_2} = -FG' \\[2mm] F_3 = T_1\dfrac{\partial\theta_1}{\partial q_3} - F\dfrac{\partial y}{\partial q_3} = -F \end{array}\right\} \tag{6-38}$$

求拉格朗日方程中的各分量:

$$\frac{\partial T}{\partial\dot{q}_1} = J_1\dot{q}_1 + J_2(\dot{q}_1 + \dot{q}_2) + m(\dot{q}_3 + \dot{G} + \dot{y}_2)\frac{\partial\dot{G}}{\partial\dot{q}_1}$$

式中，$\dot{G}=G'(\dot{q}_1+\dot{q}_2)$，$\dfrac{\partial \dot{G}}{\partial \dot{q}_1}=G'$，则

$$\frac{\partial T}{\partial \dot{q}_1}=J_1\dot{q}_1+J_2(\dot{q}_1+\dot{q}_2)+m(\dot{q}_3+\dot{G}+\dot{y}_2)G'$$

同理有

$$\frac{\partial T}{\partial \dot{q}_2}=J_2(\dot{q}_1+\dot{q}_2)+m(\dot{q}_3+\dot{G}+\dot{y}_2)G'$$

$$\frac{\partial T}{\partial \dot{q}_3}=m(\dot{q}_3+\dot{G}+\dot{y}_2)G'$$

$$\frac{\partial T}{\partial q_1}=m(\dot{q}_3+\dot{G}+\dot{y}_2)\frac{\partial \dot{G}}{\partial q_1}$$

由式(6-36)得

$$\frac{\partial \dot{G}}{\partial q_1}=(\dot{q}_1+\dot{q}_2)\frac{\partial G'}{\partial q_1}=(\dot{q}_1+\dot{q}_2)\frac{\partial G'}{\partial \theta_2}\frac{\partial \theta_2}{\partial q_1}=(\dot{q}_1+\dot{q}_2)G''$$

式中，由式(6-36)有$\dfrac{\partial G'}{\partial \theta_2}=\dfrac{\mathrm{d}^2 G}{\mathrm{d}\theta_2^2}=G''$；由式(6-31)有$\dfrac{\partial \theta_2}{\partial q_1}=1$。故有

$$\frac{\partial T}{\partial q_1}=m(\dot{q}_3+\dot{G}+\dot{y}_2)(\dot{q}_1+\dot{q}_2)G''$$

同理有

$$\frac{\partial T}{\partial q_2}=m(\dot{q}_3+\dot{G}+\dot{y}_2)(\dot{q}_1+\dot{q}_2)G''$$

$$\frac{\partial T}{\partial q_3}=0$$

$$\frac{\mathrm{d}}{\mathrm{d}t}\left(\frac{\partial T}{\partial \dot{q}_1}\right)=(J_1+J_2)\ddot{q}_1+J_2\ddot{q}_2+mG'(\ddot{q}_3+\ddot{G}+\ddot{y}_2)+m(\dot{q}_3+\dot{G}+\dot{y}_2)\frac{\mathrm{d}G'}{\mathrm{d}t}$$

式中，$\dfrac{\mathrm{d}G'}{\mathrm{d}t}=\dfrac{\mathrm{d}G'}{\mathrm{d}\theta_2}\dfrac{\mathrm{d}\theta_2}{\mathrm{d}t}=G''(\dot{q}_1+\dot{q}_2)$，$\dot{G}=G'(\dot{q}_1+\dot{q}_2)$，$\ddot{G}=G'(\ddot{q}_1+\ddot{q}_2)+G''(\dot{q}_1+\dot{q}_2)^2$。

故

$$\frac{\mathrm{d}}{\mathrm{d}t}\left(\frac{\partial T}{\partial \dot{q}_1}\right)=(J_1+J_2)\ddot{q}_1+J_2\ddot{q}_2+mG'(\ddot{q}_3+\ddot{y}_2)+mG'^2(\ddot{q}_1+\ddot{q}_2)+$$

$$mG'G''(\dot{q}_1+\dot{q}_2)^2+mG''(\dot{q}_1+\dot{q}_2)(\dot{q}_3+\dot{G}+\dot{y}_2)$$

同理有

$$\frac{\mathrm{d}}{\mathrm{d}t}\left(\frac{\partial T}{\partial \dot{q}_2}\right)=J_2(\ddot{q}_1+\ddot{q}_2)+mG'(\ddot{q}_3+\ddot{y}_2)+mG'^2(\ddot{q}_1+\ddot{q}_2)+$$

$$mG'G''(\dot{q}_1+\dot{q}_2)^2+mG''(\dot{q}_1+\dot{q}_2)(\dot{q}_3+\dot{G}+\dot{y}_2)$$

$$\frac{\mathrm{d}}{\mathrm{d}t}\left(\frac{\partial T}{\partial \dot{q}_3}\right)=m(\ddot{q}_3+\ddot{y}_2)+mG''(\dot{q}_1+\dot{q}_2)^2+mG'(\ddot{q}_1+\ddot{q}_2)$$

$$\frac{\partial U}{\partial q_1}=k_3 y\frac{\partial y}{\partial q_1}=k_3(q_3+G+y_2)\frac{\partial G}{\partial \theta_2}\frac{\partial \theta_2}{\partial q_1}=k_3(q_3+G+y_2)G'$$

$$\frac{\partial U}{\partial q_2}=k_1 q_2+k_3(q_3+G+y_2)G'$$

$$\frac{\partial U}{\partial q_3} = k_2 q_3 + k_3 (q_3 + G + y_2)$$

代入拉格朗日方程,得

$$(J_1 + J_2 + mG'^2)\ddot{q}_1 + (J_2 + mG'^2)\ddot{q}_2 + mG'\ddot{q}_3 + mG'\ddot{y}_2 =$$
$$- mG'G''(\dot{q}_1 + \dot{q}_2)^2 - k_3 G'(q_3 + G + y_2) + T_1 - FG' \tag{a}$$

$$(J_2 + mG'^2)\ddot{q}_1 + (J_2 + mG'^2)\ddot{q}_2 + mG'\ddot{q}_3 + mG'\ddot{y}_2 =$$
$$- mG'G''(\dot{q}_1 + \dot{q}_2)^2 - k_1 q_2 - k_3(q_3 + G + y_2)G' - FG' \tag{b}$$

$$mG'\ddot{q}_1 + mG'\ddot{q}_2 + m\ddot{q}_3 + m\ddot{y}_2 =$$
$$- mG''(\dot{q}_1 + \dot{q}_2)^2 - k_2 q_3 - k_3(q_3 + G + y_2) - F \tag{c}$$

将式(a)与式(b)相减,得

$$J_1 \ddot{q}_1 = T_1 + k_1 q_2 \tag{d}$$

将式(c)乘以 G' 后与式(b)相减,得

$$J_2 \ddot{q}_1 + J_2 \ddot{q}_2 = - k_1 q_2 + k_2 q_3 G' \tag{e}$$

由式(c)、式(d)和式(e)得

$$\left.\begin{aligned}
\ddot{q}_1 &= \frac{T_1}{J_1} + \frac{k_1}{J_1} q_2 \\
\ddot{q}_2 &= - k_1 \left(\frac{1}{J_1} + \frac{1}{J_2}\right) q_2 + \frac{k_2 G'}{J_2} q_3 - \frac{T_1}{J_1} \\
\ddot{q}_3 &= - G''(\dot{q}_1 + \dot{q}_2)^2 + \frac{G' k_1}{J_2} q_2 - \left(\frac{k_2 + k_3}{m} + \frac{k_2 G'^2}{J_2}\right) q_3 - \frac{k_3 G + F}{m} - \frac{k_3 y_2}{m} - \ddot{y}_2
\end{aligned}\right\} \tag{6-39}$$

将式(6-34)和式(6-39)联立成微分方程组,得

$$\left.\begin{aligned}
\ddot{q}_1 &= \frac{T_1}{J_1} + \frac{k_1}{J_1} q_2 \\
\ddot{q}_2 &= - k_1 \left(\frac{1}{J_1} + \frac{1}{J_2}\right) q_2 + \frac{k_2 G'}{J_2} q_3 \qquad \frac{T_1}{J_1} \\
\ddot{q}_3 &= - G''(\dot{q}_1 + \dot{q}_2)^2 + \frac{G' k_1}{J_2} q_2 - \left(\frac{k_2 + k_3}{m} + \frac{k_2 G'^2}{J_2} + \frac{k_2}{m_2}\right) q_3 - \frac{k_3 G + F}{m} \\
&\quad - \frac{\alpha_{21}}{m_2(\alpha_{11}\alpha_{22} - \alpha_{21}\alpha_{12})} y_1 - \left[\frac{k_3}{m} - \frac{\alpha_{11}}{m_2(\alpha_{11}\alpha_{22} - \alpha_{21}\alpha_{12})}\right] y_2 \\
\ddot{y}_1 &= \frac{- \alpha_{22} y_1 + \alpha_{12} y_2}{m_1(\alpha_{11}\alpha_{22} - \alpha_{21}\alpha_{12})} \\
\ddot{y}_2 &= \frac{\alpha_{21} y_1 - \alpha_{11} y_2}{m_2(\alpha_{11}\alpha_{22} - \alpha_{21}\alpha_{12})} + \frac{k_2 q_3}{m_2}
\end{aligned}\right\} \tag{6-40}$$

式(6-40)为 q_1、q_2、q_3、y_1 和 y_2 五个广义坐标的二阶微分方程。该式可以采用第三章第五节介绍的龙格-库塔(RK)法求解。

第三节　齿轮传动系统动力学

　　齿轮传动是机械传动中最为广泛的一种形式。随着齿轮传动日益向高速重载的方向发展,齿轮传动的动态特性研究已成为当前齿轮研究的主要课题。所谓齿轮传动的动态特性是

指齿轮系统的动载、振动和噪声的机理、计算和控制。

齿轮传动的动载是齿轮强度计算的重要依据。按传统的方法，动载荷是根据齿轮的圆周速度与精度等级查表格或图线得到动载荷系数 k_v，再乘以额定载荷得到的。这种计算显得十分粗略。一般动载荷并不与额定载荷成正比，而是取决于齿轮本身的转动惯量、齿轮的弹性和由齿面误差引起的冲击，亦即取决于齿轮系统的动力学模型。

在 ISO 齿轮标准中，把动载系数与轮齿系统固有频率、轮齿啮合频率联系起来，划分成几个工作区，采用不同方法进行计算和处理。

一、轮齿啮合的直线振动

1. 轮齿啮合的直线振动模型

如图 6-17(a)所示为一对啮合的轮齿，其转动惯量分别为 J_1、J_2，其中 r_{b1}、r_{b2} 分别为两轮齿的基圆半径，N_1N_2 为啮合线。由于轮齿啮合点沿啮合线移动，齿面间的啮合力亦沿该线传递，因此，讨论啮合振动时，可将两齿轮系统向轮齿啮合线 N_1N_2 上转化，成为双质量弹簧系统，如图 6-17(b)所示。

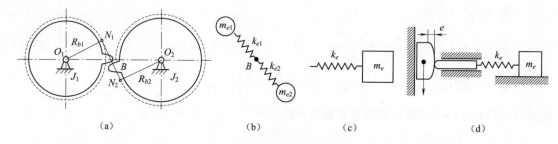

(a) (b) (c) (d)

图 6-17 齿轮轮齿动力学模型

设两齿轮的角速度分别为 ω_1、ω_2，则可求出等效质量为

$$\left.\begin{array}{c}\dfrac{1}{2}J_1\omega_1^2 = \dfrac{1}{2}m_{e1}(r_{b1}\omega_1)^2, \quad m_{e1} = \dfrac{J_1}{r_{b1}^2} \\[3mm] \dfrac{1}{2}J_2\omega_2^2 = \dfrac{1}{2}m_{e2}(r_{b2}\omega_2)^2, \quad m_{e2} = \dfrac{J_2}{r_{b2}^2}\end{array}\right\} \tag{6-41}$$

图 6-17(b)中的弹簧刚度 k_1、k_2 分别是两个啮合轮齿的等效弯曲刚度。由于轮齿是一变截面悬臂梁，其弯曲刚度 k_1、k_2 可以采用有限元法计算。在工程上常将轮齿简化为梯形齿（与同模数的齿条相似），甚至可进一步简化为等截面梁。这样，虽然计算精度有所下降，但计算大为简化。设轮齿为等截面梁，其弯曲刚度为

$$k_1 = \frac{3E_1I_1}{l_1^3}, \quad k_2 = \frac{3E_2I_2}{l_2^3} \tag{6-42}$$

式中，E_1、E_2 为两轮齿材料的弹性模量；I_1、I_2 为两轮齿的抗弯截面模量；$I_1 = \dfrac{b_1 s_1^3}{12}$，$I_2 = \dfrac{b_2 s_2^3}{12}$；$b_1$、$b_2$ 为两齿轮齿宽；s_1、s_2 取两齿轮齿厚；l_1、l_2 为两轮齿悬臂长度。

由图 6-17(b)可以看出，两等效弹簧通过啮合点 B 联系，形成串联弹簧，合成轮齿的啮合刚度

$$k_e = \frac{k_1 k_2}{k_1 + k_2} \tag{6-43}$$

实际啮合过程中,由于重合度系数的影响,轮齿将时而一对齿啮合,时而二对齿啮合,致使其啮合刚度 k_e 呈周期性变化。即使没有外界激励,这种刚度的周期性变化,也会激发系统的振动。为了简化计算,将 k_e 取平均啮合刚度。

由于转化至啮合线上的转化系统为双质量单自由度系统,且参数 m_{e1}、m_{e2}、k_e 均为常量,因此可以进一步简化为如图 6-17(c)所示的系统,其中

$$m_e = \frac{m_{e1} m_{e2}}{m_{e1} + m_{e2}} \tag{6-44}$$

此系统的固有频率为

$$\omega_n = \sqrt{k_e / m_e} \tag{6-45}$$

该系统是一个受外界激励的受迫振动系统,激励因素有两个:法向载荷 F_n 及齿面误差 e。但由于负载变化频率常比轮齿固有频率低得多,所以可将法向载荷 F_n 取为常数,按额定传递转矩计算。齿面误差 e 又称为齿面啮合误差,等于两齿轮齿形误差 Δ_1、Δ_2 之和,即

$$e = \Delta_1 + \Delta_2 \tag{6-46}$$

具有激励的等效动力学模型,如图 6-17(d)所示,其系统微分方程可表示为

$$m_e \ddot{x} + k_e x = F_n + k_1 \Delta_1 + k_2 \Delta_2 \tag{6-47}$$

2. 齿面工作区的判定

当求出轮齿振动的固有频率后,就可根据轮齿啮合频率来判断工作区。设小齿轮齿数为 z_1,转速为 n_1,则轮齿的啮合频率为

$$f_1 = \frac{n_1 z_1}{60} (\text{Hz}) \tag{6-48}$$

在 ISO 齿轮标准中,规定了一个比值

$$N = \frac{f_1}{f_n} \tag{6-49}$$

式中,$f_n = \frac{\omega_n}{2\pi}$。并根据 N 值来划分工作区。

亚临界区 $N \leqslant 0.85$;共振区 $0.85 < N \leqslant 1.15$;过渡区 $1.15 < N \leqslant 1.5$;超临界区 $N > 1.5$。

显然,齿轮正常工作,必须避开共振区,也不宜工作于过渡区。为了避开共振区,可适当调整轮齿参数(如齿数、模数),通过改变 f_n 而改变工作区。

3. 轮齿动载荷的确定

一般齿轮工作在亚临界区,所以可根据如图 6-17(d)所示的动力学模型来计算动载荷。

由于 F_n 为静载荷,在求轮齿动载荷时可不计算其影响。齿面误差 e 的激励则是冲击脉冲,每个轮齿从进入到退出啮合,相对于给系统一次冲击,其行程为 $2e$,作用时间为 $t^* = \frac{60}{n_1 z_1}$,故平均速度为

$$v = \frac{2e}{t^*} = \frac{e n_1 z_1}{30}$$

一对轮齿在工作过程中,除承受一次冲击外,并无持续激励,故系统将作自由振动,运动方程为

$$m_e \ddot{x} + k_e x = 0 \tag{6-50}$$

其解为

$$x = \frac{v_0}{\omega_n}\sin\omega_n t + x_0\cos\omega_n t$$

轮齿受齿面误差的冲击作用的初始条件为 $t=0, x_0=0, v_0=v=\dfrac{en_1z_1}{30}$，并代入上式，得

$$x = \frac{2e}{\omega_n t^*}\sin\omega_n t \tag{6-51}$$

系统的振幅为

$$A = \frac{2e}{\omega_n t^*} = \frac{2e}{\omega_n \dfrac{60}{n_1 z_1}} = \frac{en_1z_1}{30}\sqrt{\frac{m_e}{k_e}} \tag{6-52}$$

动载荷的最大值为

$$F_d = k_e A = \frac{en_1z_1}{30}\sqrt{k_e m_e} \tag{6-53}$$

式(6-53)表明，动载荷不仅与等效刚度、等效质量有关，而且与齿面误差成正比。因此，在亚临界区工作的轮齿，适当提高精度，减少齿面误差，有利于减少动载荷。

作用于齿面的总载荷是动载荷 F_d 与额定静载荷 F_n 之和。

■ 二、齿轮—转子系统扭转振动

在一对齿轮副纯扭转振动模型的基础上，若再考虑传动轴的扭转刚度和原动机(电动机等)和执行机构的转动惯量等，则形成了齿轮—转子系统的扭转振动问题。

如图 6-18(a)所示，在齿轮—转子系统中，T_m、T_l 分别为原动机和执行机构的转矩；k_p、k_g 分别为主传动轴、从传动轴的扭转刚度；J_m、J_p、J_g、J_l 分别为原动机、主动齿轮、从动齿轮和执行机构的转动惯量；c_p、c_g 分别为主传动轴、从传动轴的扭转结构阻尼；c_m、k_m 分别为啮合齿轮对的啮合阻尼和啮合刚度；$e(t)$为齿面啮合误差 $e=\Delta_1+\Delta_2$，即等于两齿轮齿形公差 Δ_1、Δ_2 之和；θ_m、θ_p、θ_g、θ_l 分别为各扭转元件的扭转位移；r_p、r_g 分别为两轮齿的基圆半径，则该系统的运动方程为

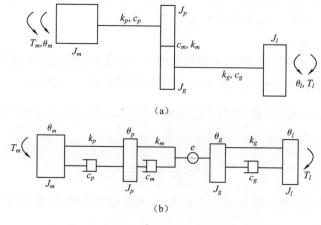

图 6-18 齿轮—转子系统扭转振动模型

$$\left.\begin{array}{l} J_m\ddot{\theta}_m + c_p(\dot{\theta}_m - \dot{\theta}_p) + k_p(\theta_m - \theta_p) = T_m \\ J_p\ddot{\theta}_p + c_p(\dot{\theta}_p - \dot{\theta}_m) + k_p(\theta_p - \theta_m) = -r_p W_d \\ J_g\ddot{\theta}_g + c_g(\dot{\theta}_g - \dot{\theta}_l) + k_g(\theta_g - \theta_l) = r_g W_d \\ J_l\ddot{\theta}_l + c_g(\dot{\theta}_l - \dot{\theta}_g) + k_g(\theta_l - \theta_g) = -T_l \end{array}\right\} \tag{6-54}$$

$$W_d = c_m(r_p\dot{\theta}_p - r_g\dot{\theta}_g - \dot{e}) + k_m(r_p\theta_p - r_g\theta_g - e) \tag{6-55}$$

$$k_m = k_e = \frac{k_1 k_2}{k_1 + k_2} \tag{6-56}$$

$$c_m = 2\xi\sqrt{\frac{k_m r_p^2 r_g^2 J_p J_g}{r_p^2 J_p + r_g^2 J_g}} \tag{6-57}$$

式中，W_d 为轮齿的动态啮合力；k_m 按式(6-43)计算；ξ 为轮齿啮合阻尼比，一般取 $\xi=0.03\sim0.17$。

主传动轴、从传动轴的扭转结构阻尼 c_p、c_g 分别按式(6-58)计算：

$$c_p = 2\xi_s\sqrt{\frac{k_p}{\dfrac{1}{J_m}+\dfrac{1}{J_p}}}, \quad c_g = 2\xi_s\sqrt{\frac{k_g}{\dfrac{1}{J_g}+\dfrac{1}{J_l}}} \tag{6-58}$$

式中，ξ_s 为阻尼比，一般取 $\xi_s=0.005\sim0.075$；k_p、k_g 按式(6-2)或式(6-3)计算。

将式(6-54)写成矩阵形式

$$[M]\{\ddot{\theta}\} + [C]\{\dot{\theta}\} + [K]\{\theta\} = [F] \tag{6-59}$$

式中，$[M] = \begin{bmatrix} J_m & 0 & 0 & 0 \\ 0 & J_p & 0 & 0 \\ 0 & 0 & J_g & 0 \\ 0 & 0 & 0 & J_l \end{bmatrix}$；$[C] = \begin{bmatrix} c_p & -c_p & 0 & 0 \\ -c_p & c_p+r_p^2 c_m & -c_m r_p r_g & 0 \\ 0 & -c_m r_p r_g & c_g+r_g^2 c_m & -c_g \\ 0 & 0 & -c_g & c_g \end{bmatrix}$；

$[K] = \begin{bmatrix} k_p & -k_p & 0 & 0 \\ -k_p & k_p+r_p^2 k_m & -k_m r_p r_g & 0 \\ 0 & -k_m r_p r_g & k_g+r_g^2 k_m & -k_g \\ 0 & 0 & -k_g & k_g \end{bmatrix}$；$\{\theta\} = \begin{bmatrix} \theta_m & \theta_p & \theta_g & \theta_l \end{bmatrix}^T$；

$[F] = \begin{Bmatrix} T_m \\ -c_m r_p \dot{e} - k_m r_p e \\ c_m r_g \dot{e} - k_m r_g e \\ -T_l \end{Bmatrix}$。

■ 三、齿轮系统啮合耦合型振动模型

若考虑齿轮副支承系统(如传动轴、轴承、箱体)的弹性影响，即考虑扭转振动、横向弯曲振动、轴向振动和扭摆振动，从而形成了齿轮动力学中独特的啮合耦合型振动。对于齿轮—转子系统：如果仅分析由于齿轮轮体的偏心误差而产生的离心力和附加惯性对系统的振动，即形成静力耦合和动力耦合；如果这种耦合是在转子旋转过程中产生的，则称为转子耦合型振动。

如图 6-19 所示为直齿圆柱齿轮副啮合耦合型振动模型。这里不考虑齿面摩擦；不考虑传动轴等的具体振动形式，而是将传动轴、轴承和箱体的支承刚度和阻尼用组合等效值 k_{py}、k_{gy}、c_{py}、c_{gy} 来表示。由于不考虑齿面摩擦，轮齿的动态啮合力沿啮合线方向作用。

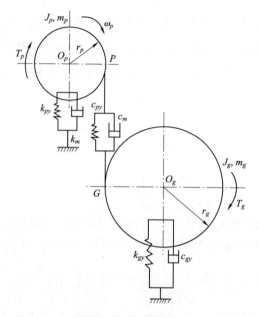

图 6-19　直齿圆柱齿轮副啮合耦合型振动模型

P、G 点 y 方向位移为

$$\left.\begin{array}{l}\bar{y}_p = y_p + r_p\theta_p \\ \bar{y}_g = y_g - r_g\theta_g\end{array}\right\} \tag{6-60}$$

啮合轮齿间的弹性啮合力 F_k 和黏性啮合力 F_c 为

$$\left.\begin{array}{l}F_k = k_m(\bar{y}_p - \bar{y}_g - e) = k_m(y_p + r_p\theta_p - y_g + r_g\theta_g - e) \\ F_c = c_m(\dot{\bar{y}}_p - \dot{\bar{y}}_g - \dot{e}) = c_m(\dot{y}_p + r_p\dot{\theta}_p - \dot{y}_g + r_g\dot{\theta}_g - \dot{e})\end{array}\right\} \tag{6-61}$$

系统的运动微分方程为

$$\left.\begin{array}{l}m_p\ddot{y}_p + c_{py}\dot{y}_p + k_{py}y_p = -(F_k + F_c) = -F_p \\ J_p\ddot{\theta}_p = r_pF_p + T_p \\ m_g\ddot{y}_g + c_{gy}\dot{y}_g + k_{gy}y_g = F_k + F_c = F_p \\ J_g\ddot{\theta}_g = -(r_gF_p + T_g)\end{array}\right\} \tag{6-62}$$

将式(6-62)写成矩阵形式,有

$$[M]\{\ddot{\theta}\} + [C]\{\dot{\theta}\} + [K]\{\theta\} = [F] \tag{6-63}$$

式中,$[M] = \begin{bmatrix} m_p & 0 & 0 & 0 \\ 0 & J_p & 0 & 0 \\ 0 & 0 & m_g & 0 \\ 0 & 0 & 0 & J_g \end{bmatrix}$；$[C] = \begin{bmatrix} c_{py}+c_m & c_mr_p & -c_m & c_mr_g \\ -c_mr_p & -c_mr_p^2 & c_mr_p & -c_mr_pr_g \\ -c_m & -c_mr_p & c_m+c_{gy} & -c_mr_g \\ c_mr_g & c_mr_pr_g & -c_mr_g & c_mr_g^2 \end{bmatrix}$；

$[K] = \begin{bmatrix} k_{py}+k_m & k_mr_p & -k_m & k_mr_g \\ -k_mr_p & -k_mr_p^2 & k_mr_p & -k_mr_pr_g \\ -k_m & -k_mr_p & k_m+k_{gy} & -k_mr_g \\ k_mr_g & k_mr_pr_g & -k_mr_g & k_mr_g^2 \end{bmatrix}$；$\{\theta\} = [y_p \quad \theta_p \quad y_g \quad \theta_g]^{\mathrm{T}}$；

$$[F]=\begin{Bmatrix} c_m\dot{e}+k_me \\ -c_mr_p\dot{e}-k_mr_pe+T_p \\ -c_m\dot{e}-k_me \\ c_mr_g\dot{e}+k_mr_ge+T_g \end{Bmatrix}。$$

该系统中,$[C]$、$[K]$ 为非对称结构。求解系统的固有特性可采用第九章第二节介绍的兰索斯(Lanczos)法。

第四节　带传动系统动力学

带传动是利用张紧在带轮上的带进行运动和动力传递。由于它具有结构简单、造价低廉、传动平稳、中心距大、缓冲吸振和过载打滑等独特优点,在现代高速机械中仍获得相当广泛的应用。例如在磨床、离心机、粉碎机等高速机械中,常利用带传动增速,使从动轮转速达到 $20000\sim50000$ r/min,带速大于 30 m/s,甚至高达 $50\sim60$ m/s。

对于高速带传动,必须考虑由带速增高而引起的带的振动,这已成为高速带传动设计的主要问题。振动会造成带的剧烈抖动、拍击甚至脱带,也会引起从动轴与工作机械的强烈扭振,致使机械无法工作。因此,对于高速带传动应按动态要求进行设计或者进行振动计算。在某些带传动装置发生剧烈振动时,也可以通过振动分析计算找出振因和解决问题的途径。

■ 一、带传动中的扭转振动

在如图 6-20(a)所示的带传动系统中,J_1、J_2 为主、从动轮的转动惯量,ω_1、ω_2 分别为主、从动轮角速度,带传动的传动比为 $i=\omega_1/\omega_2$,l 为紧边带长。取轮 1 的中心线为等效转化中心轴线,两轮的等效转动惯量分别转为 J_{1e}、J_{2e},而弹性带则转化为具有等效扭转刚度 k_t 的扭转轴,如图 6-20(b)所示。

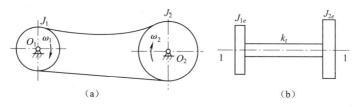

(a)　　　　　　　　　　　　　(b)

图 6-20　带传动系统动力学模型

$$J_{1e}=J_1,\ J_{2e}=J_2/i^2$$

等效刚度 k_t 可由带拉伸弹性变形与相关参数导出。对于主动轮 1 (图 6-21),s_0 为初拉力,传递转矩 $T_1=FR_1$,故紧边拉力 s_1 及松边拉力 s_2 分别为

$$s_1=s_0+\frac{F}{2},\ s_2=s_0-\frac{F}{2}$$

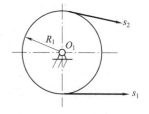

图 6-21　主动带轮受力

取带的横截面积为 A,弹性模量为 E,紧边或松边带长为 l,则带的拉伸刚度为

$$k_l=\frac{\Delta F}{\Delta l}=\frac{EA}{l} \tag{6-64}$$

式中,ΔF 为带增加拉力;Δl 为带在 ΔF 作用下的拉伸变形。

设在带伸长 Δl 下引起带轮1的角位移增量为 $\Delta\theta_1$，则 $\Delta l = R_1\Delta\theta_1$。根据势能等效原则，带变形增量的势能应等于轴扭转势能的增量，即 $\frac{1}{2}k_t\,(\Delta\theta_1)^2 = 2\times\frac{1}{2}k_l\,(\Delta l)^2$，则有

$$k_t = 2k_lR_1^2 = \frac{2EAR_1^2}{l} \tag{6-65}$$

这样就构成了一个双质量单自由度扭转系统。

二、带传动的横向受迫振动

带传动的横向受迫振动是以带本身为研究对象，把主、从动轮的振动作为带振动的激励。

高速转动的带轮和轴由于制造、安装及材质不均匀等原因，总存在不平衡，即使通过动平衡试验，也只能保证重心偏移量 e 在许可范围内，例如磨床高速带轮的 $e = 0.4\sim1.2\mu m$；精密磨床主轴带轮 $e = 0.08\sim0.25\mu m$。带轮与轴高速转动时，由于不平衡引起的惯性力，会使转轴变形，而产生弓形回旋运动，如图 6-22 所示。

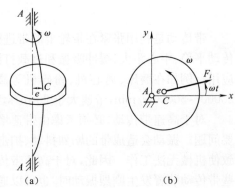

图 6-22　带轮与轴的弓形回旋

假定系统不计阻尼，且转轴变形的影响折算为刚性转轴上惯性力的影响，即可转化为图 6-22(b)所示的高速旋转带轮，其惯性力为

$$F_i = me\omega^2 \tag{6-66}$$

式中，e 为质心偏心量；m 为带轮的质量；ω 为带轮的转速。

将惯性力沿带方向（x 向）及垂直带方向（y 向）分解，则得

$$\left.\begin{array}{l} X = me\omega^2\cos\omega t \\ Y = me\omega^2\sin\omega t \end{array}\right\} \tag{6-67}$$

式中，X 为 x 向激振力；Y 为 y 向激振力，即对带横向振动的激振力。

因主、从动轮的质量和偏心量及转速均不相同，故带横向受迫振动两激励力分别为

$$\left.\begin{array}{l} Y_1 = m_1e_1\omega_1^2\sin\omega_1 t \\ Y_2 = m_2e_2\omega_2^2\sin(\omega_2 t + \varphi_2) \end{array}\right\} \tag{6-68}$$

式中，φ_2 为两激励力 Y_1、Y_2 的相位差。

由于已知系统为简谐激励，其频率为 ω_1 或 ω_2，所以需要确定带传动简化力学模型横向振动的固有频率。根据带传动中心距和带截面的不同，可简化为两种不同的动力学模型。

1. 弦振动模型

若两带轮中心距较大，带截面尺寸较小，抗弯刚度也较小（如平皮带），则带的横向力学模型可简化为弦振动，如图 6-23 所示。

由式(4-13)可知，张紧弦各阶固有频率为

$$\omega_{nk} = \frac{k\pi}{l}\sqrt{\frac{F_0}{\rho A}}, \quad k = 1,2,3,\cdots$$

式中，l 为张紧弦的长度；F_0 为弦的张紧力，即带

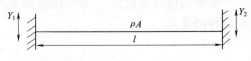

图 6-23　带简化为弦振动模型

所承受的拉力；ρ 为带密度。

因此，当带传动尺寸 l、A 及材质 ρ 选定后，其横向振动固有频率取决于张紧力 F_0。

为避免产生共振，及避免带出现强烈的横向振动，带传动设计时应使其一阶固有频率 ω_{n1} 大于激励频率 ω_1、ω_2 中的较大值。

2. 梁的弯曲振动模型

若两带轮中心距较小，带截面尺寸较大，抗弯刚度也较大（如三角皮带），此时应将带横向受迫振动简化为两端简支的连续梁横向弯曲振动模型。由于梁弯曲振动受支承条件影响甚大，因此按有、无张紧轮的情况分别讨论。

（1）无张紧轮。如图 6-24 所示，带传动模型相当于例 4-4 所示的系统，其一阶固有频率由表 4-2 确定，即

$$\omega_{nk} = \alpha\lambda_k^2 = \frac{k^2\pi^2}{l^2}\sqrt{\frac{EI}{\rho A}}, \quad k=1,2,3\cdots,$$

式中，l 为紧边或松边长度；E 为带材料的弹性模量；I 为带的抗弯截面模量；A 为带截面积；ρ 为带密度。

图 6-24　带简化为两端简支梁模型

（2）有张紧轮。如图 6-25 所示，设张紧轮的质量为 M，张紧弹簧刚度为 k，带的力学模型相当于两端简支，在 x_1 处有激振力 $M\ddot{y}_1 + ky_1$ 的横向弯曲振动。

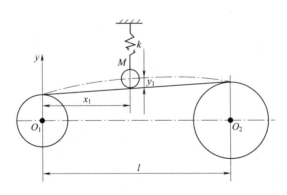

图 6-25　带简化为两端简支梁模型

由式（4-41），梁作横向自由振动偏微分方程可得，在集中激励作用下，梁横向受迫振动方程为

$$\rho A\frac{\partial^2 y}{\partial t^2} + EI\frac{\partial^4 y}{\partial x^4} = M\ddot{y}_1 + ky_1 \tag{6-69}$$

式中，y_1 为张紧轮在 x_1 处梁挠曲线上的位移；$\ddot{y}_1$ 为张紧轮在 x_1 处梁挠曲线上的加速度；E、I、A、ρ 意义同前。

现用梁振动的模态分析法求方程式（6-69）的解。

设方程的解为

$$y(x,t) = \sum_{k=1}^{\infty} Y_k(x) q_k(t) \tag{6-70}$$

式中，$Y_k(x)$ 为第 k 阶振型函数，如图 6-26 所示的系统中 $Y_k(x) = \sqrt{\dfrac{2}{\rho Al}} \sin \dfrac{k\pi x}{l}$；$q_k(t)$ 为模态坐标。

将式(6-70)代入式(6-69)，得

$$\sum_{k=1}^{\infty} \rho A Y_k \ddot{q}_k + \sum_{k=1}^{\infty} EI \frac{\partial^4 Y_k}{\partial x^4} q_k = M\ddot{y}_1 + ky_1 \tag{6-71}$$

利用梁主振型的正交性，可将上式简化为一组独立的常微分方程组

$$\ddot{q}_k + \omega_{nk}^2 q_k = Q_k \tag{6-72}$$

式中，Q_k 为对应于模态坐标 q_k 的广义力。

根据式(4-73)，如图 6-25 所示的系统可视为一个施加集中力 $M\ddot{y}_1 + ky_1$ 的梁，则

$$Q_k = (M\ddot{y}_1 + ky_1) \sqrt{\frac{2}{\rho Al}} \sin \frac{k\pi x_1}{l} \tag{6-73}$$

式中，y_{1k} 为 k 阶振型时张紧轮处的位移。

由于带横向受迫振动主要取决于一阶固有频率及一阶振型(即 $k=1$)，式(6-72)可写成

$$\ddot{q}_1 + \omega_{n1}^2 q_1 = Q_1 \tag{6-74}$$

式中，ω_{n1} 为一阶固有频率，对于两端简支梁为 $\omega_{n1} = \dfrac{\pi^2}{l^2} \sqrt{\dfrac{EI}{\rho A}}$。

由式(6-70)可推出

$$y_1(x_1,t) = Y_1(x_1) q_1(t) = \sqrt{\frac{2}{\rho Al}} \sin \frac{\pi x_1}{l} q_1 \tag{6-75}$$

$$\ddot{y}_1(x_1,t) = Y_1(x_1) \ddot{q}_1(t) = \sqrt{\frac{2}{\rho Al}} \sin \frac{\pi x_1}{l} \ddot{q}_1 \tag{6-76}$$

将以上两式代入式(6-73)与式(6-74)，经整理得

$$\left[1 - \left(\sqrt{\frac{2}{\rho Al}} \sin \frac{\pi x_1}{l} \right)^2 M \right] \ddot{q}_1 + \left[\left(\frac{\pi^2}{l^2} \sqrt{\frac{EI}{\rho A}} \right)^2 - \left(\sqrt{\frac{2}{\rho Al}} \sin \frac{\pi x_1}{l} \right)^2 k \right] q_1 = 0 \tag{6-77}$$

式(6-77)为模态坐标的二阶常系数线性齐次方程。由其特征方程可求出具有张紧轮的带横向振动一阶固有频率 ω_{n1} 为

$$\omega_{n1}^2 = \frac{\left(\dfrac{\pi^2}{l^2} \sqrt{\dfrac{EI}{\rho A}} \right)^2 - \left(\sqrt{\dfrac{2}{\rho Al}} \sin \dfrac{\pi x_1}{l} \right)^2 k}{1 - \left(\sqrt{\dfrac{2}{\rho Al}} \sin \dfrac{\pi x_1}{l} \right)^2 M} \tag{6-78}$$

由式(6-78)可知，调节张紧轮的位置 x_1 及张紧弹簧刚度 k，可使系统一阶固有频率大于横向激励频率 ω，从而避免带的横向共振。

■ 三、带传动的自激振动

带轮轴弓形回旋在垂直带方向(y 向)的振动激励可能激起带横向振动，沿带方向(x 向)

的振动激励则可能激起带自激振动。

图 6-26 表示带横向自激振动模型。研究表明,带轮轴弓形回旋引起的水平位移 $\tilde{x}$ 的频率为轴转速 ω,它必然引起带拉力 F_0 的变化,其频率也为 ω。当 ω 为带横向振动一阶固有频率 ω_{n1} 的两倍时,带会产生 $\tilde{y}$ 向的参激自振,即自激振动条件为

$$\omega = 2\omega_{n1} \tag{6-79}$$

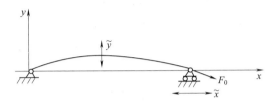

图 6-26　带横向自激振动模型

带传动产生上述自激振动的原因是:在一个振动周期内,交变的带张力做的总功为正值,即不断向系统输入能量,致使系统的横向振动克服阻尼而持续振动。

习题六

6-1　如图 6-27 所示,输入输出构件的转动惯量 $J_1=0.2$ kg·m²,$J_2=4J_1$,齿轮转动惯量为 $J_3=0.24J_1$,$J_4=0.5J_1$,$k_{t1}=6\times10^4$ N·m/rad,$k_{t2}=7k_{t1}$,齿轮传动比 $i_{34}=\dfrac{\omega_3}{\omega_4}=3$。求系统固有频率。若忽略齿轮惯性的影响,即取 $J_3=J_4=0$,试求系统固有频率。(答案:$\omega_{n1}=345$ rad/s,$\omega_{n2}=1409$ rad/s,若忽略齿轮惯性影响 $\omega_n=362$ rad/s)

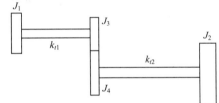

图 6-27　题 6-1 图

6-2　已知轴的结构尺寸如图 6-28 所示,轴的材料为钢,弹性模量 $E=2.06\times10^5$ N/mm²,密度 $\rho=7.85\times10^3$ kg/m³。试用传递矩阵法求其临界转速,并分别在下面两种情况下进行计算:①刚性支承;②弹性支承,且 $k=0.4\times10^4$ N/mm。

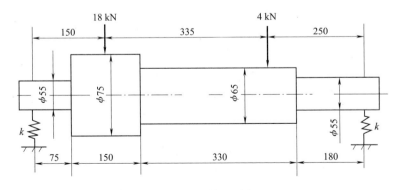

图 6-28　题 6-2 图

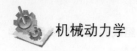

6-3 已知齿轮的模数 $m=4.0$,齿数 $z_1=z_2=45$,齿顶高系数 $h_a^*=1.0$,齿根高系数 $h_f^*=1.25$,压力角 $\alpha=20°$,齿宽 $B=12$ mm,齿轮材料为 40 号钢。试计算齿轮啮合刚度。(答案:$k=1.09\times10^7$ N/mm)

6-4 如图 6-29 所示的凸轮机构模型中,已知从动件升程 $h=22$ mm,凸轮的基圆半径 $R_0=45$ mm,凸轮转速 $n=1000$ r/min,凸轮的推程运动角 $\varphi_1=60°$,远停程角为 $\varphi_2=30°$,推程按正弦加速度规律设计。系统模型的其他参数为 $m=2.5$ kg,$k=50\times10^6$ N/m,$k_t=12\times10^6$ N·m/rad,$c=1150$ N·s/m。不计轴的弯曲振动,求从动件工作端的动力响应。

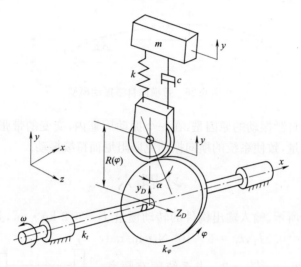

图 6-29 题 6-4 图

让·巴普蒂斯·约瑟夫·傅立叶（Baron Jean Baptiste Joseph Fourier，1768—1830），男爵，法国数学家、物理学家，巴黎科学院院士，法兰西学院终身秘书，理工科大学校务委员会主席。主要贡献是在研究《热的传播》和《热的分析理论》时创立了一套数学理论，对19世纪的数学和物理学的发展都产生了深远影响。他最早使用定积分符号并提出傅立叶变换的基本思想，傅立叶变换能将满足一定条件的某个函数表示成正弦基函数的线性组合或者积分。

■ 第七章 ■

起重机械动力学

第一节　概　　述

1. 起重机械的特点

起重机械经常带着负荷作频繁的启动、制动与调速。在这些不稳定过程中，机器的各个机构以及金属结构必然要承受较大的动载荷。为了尽可能地减轻机器的自重，提高其工作可靠性与耐久性，必须对这些不稳定过程以及由此产生的动载荷进行深入的研究。这也是近年来起重机械行业发展的新趋势之一。

2. 起重机械的载荷

起重机械的载荷通常可看作由三个部分组成，即静载荷、惯性载荷和振动载荷。其中，静载荷是指起重机在稳定运动状态下所承受的载荷；惯性载荷是指机械各构件皆视为刚体，在启动与制动等不稳定的过程中，机器所承受的惯性载荷；而振动载荷是考虑机械构件的弹性以及由此引起系统振动而作用于机器上的载荷。本章所要讨论的就是这个振动载荷。

3. 起重机械的激励

起重机械主要是加载过程。对应于起重机械的不同工况，加载方式也各不一样。总的来说，可分为两类。

（1）骤加载荷。如图7-1所示，当起重机械将一个静止于地面（起吊钢丝绳已预收紧）的物体，在 t_0 时间内起吊离地，对整机而言，就属于这种加载方式。

（2）冲击载荷。例如，同样从地面起吊重物，如果钢丝绳处于完全松弛状态（没有预收紧），那么，在钢丝绳从处于松弛到

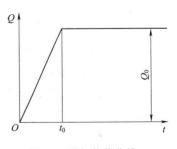

图7-1　骤加载荷曲线

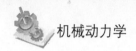

受力的瞬间，便会作用于机械一个冲击；此外，当机械内部存在间隙(如齿侧间隙、运动副间隙、行程间隙等)时，或机身碰撞，或翻转起吊重物等过程中，都会带来冲击载荷。这种冲击载荷所引起的动载荷比骤加载荷大得多。

4. 起重机械所要研究的动力学

(1)起升机构动力学。通常，起升机构可简化为双质量(转动惯量)单自由度系统。其中，高速轴上的转动惯量与被起吊重物的质量将起决定性的作用。一般钢索式变幅机构的动力学模型与此完全类似。

(2)运行机构动力学。通常，运行机构可简化为三质量(转动惯量)二自由度系统。其中，起决定作用的质量(转动惯量)是高速轴上的转动惯量、运行车体的质量和被起吊重物的质量。一般旋转机构及具有吊重水平位移与自重平衡系统的变幅机构，其动力学模型与此类似。

(3)金属结构动力学。起重机的金属结构可视为弹性体，并视计算精度要求，简化为一个多自由度振动系统，并按各种加载过程，计算作用于金属结构上的动载荷。

第二节 起升机构动力学

■ 一、起升机构各种工况下的受力分析

起升机构的功能是提升或下降重物。具有典型意义的工况如下：

(1)重物悬吊于空中时的启动与制动过程。

(2)置于地面的重物被突然提升离地的启动过程。

(3)吊在空中的重物突然脱开、坠地，使整机卸载。

1. 悬吊于空中时，启动与制动

当重物被悬吊于空中后作短暂停留，然后再度提升，就属于这类情况。在这类情况下，启动之前，钢丝绳已被拉紧，并承受吊重的静载 Q。当作用于钢丝绳上端的驱动力 F_q(驱动力矩为 P_q)大于静载 Q 时，吊重即被起吊上升。

图 7-2 为重物悬吊于空中的系统动力学模型，m_1 为原动机与传动装置的转动惯量转化到卷筒边缘上的等效质量；m_2 为被起吊重物的质量，$m_2 = \dfrac{Q}{g}$；F_q 为启动圆周力，可根据原动机的起动转矩求得；k 为钢丝绳的刚度，可按式(7-1)计算：

$$k = \frac{EA}{L} \tag{7-1}$$

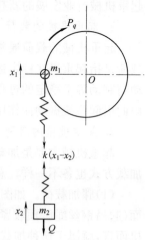

式中，E 为钢丝绳的抗拉弹性模量，有机芯钢丝绳 $E = 1.1 \times 10^5 \sim 1.3 \times 10^5 \mathrm{MPa}$，金属丝芯钢丝绳 $E = 1.4 \times 10^5 \mathrm{MPa}$，封闭式钢丝绳 $E = 1.7 \times 10^5 \mathrm{MPa}$；$A$ 为钢丝绳中所有钢丝的截面之和；L 为钢丝绳受拉部分的长度(包括缠绕在卷筒上的一圈绳长)。

如图 7-2 所示的系统，其运动方程式为

$$m_1 \ddot{x}_1 + k(x_1 - x_2) = F_q = F_s + Q \tag{7-2}$$

图 7-2 起升机构
动力学模型

$$F_s = F_q - Q$$
$$m_2 \ddot{x}_2 - k(x_1 - x_2) = -Q \tag{7-3}$$

式中，F_s 为剩余加速度力。

令 $x = x_1 - x_2$，表示钢丝绳的弹性变形，对式(7-2)、式(7-3)变换得

$$\ddot{x} + \omega_n^2 x = \frac{F_s}{m_1} + \frac{m_1 + m_2}{m_1 m_2} Q \tag{7-4}$$

$$\omega_n = \sqrt{\frac{m_1 + m_2}{m_1 m_2} k}$$

其解为

$$\left. \begin{array}{l} x = A\sin\omega_n t + B\cos\omega_n t + \dfrac{m_2 F_s}{k(m_1 + m_2)} + \dfrac{Q}{k} \\[2mm] \dot{x} = \omega_n A\cos\omega_n t - \omega_n B\sin\omega_n t \end{array} \right\} \tag{7-5}$$

设初始条件为：$t = 0$ 时，$x(0) = \dfrac{Q}{k}$（悬吊于空中时，钢丝绳的静变形），$\dot{x}(0) = 0$，则 $A = 0$，$B = -\dfrac{m_2 F_s}{k(m_1 + m_2)}$，故

$$x = \frac{m_2 F_s}{k(m_1 + m_2)}(1 - \cos\omega_n t) + \frac{Q}{k} \tag{7-6}$$

钢丝绳上所受的力为

$$F = kx = \frac{m_2 F_s}{m_1 + m_2}(1 - \cos\omega_n t) + Q \tag{7-7}$$

$$F_{\max} = F_{v\max} + Q = \frac{2m_2 F_s}{m_1 + m_2} + Q \tag{7-8}$$

式中，$F_{v\max} = \dfrac{2m_2 F_s}{m_1 + m_2}$ 即为最大的动载荷。

当把系统视为刚性系统，即忽略钢丝绳的弹性时，可以计算出钢丝绳上的动载荷值为

$$F_G = \frac{m_2 F_s}{m_1 + m_2}$$

称为惯性载荷。可见，系统被视为弹性系统比视为刚性系统时，最大计算动载荷要大一倍，参见例1-2。这说明，忽略系统的弹性与振动，采用刚性系统计算法是偏于不安全的。因此，在重要场合，必须进行弹性动力学计算。

静载荷 Q、惯性载荷 F_G、振动载荷 F_v 与钢丝绳所承受的实际载荷 F 之间的关系如图7-3所示。

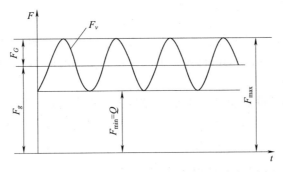

图 7-3 启动/制动工况下各种载荷之间的关系

由式(7-8)可知,振动载荷 F_v 将随着剩余加速力的增大而增大。所以,选用大功率的电动机,将会加大启动载荷,是不利的。

此外,还可以看到,悬挂在空中的重物被启动时,起吊重物实际上起到了消除机构间隙与使钢丝绳等构件预紧的作用,从而消除了启动过程中的冲击。在这种无冲击的情况下,振动载荷的大小将与钢丝绳的刚度 k 无关,这与有冲击的情况是根本不同的。

2. 重物被突然提升离地

当要起吊一个置于地面的重物,而起吊前钢丝绳又处于松弛(不受力)状态时,司机往往先以低速将钢丝绳慢慢拉紧,让它逐渐受力、变形后,再以额定速度起升。但在起重现场,由于视线不好或操作不慎等原因,常会以较高速度突然提起重物,这样的启动过程便会产生一个很大的冲击载荷。

这种工况仍如图 7-2 所示,系统的运动方程仍为式(7-4),方程的解也如式(7-5)。不同之处仅仅是振动的初始条件不同。其初始条件为 $t=0$ 时,$x(0)=\dfrac{Q}{k}$(悬吊于空中时,钢丝绳的静变形),$\dot{x}(0)=v$,则 $A=\dfrac{v}{\omega_n}$,$B=-\dfrac{m_2 F_s}{k(m_1+m_2)}$,$\omega_n=\sqrt{\dfrac{m_1+m_2}{m_1 m_2}k}$。故

$$x=\frac{v}{\omega_n}\sin\omega_n t+\frac{m_2 F_s}{k(m_1+m_2)}(1-\cos\omega_n t)+\frac{Q}{k} \tag{7-9}$$

钢丝绳上所受的力为

$$F=kx=\frac{kv}{\omega_n}\sin\omega_n t+\frac{m_2 F_s}{m_1+m_2}(1-\cos\omega_n t)+Q \tag{7-10}$$

$$F_{\max}=F_{v\max}+Q=\frac{kv}{\omega_n}+\frac{m_2 F_s}{m_1+m_2}+Q \tag{7-11}$$

由式(7-11)可以看出,重物被突然提升离地时,钢丝绳与机构所承受的载荷包括三个部分:①静载荷 Q;②惯性载荷 $\dfrac{m_2 F_s}{m_1+m_2}=F_G$;③冲击载荷 $\dfrac{kv}{\omega_n}$。

显然,冲击载荷与起升速度 v 和钢丝绳的刚度 k 有关。降低钢丝绳的刚度可以吸收冲击能量,降低冲击载荷。但钢丝绳刚度一般调节余地不大,所以通常是在其固定端安装弹簧缓冲器或其他弹性元件。

此外,也可以从机械控制方面着手来减小冲击,即在启动之前,首先控制电动机的启动转矩小于额定静力矩,因而使驱动力矩 P_q 小于吊重静载荷 Q,这个力矩将使钢丝绳拉紧,但不足以提起和使机构启动。起升机构处于预紧状态后,再切换电阻,加大启动力矩,使机构启动,重物上升。这样可消除冲击。

3. 骤然卸载

在塔式起重机中,如果吊重突然坠落,有可能导致机身向后倾倒,丧失整体稳定性。

前面已经讨论了起升启动的两种典型工况。重物下降时制动,情况与此相类似。它们的共同特点如下。

(1)当起升启动(或下降制动)时,惯性力与静载荷(吊重)方向一致,如图 7-4(a)所示。此时

$$\left.\begin{array}{l} F_{\max}=F_g+(F_g-Q)=2F_g-Q \\ F_{\min}=Q \end{array}\right\} \tag{7-12}$$

式中,$F_g=Q+F_G$,F_G 为刚性系统的惯性载荷,即 $F_G=\dfrac{m_2 F_s}{m_1+m_2}$。

（2）当起升制动（或下降启动）时,惯性力与静载荷（吊重）方向相反,如图 7-4(b)所示。此时

$$
\left.\begin{array}{l}
F_{max} = Q \\
F_{min} = Q - 2(Q - F_g) = 2F_g - Q
\end{array}\right\} \tag{7-13}
$$

（3）当吊重突然坠落时,则

$$
\left.\begin{array}{l}
F_g = 0 \\
F_{min} = -Q
\end{array}\right\} \tag{7-14}
$$

式中,"$-Q$"将可能导致起重机整机向后倾覆。

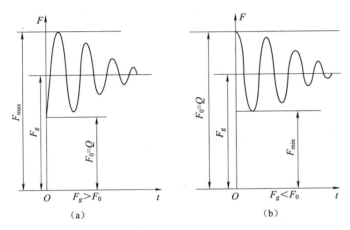

图 7-4　骤然卸载工况下的各种载荷

二、起重机起升机构动力学模型

对于如图 7-5 所示的起重机起升机构传动系统,引起系统扭转振动的主要因素为联轴器及转轴的扭转弹性。

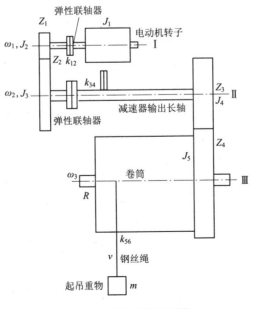

图 7-5　起重机传动系统

为了简化计算与分析,将所有构件的转动惯量(或质量)转化至同一轴线。对于图 7-5 的系统可向轴 I 中心线转化而成为如图 7-6 所示的多自由度扭振系统(也可以向钢丝绳中心线转化而得到多自由度直线振动系统,请读者自行讨论)。

$$J_{1e} = J_1, \ J_{2e} = J_2, \ J_{3e} = \frac{J_3}{i_{12}^2}, \ J_{4e} = \frac{J_4}{i_{12}^2}, \ J_{5e} = \frac{J_5}{i_{13}^2}, \ J_{6e} = \frac{mR^2}{i_{13}^2} \left.\rule{0pt}{1.2em}\right\}$$

$$k_{12e} = k_{12}, \ k_{34e} = \frac{k_{34}}{i_{12}^2}, \ k_{56e} = \frac{k_{56}R^2}{i_{13}^2} \qquad\qquad (7-15)$$

其中,由式(7-1)得 $k_{56} = \dfrac{EA}{L}$,E 为钢丝绳的弹性模量;A 为钢丝绳的截面积;L 为钢丝绳长度;$i_{12} = \dfrac{\omega_1}{\omega_2}$,$i_{13} = \dfrac{\omega_1}{\omega_3}$。

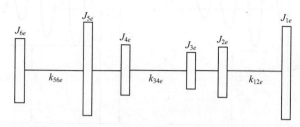

图 7-6　起重机传动系统等效模型

第三节　运行机构动力学

■ 一、运行机构动力学模型

如图 7-7(a)所示为起重机的运行机构,可以简化为一个三质量二自由度(水平)直线振动系统,如图 7-7(b)所示。其中,m_1 为电动机转子及传动系统转化到车轮轴处的等效质量;m_2 为车体质量;m_3 为吊重质量;k_{12} 为传动轴转化到车轮轴处的等效刚度;k_{23} 为悬吊钢丝绳的水平移动刚度,求法如下。

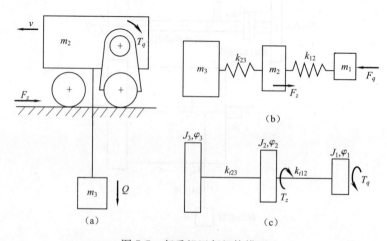

图 7-7　起重机运行机构模型

如图 7-8 所示,要使重量 $Q=mg$ 的吊重由平衡位置产生位移 x,所需施加的力为 $F=mg\tan\theta$,故等效刚度为

$$k_{23}=\frac{F}{x}=\frac{mg\tan\theta}{x}=\frac{mg\tan\theta}{l\sin\theta}\approx\frac{Q}{l} \qquad (7\text{-}16)$$

同样,可以将系统等效转化到车轮轴上形成扭转振动系统,如图 7-7(c)所示。

现以图 7-7(c)所示的扭转振动系统为例来讨论。

该系统的运动微分方程为

$$\left.\begin{array}{l} J_1\ddot{\varphi}_1=T_q-T_{12} \\ J_2\ddot{\varphi}_2=T_{12}-T_z-T_{23} \\ J_3\ddot{\varphi}_3=T_{23} \end{array}\right\} \qquad (7\text{-}17)$$

$$\left.\begin{array}{l} T_{12}=k_{t12}(\varphi_1-\varphi_2) \\ T_{23}=k_{t23}(\varphi_2-\varphi_3) \end{array}\right\} \qquad (7\text{-}18)$$

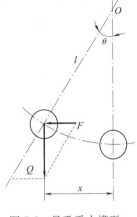

图 7-8　吊重受力模型

式中,T_q 为等效启动转矩;T_z 为等效阻力矩。

将式(7-18)对时间求二次导,再将式(7-17)代入,并整理得以 T_{12},T_{23} 为变量的微分方程

$$\left.\begin{array}{l} \ddot{T}_{12}+k_{t12}\dfrac{J_1+J_2}{J_1J_2}T_{12}-\dfrac{k_{t12}}{J_2}T_{23}=k_{t12}\left(\dfrac{T_q}{J_1}+\dfrac{T_z}{J_2}\right) \\ \ddot{T}_{23}-\dfrac{k_{t23}}{J_2}T_{12}+k_{t23}\dfrac{J_2+J_3}{J_2J_3}T_{23}=-\dfrac{k_{t12}}{J_2}T_z \end{array}\right\} \qquad (7\text{-}19)$$

写成矩阵形式为

$$\begin{bmatrix} 1 & 0 \\ 0 & 1 \end{bmatrix}\begin{Bmatrix} \ddot{T}_{12} \\ \ddot{T}_{23} \end{Bmatrix}+\begin{bmatrix} k_{t12}\dfrac{J_1+J_2}{J_1J_2} & -\dfrac{k_{t12}}{J_2} \\ -\dfrac{k_{t23}}{J_2} & k_{t23}\dfrac{J_2+J_3}{J_2J_3} \end{bmatrix}\begin{Bmatrix} T_{12} \\ T_{23} \end{Bmatrix}=\begin{Bmatrix} k_{t12}\left(\dfrac{T_q}{J_1}+\dfrac{T_z}{J_2}\right) \\ -\dfrac{k_{t12}}{J_2}T_z \end{Bmatrix} \qquad (7\text{-}20)$$

运用第二章和第三章介绍的方法,可对式(7-20)进行计算分析。

二、简化计算

在如图 7-7 所示的系统中,由于传动部分的刚度 k_{12} 比吊重摆动部分的刚度 k_{23} 大得多,传动系统对吊重摆动系统的影响可以忽略。因此,在研究吊重摆动系统振动时,将 k_{12} 看作无限大,m_1、m_2 刚性联结在一起,构成如图 7-9(a)所示的双质量单自由度模型。在分析吊重摆动系统之后,将吊重对传动系统的影响简化处理为作用在车体 m_2 上的一个周期变化的激励力,这样,也可以用一个简化的双质量单自由度系统来分析传动系统的振动,如图 7-9(b)所示。

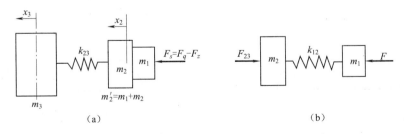

图 7-9　运行机构简化力学模型

（一）吊重摆动系统的振动

对如图 7-9(a)所示系统，其运动方程为

$$m_2' \ddot{x}_2 = F_s - k_{23}(x_2 - x_3) \left.\right\}$$
$$m_3 \ddot{x}_3 = k_{23}(x_2 - x_3) \qquad (7\text{-}21)$$

式中，F_s 为剩余加速度力，$F_s = F_q - F_z$；F_q 为启动力；F_z 为运行阻力；m_2' 为车体与传动系统合成的等效质量，$m_2' = m_1 + m_2$。

令 $x = x_2 - x_3$ 为吊重与小车(或大车)车体的相对摆动，由式(7-21)易得出

$$\ddot{x} + \frac{m_2' + m_3}{m_2' m_3} k_{23} x = \frac{F_s}{m_2'} \qquad (7\text{-}22)$$

方程(7-22)的解为

$$x = A\sin\omega_n t + B\cos\omega_n t + \frac{F_s}{\omega_n^2 m_2'} \left.\right\}$$
$$\omega_n = \sqrt{\frac{m_2' + m_3}{m_2' m_3} k_{23}} = \sqrt{\frac{m_2' + m_3}{m_2'} \cdot \frac{g}{l}} \qquad (7\text{-}23)$$

由初始条件：$t = 0$ 时，$x(0) = \dot{x}(0) = 0$，得 $A = 0$，$B = -\dfrac{F_s}{\omega_n^2 m_2'}$，则

$$x = \frac{F_s}{\omega_n^2 m_2'}(1 - \cos\omega_n t) \qquad (7\text{-}24)$$

故吊重的水平作用力为

$$F_{23} = k_{23} x = \frac{m_3 F_s}{m_2' + m_3}(1 - \cos\omega_n t) \left.\right\}$$
$$F_{23\max} = \frac{2m_3 F_s}{m_2' + m_3} \qquad (7\text{-}25)$$

（二）传动系统启动时的动载荷

将如图 7-9(b)所示的传动系统模型转化为扭转动力学模型，吊重作用于小车(或大车)的力 F_{23} 转化为力矩 T_{23}。对于传动系统，T_{23} 是一个交变激励转矩，如图 7-10 所示。

由于传动系统为高频振动系统，而激励力 F_{23} 为低频激励，两者相差很大。启动时，当高频振动部分达到最大时，低频部分的振动还很小；当 F_{23} 达到一个定值而不容忽略时，高频部分又衰减了。所以，在计算运行机构的动载荷时，通常可以忽略吊重摆动的影响。

运行机构传动系统的动载荷大小与控制装置中是否设有预备挡有直接关系。

1. 控制装置中设有预备挡的动载荷

如图 7-11 所示，由于在控制装置中设有预备挡，在正式启动前机构已预紧，弹性元件 k_{t12} 已受力变形，J_2 在预紧力作用下待启动。一旦接通启动挡，系统将会立即按双质量系统振动规律运动。

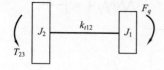

图 7-10 传动系统扭转动力学模型

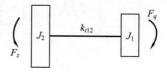

图 7-11 设有预备挡的传动系统动力学模型

由式(7-19),取 $T_{23}=0$,得

$$\ddot{T}_{12} + k_{t12}\frac{J_1+J_2}{J_1 J_2}T_{12} = k_{t12}\left(\frac{T_q}{J_1}+\frac{T_z}{J_2}\right) \tag{7-26}$$

方程式(7-26)的通解为

$$\left.\begin{aligned}
T_{12} &= A\sin\omega_n t + B\cos\omega_n t + \frac{J_1 J_2}{J_1+J_2}\left(\frac{T_q}{J_1}+\frac{T_z}{J_2}\right)\\
&= A\sin\omega_n t + B\cos\omega_n t + \frac{J_2}{J_1+J_2}(T_q-T_z)+T_z
\end{aligned}\right\} \tag{7-27}$$

$$\omega_n = \sqrt{\frac{J_1+J_2}{J_1 J_2}k_{t12}}$$

初始条件为:$t=0$ 时,$T_{12}\approx T_z$(预备挡力矩略小于静阻力矩,按两者相等计算偏安全);$\dot{T}_{12}=0$,因为 $\dot{\varphi}_1(0)=\dot{\varphi}_2(0)=0$,故扭转变形的增长速度 $\dfrac{\mathrm{d}}{\mathrm{d}t}(\varphi_1-\varphi_2)=0$,扭转矩的增长速度 $\dot{T}_{t12}=k_{t12}\dfrac{\mathrm{d}}{\mathrm{d}t}(\varphi_1-\varphi_2)=0$,得 $A=0$,$B=-\dfrac{J_2}{J_1+J_2}(T_q-T_z)$,则

$$\left.\begin{aligned}
T_{12} &= \frac{J_2}{J_1+J_2}(T_q-T_z)(1-\cos\omega_n t)+T_z\\
&= \frac{J_2}{J_{12}+J_2}T_s(1-\cos\omega_n t)+T_z\\
T_{12\max} &= \frac{2J_2}{J_1+J_2}T_s+T_z
\end{aligned}\right\} \tag{7-28}$$

可见,在设预备挡的情况下,动载荷包含两个部分,即静载荷 T_z 和动载荷 $\dfrac{2J_2}{J_1+J_2}T_s$。

2. 控制装置中未设预备挡的动载荷

在这种情况下,传动系统将在有间隙的情况下启动。启动时弹性元件未预紧受载。当 J_1 被 T_q 启动时,T_{12} 由零逐渐增大,但在 $T_{12}\leqslant T_z$ 之前 J_2 将不被启动,系统处于单质量振动阶段;直到 $T_{12}>T_z$ 时,J_2 才被启动,系统处于双质量振动阶段。

(1)单质量振动阶段。

如图 7-12 所示,J_2 未启动,系统的动力学方程为

$$J_1\ddot{\varphi}_1 + k_{t12}\varphi_1 = T_q \tag{7-29}$$

其通解为

$$\left.\begin{aligned}
\varphi_1 &= A\sin\omega_n t + B\cos\omega_n t + \frac{T_q}{k_{t12}}\\
\omega_n &= \sqrt{\frac{k_{t12}}{J_1}}
\end{aligned}\right\} \tag{7-30}$$

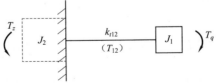

图 7-12　未设预备挡的单质量动力学模型

初始条件为：$t=0$ 时，$\varphi_1(0)=0$，$\dot{\varphi}_1(0)=0$，得 $A=0$，$B=-\dfrac{T_q}{k_{t12}}$，则

$$\varphi_1 = \frac{T_q}{k_{t12}}(1-\cos\omega_n t) \tag{7-31}$$

转矩 T_{12} 为

$$T_{12} = k_{t12}\varphi_1 = T_q(1-\cos\omega_n t) \tag{7-32}$$

当 $T_{12}=T_z$ 时，便是单质量振动阶段的结束和双质量振动阶段开始的标志，因此，可由式(7-33)求出单质量振动阶段结束的时间 t_1。由 $T_{12}=k_{t12}\varphi_1=T_q(1-\cos\omega_n t)=T_z$，得

$$\cos\omega_n t = 1-\frac{T_z}{T_q} \tag{7-33}$$

在 t_1 时刻，轴的扭转角 φ_1 及扭转角速度 $\dot{\varphi}_1$ 为

$$\left.\begin{aligned}
\varphi_1 &= \frac{T_{12}}{k_{t12}} = \frac{T_z}{k_{t12}} \\
\dot{\varphi}_1 &= \frac{\omega_n T_q}{k_{t12}}\sin\omega_n t = \frac{T_q}{\sqrt{k_{t12}J_1}}\sqrt{1-\cos^2\omega_n t} \\
&= \frac{T_q}{\sqrt{k_{t12}J_1}}\sqrt{1-\left(1-\frac{T_z}{T_q}\right)^2} = \sqrt{\frac{2T_qT_z-T_z^{\,2}}{k_{t12}J_1}}
\end{aligned}\right\} \tag{7-34}$$

(2)双质量振动阶段。当 J_2 起振后，系统便成为双质量振动系统，其运动方程为

$$\left.\begin{aligned}
J_1\ddot{\varphi}_1 + k_{t12}(\varphi_1-\varphi_2) &= T_q \\
J_2\ddot{\varphi}_2 - k_{t12}(\varphi_1-\varphi_2) &= -T_z
\end{aligned}\right\} \tag{7-35}$$

令 $\varphi=\varphi_1-\varphi_2$，则上式可写成

$$\ddot{\varphi} + \frac{k_{t12}(J_1+J_2)}{J_1J_2}\varphi = \frac{T_zJ_1+T_qJ_2}{J_1J_2} \tag{7-36}$$

方程(7-36)的通解为

$$\left.\begin{aligned}
\varphi &= A\sin\omega_n t + B\cos\omega_n t + \frac{T_zJ_1+T_qJ_2}{k_{t12}(J_1+J_2)} \\
\omega_n &= \sqrt{\frac{k_{t12}(J_1+J_2)}{J_1J_2}}
\end{aligned}\right\} \tag{7-37}$$

初始条件：单质量振动阶段的结束即为双质量振动阶段的开始。所以，由式(7-34)得 $\varphi(0)=\varphi_1=\dfrac{T_z}{k_{t12}}$，$\dot{\varphi}(0)=\dot{\varphi}_1=\sqrt{\dfrac{2T_qT_z-T_z^2}{k_{t12}J_1}}$，则

$$A = \frac{1}{k_{t12}}\sqrt{\frac{J_2(2T_qT_z-T_z^2)}{J_1+J_2}}, \quad B = \frac{J_2(T_z-T_q)}{k_{t12}(J_1+J_2)}$$

式(7-37)可写成

$$\varphi = \frac{1}{k_{t12}}\sqrt{\frac{J_2(2T_qT_z-T_z^2)}{J_1+J_2}}\sin\omega_n t + \frac{J_2(T_z-T_q)}{k_{t12}(J_1+J_2)}\cos\omega_n t + \frac{T_zJ_1+T_qJ_2}{k_{t12}(J_1+J_2)} \tag{7-38}$$

转矩 T_{12} 为

$$T_{12} = k_{t12}\varphi = \sqrt{\frac{J_2(2T_qT_z-T_z^2)}{J_1+J_2}}\sin\omega_n t + \frac{J_2(T_z-T_q)}{J_1+J_2}\cos\omega_n t + \frac{T_zJ_1+T_qJ_2}{J_1+J_2} \tag{7-39}$$

$$T_{12\max} = \frac{T_zJ_1+T_qJ_2}{J_1+J_2}\left[1+\sqrt{1-\frac{J_1(J_1+J_2)T_z^2}{(T_zJ_1+T_qJ_2)^2}}\right]$$

$$= T_{12g}\left[1+\sqrt{1-\frac{J_1}{J_1+J_2}\left(\frac{T_z}{T_{12g}}\right)^2}\right]=\psi T_{12g} \tag{7-40}$$

式中，$\psi=1+\sqrt{1-\dfrac{J_1}{J_1+J_2}\left(\dfrac{T_z}{T_{12g}}\right)^2}$ 为动力系数；$T_{12g}=\dfrac{T_z J_1+T_q J_2}{J_1+J_2}$ 为刚性系统（即不考虑构件弹性）的总载荷（静载荷与惯性载荷之和）。

（三）传动系统制动时的动载荷

由于作用在传动系统上的制动转矩的方向是与驱动转矩相反的，当运行机构被突然制动时，作用于机构上的转矩突然相反，因此，在齿轮间隙与运动副间隙中，将会引起冲击载荷。

图 7-13 为有间隙的二质量系统。在制动之前，m_1 和 m_2 以相同匀速 v 向右运动。当 m_1 被制动后，m_2 将继续运动，消除运动间隙后相互碰撞。

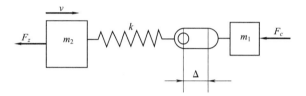

图 7-13　有间隙的二质量动力学模型

1. 消除间隙 Δ 阶段

质量 m_1 和 m_2 分别在制动力 F_c 和阻力 F_z 作用下作减速运动。m_1 的减速度为 $a_1=\dfrac{F_c}{m_1}$，制动力 F_c 可由制动力矩计算。m_2 的减速度为 $a_2=\dfrac{F_z}{m_2}$。

m_1 与 m_2 的运动方程为

$$s_1=vt-\frac{a_1t^2}{2},\ s_2=vt-\frac{a_2t^2}{2}$$

在 t_1 时刻 $s_2-s_1=\Delta$ 时，m_1 与 m_2 间的间隙被消除，两者发生碰撞，此时

$$\left(vt_1-\frac{a_2t_1^2}{2}\right)-\left(vt_1-\frac{a_1t_1^2}{2}\right)=\Delta,\ t_1=\sqrt{\frac{2\Delta}{a_1-a_2}}=\sqrt{\frac{2\Delta m_1 m_2}{F_c m_2-F_z m_1}}$$

所以，在碰撞时刻 t_1，m_1 与 m_2 的速度为

$$\left.\begin{aligned}
v_1&=v-a_1t_1=v-\frac{F_c}{m_1}\sqrt{\frac{2\Delta m_1 m_2}{F_c m_2-F_z m_1}}\\
v_2&=v-a_2t_1=v-\frac{F_z}{m_2}\sqrt{\frac{2\Delta m_1 m_2}{F_c m_2-F_z m_1}}
\end{aligned}\right\} \tag{7-41}$$

式(7-41)即为弹性碰撞阶段的初始条件。

2. 弹性碰撞阶段

当消除间隙之后，系统便形成了一个双质量单自由度系统，其运动方程为

$$\ddot{x}+\frac{m_1+m_2}{m_1 m_2}kx=\frac{F_c}{m_1}-\frac{F_z}{m_2} \tag{7-42}$$

式中，$x=x_1-x_2$ 为弹簧 k 的压缩量。

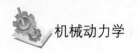

方程的通解为

$$x = A\sin\omega_n t + B\cos\omega_n t + \frac{1}{\omega_n^2}\frac{F_c m_2 - F_z m_1}{m_1 m_2} \left.\right\}$$

$$\omega_n = \sqrt{\frac{k(m_1 + m_2)}{m_1 m_2}}$$

(7-43)

初始条件：$t=0$ 时，$x(0)=0$，$\dot{x}(0)=\dot{x}_2(0)-\dot{x}_1(0)=v_2-v_1=\left(\dfrac{F_c}{m_1}-\dfrac{F_z}{m_2}\right)\sqrt{\dfrac{2\Delta m_1 m_2}{F_c m_2 - F_z m_1}}$，得

$$A = \sqrt{\frac{2\Delta(F_c m_2 - F_z m_1)}{k(m_1 + m_2)}}, B = -\frac{1}{\omega_n^2}\frac{F_c m_2 - F_z m_1}{m_1 m_2} = -\frac{F_c m_2 - F_z m_1}{k(m_1 + m_2)}$$

则

$$x = \sqrt{\frac{2\Delta(F_c m_2 - F_z m_1)}{k(m_1 + m_2)}}\sin\omega_n t - \frac{F_c m_2 - F_z m_1}{k(m_1 + m_2)}\cos\omega_n t + \frac{F_c m_2 - F_z m_1}{k(m_1 + m_2)}$$

(7-44)

最大载荷为

$$F_{\max} = \frac{F_c m_2 - F_z m_1}{m_1 + m_2}\left[1 + \sqrt{1 + \frac{2\Delta k(m_1 + m_2)}{F_c m_2 - F_z m_1}}\right]$$

(7-45)

由式(7-45)可见，制动时，机构中的动载荷将随制动力 F_c、车体质量 m_2、间隙 Δ 及弹性环节的刚度 k 的增大而增大，而随运行阻力 F_z 的增大而减小，与运行速度 v 无关。这是因为冲击是由 m_1 与 m_2 的相对速度造成的，而这个相对速度只与制动过程有关，与制动前 m_1 与 m_2 的共同速度 v 无关。

习题七

7-1 机械系统被视为弹性系统与被视为刚性系统相比，最大计算动载荷哪个大？为什么？（答案：被视为弹性系统时大）

7-2 在图 7-5 所示的钢丝绳卷扬机械传动系统中，J_1 为电动机转子的转动惯量；J_2 为齿轮 z_1 的转动惯量；J_3 为齿轮 z_2 的转动惯量；J_4 为齿轮 z_3 的转动惯量；J_5 为齿轮 z_4 加上卷筒的转动惯量；k_{12} 为 J_1 与 J_2 之间的扭转刚度；k_{34} 为 J_3 与 J_4 之间的扭转刚度；k_{56} 为钢丝绳的（直线）刚度；R 为卷筒外圆半径；z_1、z_2、z_3、z_4 分别为四个齿轮的齿数；m 为起吊重物的质量；v 为起吊重物的速度；ω_1、ω_2 分别为齿轮1、2的角速度；ω_3 为卷筒的角速度。①建立钢丝绳卷扬机传动系统的动力学模型；②求解系统的固有频率与主振型；③当紧急制动时（制动器在电动机轴的左端），求解系统的响应，并计算钢丝绳的拉力及各轴的扭矩；④当紧急制动时，钢丝绳突然断裂，传递系统的响应如何？

让·勒朗·达朗贝尔(Jean le Rond d'Alembert，1717—1783)，法国物理学家、数学家、天文学家。他是数学分析的主要开拓者和奠基人，他的伟大物理学著作《动力学》中提出了三大运动定律中的第三定律是用动量守恒来表示的平衡定律，此外书中提出的达朗贝尔原理可以将动力学问题转换为静力学问题，使一些力学问题的分析简单化。

第八章

行走式机械动力学

第一节　概　　述

行走式机械是指在地面行走的自行式和拖式机械，例如各种汽车、拖拉机、工程机械以及军用车辆。工程机械的种类很多，包括轮胎式和履带式的装载机、推土机、挖掘机、汽车起重机、铲运机等。

本章将讨论行走式机械工作过程中的动力学问题，为机械的动态设计和正确使用提供依据。

由于各种行走式机械在结构和运行特点上存在较大的差异，因此，本章将简要叙述各种行走机械带有的共性问题。结合各种工况，讨论稳定过程和过渡过程中的理论及其计算方法，着重研究传动系统的扭转振动和横向振动。此外结合行驶系统的随机过程，提出评价和研究的方法。

■ 一、行走式机械振动的基本形式

（1）机械在稳定工况下，传动系统受到周期性激励的作用，将产生扭转振动和弯曲振动，而且可能出现共振现象。

（2）机械在工况变化时，受到冲击载荷的激励，将产生受迫振动。例如机械起步、换挡和制动时产生传动系统的扭转振动和工作装置钢结构的振动。

（3）由轮胎和悬架等弹性支承的机架，产生单质体的二自由度振动。

（4）因路面不平引起的随机激励，使机械行驶系统产生随机振动。

（5）液压传动系统在冲击载荷作用下的动态响应及其对整机性能的动态特性的影响。

■ 二、行走式机械的动载荷

行走式机械在任意一种工况下产生振动时，相应的零件或构件将受到动载荷的作用，这是引起零件或构件损坏的主要原因之一。动载荷一般包括惯性载荷和振动载荷。

动载荷大小通常用动力系数表示，是指最大载荷（静、动载荷）与静载荷的比值，或最大应力与静应力的比值，用 ψ 表示，即

$$\psi = \frac{F_s + F_d}{F_s} = \frac{F_s + F_i + F_v}{F_s} = 1 + \frac{F_i}{F_s} + \frac{F_v}{F_s} \tag{8-1}$$

式中，F_s 为静载荷；F_d 为动载荷；F_i 为惯性载荷；F_v 为振动载荷。

行走式机械振动载荷一般分为两种类型：一种是由确定的激励（可用函数表示）产生的。通过对系统动力学模型的建立和振动微分方程的求解就可得出；另一种是随机载荷，需要用统计方法进行研究，在随机载荷激励下的机械振动称为随机振动。

动载荷一般用电测法测得，主要作为零件疲劳试验的加载依据以及用来计算零件的强度和疲劳寿命。

■ 三、行走式机械的非稳定工作过程

行走式机械的非稳定工作过程，即过渡过程，主要是指工作装置的启动与制动，传动系统的起步、换挡和减速制动。

1. 启动

启动一般分为有载启动和空载启动。

有载启动是指机构启动前已作用有外阻力 T_r，直至机构完成启动的全过程，启动时机构不存在间隙，工作装置无空行程。启动前机构处于非变形状态，如挖掘机、装载机的铲斗和拖拉机的犁在阻塞情况下启动。工作物质量（或转动惯量）和原动机启动转矩 T_t 越大，启动时传动机构的动载也越大。当外阻力矩大于启动转矩时，不能实现启动。

空载启动是指机构在无外阻力情况下启动，然后再加载，其振动情况一般可分为两个阶段：①空载加速；②突然或平稳地加载于工作装置。如果平稳地加载，动应力可减小；突然加载与有载启动的情况相似。

2. 制动

行走式机械的制动一般有四种情况，如图 8-1 所示，T_r 为外阻力矩，T_t 为制动力矩，J_1 为传动系统的等效转动惯量，J_2 为工作装置的等效转动惯量，k 为传动系统弹性构件的等效扭转刚度。

图 8-1(a)相当于提升机构放下吊重的制动，制动器装在原动机轴上；

图 8-1(b)相当于挖掘机和汽车起重机回转平台的制动；

图 8-1(c)相当于提升机构放下吊重时的制动，制动器装在卷筒轴上；

图 8-1(d)相当于传动系统对车轮的制动。

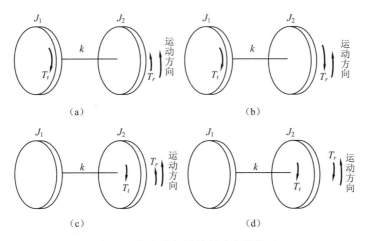

图 8-1　行走式机械的制动力学模型

设 φ_1、φ_2 分别为 J_1 和 J_2 的转角，T 为传动系统弹性构件受到的扭矩，并注意：无论 T_t 是作用在 J_1 上还是作用在 J_2 上，均是以克服 T_r 起到制动作用为目的，所以，分别以传动系统 J_1、弹性构件和工作装置 J_2 为对象进行受力分析，列出动力学微分方程。四种情况的动力学微分方程为

$$\left.\begin{array}{r} -T_t + T = J_1 \ddot{\varphi}_1 \\ -T + T_r = J_2 \ddot{\varphi}_2 \\ T = k(\varphi_2 - \varphi_1) \end{array}\right\} \tag{8-2}$$

$$\left.\begin{array}{r} -T_t - T = J_1 \ddot{\varphi}_1 \\ T - T_r = J_2 \ddot{\varphi}_2 \\ T = -k(\varphi_2 - \varphi_1) \end{array}\right\} \tag{8-3}$$

$$\left.\begin{array}{r} T = J_1 \ddot{\varphi}_1 \\ -T_t + T_r - T = J_2 \ddot{\varphi}_2 \\ T = k(\varphi_2 - \varphi_1) \end{array}\right\} \tag{8-4}$$

$$\left.\begin{array}{r} -T = J_1 \ddot{\varphi}_1 \\ T - T_r - M_t = J_2 \ddot{\varphi}_2 \\ T = -k(\varphi_2 - \varphi_1) \end{array}\right\} \tag{8-5}$$

求解式(8-2)～式(8-5)时，要注意到：工作装置 J_2 受到外阻力矩 T_r，即初始条件 $t=0$ 时，$T(0)=T_r$。

上述四种情况的解分别为

$$T = \frac{T_r J_1 + T_t J_2}{J_1 + J_2} - \frac{(T_t - T_r) J_2}{J_1 + J_2} \cos \omega_n t \tag{8-6}$$

$$T = \frac{T_r J_1 - T_t J_2}{J_1 + J_2} + \frac{(T_t + T_r) J_2}{J_1 + J_2} \cos \omega_n t \tag{8-7}$$

$$T = \frac{(T_r - T_t) J_1}{J_1 + J_2} + \frac{T_t J_1 + T_r J_2}{J_1 + J_2} \cos \omega_n t \tag{8-8}$$

$$T = \frac{(T_r + T_t) J_1}{J_1 + J_2} - \frac{T_t J_1 - T_r J_2}{J_1 + J_2} \cos \omega_n t \tag{8-9}$$

式中，$\omega_n = \sqrt{\dfrac{(J_1 + J_2) k}{J_1 J_2}}$。可以分别求出

$$T_{\max} = T_r + \frac{2(T_t - T_r)J_2}{J_1 + J_2}, \ T_{\min} = T_r \tag{8-10}$$

$$T_{\max} = T_r, \ T_{\min} = T_r - \frac{2(T_t + T_r)J_2}{J_1 + J_2} \tag{8-11}$$

$$T_{\max} = T_r, \ T_{\min} = -T_r - \frac{2(T_t - T_r)J_1}{J_1 + J_2} \tag{8-12}$$

$$T_{\max} = \frac{2(T_t + T_r)J_1}{J_1 + J_2} - T_r, \ T_{\min} = T_r \tag{8-13}$$

第二节　传动系统的扭转振动

■ 一、汽车传动系统

行走式机械底盘的传动系统分为轮胎式和履带式两大类。一般传动系统由发动机、离合器、液力变矩器、变速器、传动轴、主传动、轮边减速器及轮胎(或履带驱动轮)等主要部件组成。在行驶和作业过程中,传动系统交替重复稳定和非稳定两种工况。

如图 8-2 所示为汽车、汽车起重机底盘传动系统(不含液力变矩器)的传动简图和动力学模型。图 8-2 中 $J_1 \sim J_4$ 为发动机各缸的等效转动惯量,每个转动惯量上作用有阻尼 c_i 及周期性激励转矩 T_{ei};J_5 为飞轮的等效转动惯量;J_6、J_7 分别为离合器主动盘和从动盘的等效转动惯量,它们之间有内阻尼 c_1';J_8、J_9 分别为变速器主、从动轮的等效转动惯量,其上分别作用有外阻尼 c_5、c_6;J_{10}、J_{11} 为传动轴的等效转动惯量;J_{12} 为主传动、车轮和车体直线运动质量的等效转动惯量;T_r 为行驶阻力矩。这是一个链状系统,其运动微分方程为

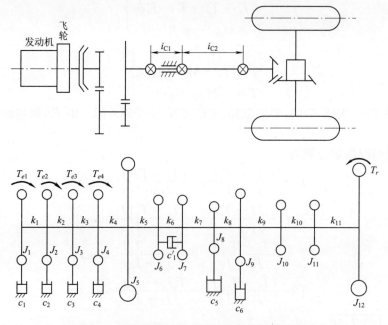

图 8-2　底盘传动系统的传动简图和动力学模型

$$[M]\{\ddot{\theta}\}+[C]\{\dot{\theta}\}+[K]\{\theta\}=\{F\} \tag{8-14}$$

式中，

$$[M]=\begin{bmatrix} J_1 & & & & & & & & & & & \\ & J_2 & & & & & & & & & & \\ & & J_3 & & & & & & & & & \\ & & & J_4 & & & & & 0 & & & \\ & & & & J_5 & & & & & & & \\ & & & & & J_6 & & & & & & \\ & & & & & & J_7 & & & & & \\ & & & & & & & J_8 & & & & \\ & 0 & & & & & & & J_9 & & & \\ & & & & & & & & & J_{10} & & \\ & & & & & & & & & & J_{11} & \\ & & & & & & & & & & & J_{12} \end{bmatrix}$$

$$[K]=\begin{bmatrix} k_1 & -k_1 & & & & & & & & & & \\ -k_1 & k_1+k_2 & -k_2 & & & & & & 0 & & & \\ & -k_2 & k_2+k_3 & -k_3 & & & & & & & & \\ & & -k_3 & k_3+k_4 & -k_4 & & & & & & & \\ & & & -k_4 & k_4+k_5 & -k_5 & & & & & & \\ & & & & -k_5 & k_5+k_6 & -k_6 & & & & & \\ & & & & & -k_6 & k_6+k_7 & -k_7 & & & & \\ & & & & & & -k_7 & k_7+k_8 & -k_8 & & & \\ & & & & & & & -k_8 & k_8+k_9 & -k_9 & & \\ & 0 & & & & & & & -k_9 & k_9+k_{10} & -k_{10} & \\ & & & & & & & & & -k_{10} & k_{10}+k_{11} & -k_{11} \\ & & & & & & & & & & -k_{11} & k_{11} \end{bmatrix}$$

$$[C]=\begin{bmatrix} c_1 & & & & & & & & & & & \\ & c_2 & & & & & & & & & & \\ & & c_3 & & & & & 0 & & & & \\ & & & c_4 & & & & & & & & \\ & & & & 0 & 0 & & & & & & \\ & & & & 0 & c_1' & -c_1' & & & & & \\ & & & & & -c_1' & c_1' & & & & & \\ & & & & & & & c_5 & & & & \\ & & & & & & & & c_6 & & & \\ & 0 & & & & & & & & 0 & & \\ & & & & & & & & & & 0 & \\ & & & & & & & & & & & 0 \end{bmatrix}, [F]=\begin{bmatrix} T_{e1} \\ T_{e2} \\ T_{e3} \\ T_{e4} \\ 0 \\ 0 \\ 0 \\ 0 \\ 0 \\ 0 \\ 0 \\ T_r \end{bmatrix}$$

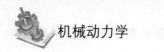
根据第二、三章介绍的内容,可以求出系统的固有特性和系统的响应。

■ 二、越野汽车传动系统

越野汽车、装载机械为双桥驱动的传动系统,如图 8-3 所示。该系统为分支系统,在变速器齿 J_{10}、J_{11} 之后分为两支。由于传动轴长度不同,分支上的等效刚度和等效转动惯量也不同。这是与图 8-2 中介绍的系统的差别之处。分支系统的自由振动计算与单自由度系统的自由度计算的基本原理相同,都是基于以下两个条件。

(1)根据达朗贝尔原理,作用在系统中任意一质量上的惯性力矩和弹性力矩,在任意一瞬时均保持平衡。

(2)系统中任意一质量,在扭振的任意一瞬时,只可能有一个确定的角位移值。

分支系统与单支系统不同,在分支点处的质量上作用的弹性力矩不是两个,而是三个或三个以上。在图 8-3 所示的系统中,除分支圆盘 J_{11} 以外,所有圆盘的运动微分方程式与单支系统相同。下面仅写出 J_{11} 的运动微分方程:

$$J_{11}\ddot{\theta}_{11} + k_{10}(\theta_{11} - \theta_{10}) + k_{11}(\theta_{11} - \theta_{12}) + k_{14}(\theta_{11} - \theta_{14}) + c_6\dot{\theta}_{11} = 0 \tag{8-15}$$

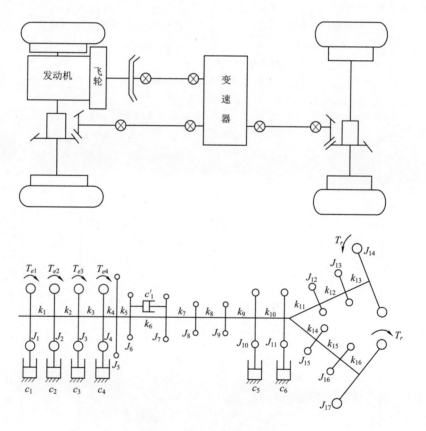

图 8-3 越野汽车传动系统

其系统的刚度矩阵为

$$[K] = \begin{bmatrix}
k_1 & -k_1 & 0 & 0 & 0 & 0 & 0 & 0 & 0 & 0 & 0 & 0 & 0 & 0 & 0 & 0 \\
-k_1 & k_1+k_2 & -k_2 & 0 & 0 & 0 & 0 & 0 & 0 & 0 & 0 & 0 & 0 & 0 & 0 & 0 \\
0 & -k_2 & k_2+k_3 & -k_3 & 0 & 0 & 0 & 0 & 0 & 0 & 0 & 0 & 0 & 0 & 0 & 0 \\
0 & 0 & -k_3 & k_3+k_4 & -k_4 & 0 & 0 & 0 & 0 & 0 & 0 & 0 & 0 & 0 & 0 & 0 \\
0 & 0 & 0 & -k_4 & k_4+k_5 & -k_5 & 0 & 0 & 0 & 0 & 0 & 0 & 0 & 0 & 0 & 0 \\
0 & 0 & 0 & 0 & -k_5 & k_5+k_6 & -k_6 & 0 & 0 & 0 & 0 & 0 & 0 & 0 & 0 & 0 \\
0 & 0 & 0 & 0 & 0 & -k_6 & k_6+k_7 & -k_7 & 0 & 0 & 0 & 0 & 0 & 0 & 0 & 0 \\
0 & 0 & 0 & 0 & 0 & 0 & -k_7 & k_7+k_8 & -k_8 & 0 & 0 & 0 & 0 & 0 & 0 & 0 \\
0 & 0 & 0 & 0 & 0 & 0 & 0 & -k_8 & k_8+k_9 & -k_9 & 0 & 0 & 0 & 0 & 0 & 0 \\
0 & 0 & 0 & 0 & 0 & 0 & 0 & 0 & -k_9 & k_9+k_{10} & -k_{10} & 0 & 0 & 0 & 0 & 0 \\
0 & 0 & 0 & 0 & 0 & 0 & 0 & 0 & 0 & -k_{10} & k_{10}+k_{11}+k_{14} & -k_{11} & 0 & -k_{14} & 0 & 0 \\
0 & 0 & 0 & 0 & 0 & 0 & 0 & 0 & 0 & 0 & -k_{11} & k_{11}+k_{12} & -k_{12} & 0 & 0 & 0 \\
0 & 0 & 0 & 0 & 0 & 0 & 0 & 0 & 0 & 0 & 0 & -k_{12} & k_{12}+k_{13} & -k_{13} & 0 & 0 \\
0 & 0 & 0 & 0 & 0 & 0 & 0 & 0 & 0 & 0 & 0 & 0 & -k_{13} & k_{13} & 0 & 0 \\
0 & 0 & 0 & 0 & 0 & 0 & 0 & 0 & 0 & 0 & 0 & 0 & 0 & -k_{14} & k_{14}+k_{15} & -k_{15} \\
0 & 0 & 0 & 0 & 0 & 0 & 0 & 0 & 0 & 0 & 0 & 0 & 0 & 0 & -k_{15} & k_{15}+k_{16} & -k_{16} \\
0 & 0 & 0 & 0 & 0 & 0 & 0 & 0 & 0 & 0 & 0 & 0 & 0 & 0 & 0 & -k_{16} & k_{16}
\end{bmatrix}$$

此刚度矩阵为非对称矩阵。

对于这类分支系统,也可以采用传递矩阵法(第二章介绍了无分支的传递矩阵法)求解系统的固有频率和主振型。下面介绍基本方法。

现以图 8-4(a)所示的系统为例。取 A 为主支系统,B 为分支系统。B 支转速为 A 支转速的 n 倍。两者连接处的齿轮转动惯量忽略不计。在主支系统中,状态向量 $\begin{bmatrix} \theta_A \\ T_A \end{bmatrix}_1^L$ 向左的传递关系和状态向量 $\begin{bmatrix} \theta_A \\ T_A \end{bmatrix}_1^R$ 向右的传递关系与一般轴盘系统相同。在分支系统中,状态向量 $\begin{bmatrix} \theta_B \\ T_B \end{bmatrix}_1^R$ 与 $\begin{bmatrix} \theta_B \\ T_B \end{bmatrix}_4^R$ 之间有如下关系[参见式(2-80)]:

$$\begin{bmatrix} \theta_B \\ T_B \end{bmatrix}_4^R = \begin{bmatrix} 1 & \dfrac{1}{k_4} \\ -\omega_n^2 J_4 & 1-\dfrac{\omega_n^2 J_4}{k_4} \end{bmatrix} \begin{bmatrix} \theta_B \\ T_B \end{bmatrix}_1^R \tag{8-16}$$

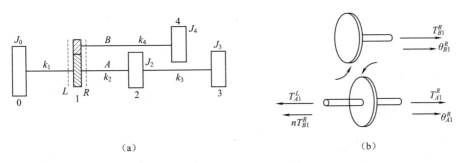

(a)　　　　　　　　　　　　　　　(b)

图 8-4　传递矩阵法在分支系统中应用

需要说明的是,如图 8-4 所示的分支系统 B 只有一个单元。对于如图 8-3 所示的系统,

如果将 J_{11}—J_{12}—J_{13}—J_{14} 作为分支,该分支系统有三个单元,则需要按式(2-82)求出所有分支系统的传递矩阵

$$\begin{bmatrix} \theta \\ T \end{bmatrix}_{14}^R = [U]_{14} \, [U]_{13} \, [U]_{12} \, [U]_{11} \begin{bmatrix} \theta \\ T \end{bmatrix}_{11}^R$$

将式(8-16)求逆后,改写为

$$\begin{bmatrix} \theta_B \\ T_B \end{bmatrix}_1^R = \begin{bmatrix} 1 - \dfrac{\omega_n^2 J_4}{k_4} & -\dfrac{1}{k_4} \\ \omega_n^2 J_4 & 1 \end{bmatrix} \begin{bmatrix} \theta_B \\ T_B \end{bmatrix}_4^R \tag{8-17}$$

由边界条件 $T_{B4}^R = 0$,(注意: $T_{B4}^L \neq 0$),有

$$\left. \begin{aligned} \theta_{B1}^R &= \left(1 - \dfrac{\omega_n^2 J_4}{k_4}\right)\theta_{B4}^R \\ T_{B1}^R &= \omega_n^2 J_4 \theta_{B4}^R \end{aligned} \right\} \tag{8-18}$$

这样就可以建立 T_{B1}^R 和 θ_{B1}^R 之间的关系

$$T_{B1}^R = \frac{\omega_n^2 J_4}{1 - \dfrac{\omega_n^2 J_4}{k_4}} \theta_{B1}^R \tag{8-19}$$

再分析主支系统 A 在连接点 1 处左右状态向量之间的关系。首先,A 轴与 B 轴的扭转振动频率 ω_n 是相同的。其次,由于 B 轴的转速是 A 轴的 n 倍,因此,当 B 轴上转矩为 T_{B1}^R 时,A 轴上齿轮的转矩为 nT_{B1}^R。

A 轴 1 点处左边、右边的转角与 B 轴 1 点处转角的关系为

$$\theta_{A1}^R = \theta_{A1}^L = -\frac{1}{n}\theta_{B1}^R, \quad \text{即} \quad Q_{B1}^R = -nQ_{A1}^R \tag{8-20}$$

由图8-4(b)可知,A 轴 1 点处左边、右边的转矩关系为

$$T_{A1}^R = T_{A1}^L + nT_{B1}^R \tag{8-21}$$

将式(8-19)、式(8-20)代入式(8-21),得

$$T_{A1}^R = T_{A1}^L + n \frac{\omega_n^2 J_4}{1 - \dfrac{\omega_n^2 J_4}{k_4}} \theta_{A1}^R \tag{8-22}$$

可写成 A 轴上 1 点的传递关系

$$\begin{bmatrix} \theta_A \\ T_A \end{bmatrix}_1^R = \begin{bmatrix} 1 & 0 \\ -\dfrac{n^2 \omega_n^2 J_4}{1 - \dfrac{\omega_n^2 J_4}{k_4}} & 1 \end{bmatrix} \begin{bmatrix} \theta_A \\ T_A \end{bmatrix}_1^L \tag{8-23}$$

式(8-23)中的点传递矩阵已体现了分支 B 对主支 A 的影响,相当于式(2-75)右边的前一部分。因此,只需以此代入 A 支的传递矩阵,A 支便可以同一般的单支系统一样进行扭转振动的计算。

■ 三、扭振的动载荷

(一)稳定工况的共振验算

稳定工况时行走式机械传动系统的激励主要来源于发动机的转矩脉冲、变速器和主传动的齿轮啮合不均匀性以及万向节传动的转矩脉冲。传动系统的受迫振动往往能使系统产生扭转共振。

若已知系统的激励,就可以运用振动理论进行共振分析,故重点讨论各种激励的表达形式。

1. 发动机的激励

发动机曲轴连杆机构往复惯性力和燃气压力所产生的干扰转矩是由许多简谐成分组成的周期函数,其周期决定于发动机的曲轴转速、冲程数和气缸数。进行谐波分析时,一般只限于12次谐波之内,更高阶谐波分量的影响可以忽略。例如,气缸数为 N 的四冲程直列式发动机, $N/2$ 的整数倍是发动机振动主谐波的阶数。低阶的几个主谐波量是主要的激振转矩。

一个气缸产生的气体压力激振转矩为

$$T_t = T_m + \sum_{v=1}^{\infty} T_{gv} \sin(v\omega t + \phi_v) \tag{8-24}$$

式中, T_m 为一个气缸产生的气体压力所产生的平均转矩; v 为发动机激振频率的谐波阶次; T_{gv} 为气体力所产生的第 v 阶简谐转矩幅值; ω 为发动机曲轴旋转角速度; ϕ_v 为第 v 阶简谐转矩的初相位。

往复运动惯性力的干扰转矩比气体转矩要小。

2. 万向节的激励

十字轴万向节由于夹角引起的激振转矩包括弹性激振转矩 T_s 和惯性激振转矩 T_i,分别为

$$\left. \begin{array}{l} T_s = k\left(\dfrac{\alpha_1^2}{4} + \dfrac{\alpha_2^2}{4}\right)\sin\omega_1 t \\[2mm] T_i = -J\alpha_1^2\omega_1\sin2\omega_1 t \end{array} \right\} \tag{8-25}$$

式中, k 为万向节和传动轴的刚度; J 为传动轴的转动惯量; α_1、ω_1 为前一万向节夹角和角速度; α_2 为后一万向节夹角。

3. 齿轮传动所产生的激励

应防止传动系统固有频率接近齿轮的回转频率、啮合频率和它们的整数倍,以避免产生共振。

4. 行驶阻力矩的激励

由实验测得,驱动轮行驶阻力矩的激励为

$$T_r = R_t\left(F_t + \sum_{i=1}^{m} F_i\sin2\pi f_i t\right) \tag{8-26}$$

式中, R_t 为驱动轮半径; F_t 为切线牵引力的平均值; F_i 为力的波动振幅; f_i 为力的波动频率。

(二)非稳定工况的动载荷(非周期性激励)

行走式机械在起步、换挡、制动时以及在工作阻力发生变化时,有非周期性的外载荷作用,从而引起瞬时振动。其机械传动系统的非周期性激励主要有动力装置产生的启动转矩和制动转矩、离合器或制动器的摩擦转矩、工作装置的阻力矩等。

1. 动力装置启动转矩和制动转矩

动力装置启动转矩和制动转矩与转速的关系称为该动力装置的机械特性,是行走式机械传动系统的外部激励之一。由于行走式机械具有多种原动机和传动方式,其机械特性也有很多差异。为便于求解振动微分方程,常用数学表达式表示动力装置的机械特性。对于复杂的机械特性函数,一般只能用图解法和数值解法。

图 8-5(a)是汽车、拖拉机和工程机械用内燃机的机械特性曲线。AB 段为调速段；BC 段为非调速段。ABC 为静力加载过程；$AEBFA$ 为动力特性(突然加载和卸载)。

图 8-5(b)是液压传动的机械特性，其中 Ⅰ 为定量泵系统的外特性；Ⅱ 为变量泵系统的外特性。

图 8-5(c)是液力(变矩器)传动的机械特性，表示涡轮输出转矩与转速的变化关系。

图 8-5(d)是鼠笼式异步电动机的机械特性。最大转矩 T_{max} 的左边为非工作或不稳定工作段，右边为稳定工作段。启动时启动转矩 T_s 必须大于阻力矩。该电动机的机械特性可写成 $T = T_s - T_e \dfrac{\omega}{\omega_0 - \omega_e}$，式中，$T_e$、$\omega_e$ 为额定转矩和角速度；ω_0 为最大角速度。

图 8-5(e)是绕线式异步电动机的机械特性。由于启动时可串入转子电阻，故减小了启动电流。特性曲线 0 是预备挡，启动过程是从特性曲线 1 开始，逐段切换电阻，直至按电动机自然特性曲线运转(沿箭头方向进行)。在简化计算中，可采用 $T = \beta T_e$，平稳启动可取 $\beta = 1.6$，猛烈启动取 $\beta = 2.0$。

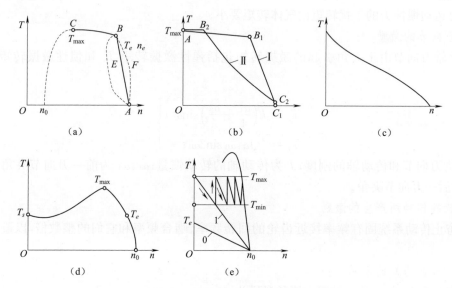

图 8-5 各种原动机的机械特性
(a)内燃机；(b)液压传动；(c)液力传动；
(d)鼠笼式异步电动机；(e)绕线式异步电动机

2. 离合器和制动器结合的启动和制动转矩

传动系统中离合器和制动器结合时的摩擦转矩是逐渐上升的。通常以 $T_f = T_{max} \dfrac{t}{t_0}$ 或 $T_f = T_{max} \sin \dfrac{\pi t}{2t_0}$ 规律变化。式中，T_{max} 为离合器所传递的最大转矩；t_0 为离合器结合时间。当离合器和制动器快速结合时，相当于传动系统加上一个斜坡函数的激励，系统响应为如图 8-6(a)所示。带有液压操纵的动力变速器，换挡时的摩擦转矩为

$$T_f = \mu ARNp_{max} \frac{t}{t_0} \tag{8-27}$$

式中，μ 为摩擦系数；A 为离合器的活塞面积；R 为摩擦片平均半径；N 为摩擦面数；p_{max} 为最大

油压力；t_0 为转矩增加到最大值所需时间，$t_0＝0.02～0.12s$。

系统换挡时的振动响应如图 8-6(b)所示。

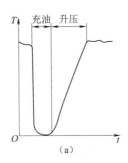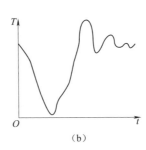

图 8-6　离合与制动转矩曲线

3. 铲土运输机械和拖拉机的作业阻力

作业阻力是指推土机铲土时切削土壤的阻力，装载机铲斗插入料堆的阻力或拖拉机耕作时土壤对犁的作用力。作业阻力的增长是一种非稳定的过程。

作业阻力转化到传动系统并形成阻力矩，其经验公式为

$$T_r = aL_c^{1.25}R_t i \tag{8-28}$$

式中，a 为系数，与铲斗宽度、插入深度和物料种类有关；L_c 为铲斗插入深度，$L_c＝f(t)$；R_t 为驱动轮半径；i 为传动比。

第三节　传动系统的弯曲振动

行走式机械在行走和作业时，由于外部激励力或惯性力的作用，其传动系统会产生弯曲振动，甚至出现共振现象。当传动系统中轴的跨度较大时，弯曲振动将对轴、轴承、齿轮和密封件等重要零件的正确啮合和工作产生不良影响，从而降低其使用寿命。

■ 一、弯曲振动的数学模型

将一个实际传动系统简化为弯曲振动的动力学模型，可归结为各类边界约束梁的振动模型的组合，即把传动系统各部件按质心不变的原则分别离散成若干个集中质量，各集中质量之间以无质量的弹性梁相连接。梁的物理参数由梁段的长度、截面特性及弹性模量确定。

行走式机械传动系统如图 8-7(a)所示，其动力学模型如图 8-7(b)所示。质量较为集中的部件，如发动机、变速器和车桥可简化为集中在各部件质心处的集中质量，如图 8-7(b)所示的 0、1、8 点；质量较为分散的部件，如传动轴，可简化为若干个离散的质量，如图 8-7(b)所示的 4、5、6 点。简化时应遵循动能不变的原则。万向节处是铰接的，以空心圆表示铰接点，如图 8-7(b)所示的 3、7 点，2 点为无质量点。发动机和变速器的弹性支座以及轮胎的弹性，根据势能相等的原则，简化为相应的刚度 k_0、k_2 和 k_8。各梁段的抗弯刚度 E_iI_i 可根据相应截面处的弹性模量 E_i 和截面特性 I_i 来计算。

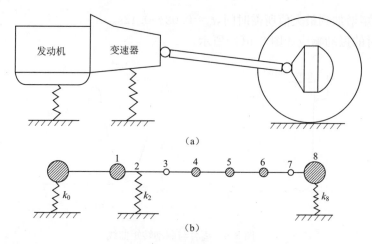

(a)

(b)

图 8-7　行走式机械传动系统

■ 二、弯曲振动特性计算及铰点处理

1. 无铰点系统

行走式机械的传动系统一般为链式结构，常采用传递矩阵法求解其弯曲振动的特性和响应。

在第二章第四节中介绍了扭转系统的传递矩阵法，其传递矩阵为 2×2 方阵，这里讨论的弯曲振动系统的传递矩阵为 4×4 阶方阵。在弯曲振动系统中，第 i 个质量的点矩阵 P_i 为

$$P_i = \begin{bmatrix} 1 & 0 & 0 & 0 \\ 0 & 1 & 0 & 0 \\ 0 & 0 & 1 & 0 \\ \omega_n^2 m & 0 & 0 & 1 \end{bmatrix}_i \tag{8-29}$$

即

$$\begin{bmatrix} y \\ \theta \\ M \\ Q \end{bmatrix}_i^R = \begin{bmatrix} 1 & 0 & 0 & 0 \\ 0 & 1 & 0 & 0 \\ 0 & 0 & 1 & 0 \\ \omega_n^2 m & 0 & 0 & 1 \end{bmatrix}_i \begin{bmatrix} y \\ \theta \\ M \\ Q \end{bmatrix}_i^L \tag{8-30}$$

或写成

$$z_i^R = P_i z_i^L \tag{8-31}$$

式中，y 为弯曲振动的位移；θ 为截面转角；M 为弯矩；Q 为剪力；z_i^R 为第 i 个质量右侧状态向量；z_i^L 为第 i 个质量左侧状态向量。

第 i 个质量左侧至第 $i-1$ 个质量右侧梁的场矩阵 F_i 为

$$F_i = \begin{bmatrix} 1 & l & \dfrac{l^2}{2EI} & \dfrac{l^3}{6EI} \\ 0 & 1 & \dfrac{l}{EI} & \dfrac{l^2}{2EI} \\ 0 & 0 & 1 & l \\ 0 & 0 & 0 & 1 \end{bmatrix}_i \tag{8-32}$$

即

$$
\begin{bmatrix} y \\ \theta \\ M \\ Q \end{bmatrix}_i^L = \begin{bmatrix} 1 & l & \dfrac{l^2}{2EI} & \dfrac{l^3}{6EI} \\ 0 & 1 & \dfrac{l}{EI} & \dfrac{l^2}{2EI} \\ 0 & 0 & 1 & l \\ 0 & 0 & 0 & 1 \end{bmatrix}_i \begin{bmatrix} y \\ \theta \\ M \\ Q \end{bmatrix}_{i-1}^R \tag{8-33}
$$

或写成

$$
z_i^L = F_i z_{i-1}^R \tag{8-34}
$$

式中，l_i 为第 i 段梁的长度；$E_i I_i$ 为第 i 段梁的抗弯刚度；z_{i-1}^R 为第 $i-1$ 个质量右侧状态向量。

由此可得出第 i 单元(即第 i 个质量右侧至第 $i-1$ 个质量右侧)的传递矩阵 U_i 为

$$
U_i = P_i F_i = \begin{bmatrix} 1 & l & \dfrac{l}{2EI} & \dfrac{l^3}{6EI} \\ 0 & 1 & \dfrac{l}{EI} & \dfrac{l^2}{2EI} \\ 0 & 0 & 1 & l \\ \omega_n^2 m & \omega_n^2 m l & \dfrac{\omega_n^2 m l^2}{2EI} & 1 + \dfrac{\omega_n^2 m l^3}{6EI} \end{bmatrix} \tag{8-35}
$$

即有

$$
z_i^R = P_i F_i z_{i-1}^R = U_i z_{i-1}^R \tag{8-36}
$$

当某质量 i 上作用有刚度 k_i 的弹簧支座时，由图 8-8 知，i 点各状态元素之间的关系为

$$
\left. \begin{array}{l} y_i^R = y_i^L \\ \theta_i^R = \theta_i^L \\ M_i^R = M_i^L \\ Q_i^R = -k_i y_i + m_i \omega_n^2 y_i + Q_i^L \end{array} \right\} \tag{8-37}
$$

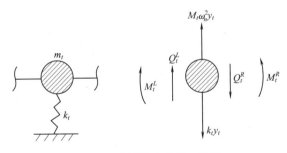

图 8-8　有弹簧支座的 i 单元

写成矩阵形式，即可得到第 i 个质量的点矩阵为

$$
P_i = \begin{bmatrix} 1 & 0 & 0 & 0 \\ 0 & 1 & 0 & 0 \\ 0 & 0 & 1 & 0 \\ -k + \omega_n^2 m & 0 & 0 & 1 \end{bmatrix}_i \tag{8-38}
$$

若弹性支座位于无质量的梁上，如图 8-7(b)所示的 2 点，只需将上式中的 $-k+\omega_n^2 m$ 改为 $-k$ 即可。

根据已求得的各单元传递矩阵 U_i，可建立梁从最左端 O 点到最右端点 n 点之间的传递关系

$$z_n^R = P_i F_i z_{i-1}^R = U_n U_{n-1} \cdots U_0 z_0^L = U z_0^L \tag{8-39}$$

式中，U_n、U_{n-1}、$\cdots$、U_0 为各单元的传递矩阵；U 为系统总传递矩阵。

在运用式(8-35)计算各单元的传递矩阵 $U_i = P_i F_i$ 时，尤其在左右两端，如果该单元只有质量，则 $U_i = P_i$，由式(8-29)或式(8-38)决定；如果该单元只有梁，则 $U_i = F_i$。这与第二章第四节扭转系统的传递系统的传递矩阵是相似的。

一般式(8-39)可以表示为

$$\begin{bmatrix} y \\ \theta \\ M \\ Q \end{bmatrix}_n^R = \begin{bmatrix} u_{11} & u_{12} & u_{13} & u_{14} \\ u_{21} & u_{22} & u_{23} & u_{24} \\ u_{31} & u_{32} & u_{33} & u_{34} \\ u_{41} & u_{42} & u_{43} & u_{44} \end{bmatrix} \begin{bmatrix} y \\ \theta \\ M \\ Q \end{bmatrix}_0^L \tag{8-40}$$

根据传动系统实际工况确定两端点处的边界条件(表 8-1)后，就可以利用式(8-40)求得传动系统弯曲振动固有频率以及主振型(包括该频率下的振动的弯矩、剪力的分布等重要数据)。

表 8-1   各种支承形式的频率方程

支承形式	边界条件	频率方程
两端自由	$M_0 = Q_0 = 0$ $M_n = Q_n = 0$	$\Delta(\omega_n) = \begin{vmatrix} u_{31} & u_{32} \\ u_{41} & u_{42} \end{vmatrix} = 0$
两端简支	$y_0 = M_0 = 0$ $y_n = M_n = 0$	$\Delta(\omega_n) = \begin{vmatrix} u_{12} & u_{14} \\ u_{32} & u_{34} \end{vmatrix} = 0$
一端简支 一端自由	$y_0 = M_0 = 0$ $M_n = Q_n = 0$	$\Delta(\omega_n) = \begin{vmatrix} u_{32} & u_{34} \\ u_{42} & u_{44} \end{vmatrix} = 0$
一端固定 一端自由	$M_0 = \theta_0 = 0$ $M_n = Q_n = 0$	$\Delta(\omega_n) = \begin{vmatrix} u_{33} & u_{34} \\ u_{43} & u_{44} \end{vmatrix} = 0$

例如某传动系统的弯曲振动模型为两端自由，其边界条件为

$$M_0 = Q_0 = 0$$
$$M_n = Q_n = 0$$

代入式(8-40)，得

$$\left. \begin{array}{l} 0 = M_n^R = u_{31} y_0^L + u_{32} \theta_0^L \\ 0 = Q_n^R = u_{41} y_0^L + u_{42} \theta_0^L \end{array} \right\} \tag{8-41}$$

因 y_0^L、θ_0^L 不全为零，故有

$$\Delta(\omega_n) = \begin{vmatrix} u_{31} & u_{32} \\ u_{41} & u_{42} \end{vmatrix} = 0$$

上式为系统的频率方程，可解得传动系统弯曲振动的固有频率 $\omega_{n1} \sim \omega_{m}$。将求得的各频率

值代回式(8-41),并令 $y_0 = 1$,即可求得 0 点处的状态向量(相对值):$Z_0 = \left[\left(1, \dfrac{-u_{41}}{u_{42}}, 0, 0 \right)_0^L \right]^T$。

再利用式(8-39),可求得各阶固有频率下单元 i 的状态向量的相对幅值(位移幅值、内力幅值)。

2. 有铰点系统

在如图 8-7 所示的动力学模型中,万向节点 3、7 相当于一个铰接点。由于铰接点两侧转角不连续,而且弯矩 $M = 0$,因此,在应用传递矩阵法求解系统振动特性时,要根据上述条件对铰点作必要的处理。

在如图 8-9 所示的动力学模型中,i 点与 j 点为铰接点,代表两个万向节。现有如下假设:

(1)i 点到 0 点间的总传递矩阵为 $A = U_i U_{i-1} \cdots U_1$。

(2)j 点到 i 点间的总传递矩阵为 $B = U_j U_{j-1} \cdots U_{i+1}$。

(3)n 点到 j 点间的总传递矩阵为 $D = U_n U_{n-1} \cdots U_{j+1}$。

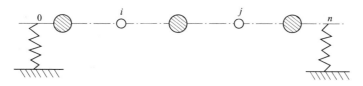

图 8-9 铰接点模型

于是在 i、j 和 n 各点的左侧分别有

$$z_i^L = A z_0^R \tag{8-42}$$

$$z_j^L = B z_i^R \tag{8-43}$$

$$z_n^L = D z_j^R \tag{8-44}$$

在 i、j 点左侧与右侧之间分别有附加转角 φ_i 和 φ_j,因此,产生了铰点处转角的不连续性,即

$$\theta_i^R = \theta_i^L + \varphi_i \tag{8-45}$$

$$\theta_j^R = \theta_j^L + \varphi_j \tag{8-46}$$

由式(8-42)写成

$$z_i^L = \begin{bmatrix} y \\ \theta \\ M \\ Q \end{bmatrix}_i^L = \begin{bmatrix} a_{11} & a_{12} & a_{13} & a_{14} \\ a_{21} & a_{22} & a_{23} & a_{24} \\ a_{31} & a_{32} & a_{33} & a_{34} \\ a_{41} & a_{42} & a_{43} & a_{44} \end{bmatrix} \begin{bmatrix} y \\ \theta \\ M \\ Q \end{bmatrix}_0 \tag{8-47}$$

将 0 点(自由端)的边界条件 $M_0 = Q_0 = 0$ 代入式(8-47),得

$$z_i^L = \begin{bmatrix} y \\ \theta \\ M \\ Q \end{bmatrix}_i^L = \begin{bmatrix} a_{11} & a_{12} \\ a_{21} & a_{22} \\ a_{31} & a_{32} \\ a_{41} & a_{42} \end{bmatrix} \begin{bmatrix} y \\ \theta \end{bmatrix}_0 \tag{8-48}$$

将 i 点(铰点)的边界条件 $M_i = 0$ 代入上式,得

$$y_0 = -\frac{a_{32}}{a_{31}} \theta_0 \tag{8-49}$$

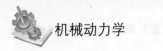

再代入式(8-48)

$$z_i^L = \begin{bmatrix} y \\ \theta \\ 0 \\ Q \end{bmatrix}_i^L = \begin{bmatrix} a_{11} & a_{12} \\ a_{21} & a_{22} \\ a_{31} & a_{32} \\ a_{41} & a_{42} \end{bmatrix} \begin{bmatrix} -\dfrac{a_{32}}{a_{31}}\theta_0 \\ \theta_0 \end{bmatrix} = \begin{bmatrix} a_{12} - \dfrac{a_{11}a_{32}}{a_{31}} \\ a_{22} - \dfrac{a_{21}a_{32}}{a_{31}} \\ 0 \\ a_{42} - \dfrac{a_{41}a_{32}}{a_{31}} \end{bmatrix}\theta_0$$

故 i 点左、右侧状态向量之间有如下关系:

$$z_i^R = \begin{bmatrix} y \\ \theta \\ 0 \\ Q \end{bmatrix}_i^R = \begin{bmatrix} y \\ \theta \\ 0 \\ Q \end{bmatrix}_i^L + \begin{bmatrix} 0 \\ \varphi \\ 0 \\ 0 \end{bmatrix}_i = \begin{bmatrix} a_{12} - \dfrac{a_{11}a_{32}}{a_{31}} & 0 \\ a_{22} - \dfrac{a_{21}a_{32}}{a_{31}} & 1 \\ 0 & 0 \\ a_{42} - \dfrac{a_{41}a_{32}}{a_{31}} & 0 \end{bmatrix} \begin{bmatrix} \theta_0 \\ \varphi_i \end{bmatrix} \tag{8-50}$$

式(8-50)可写成

$$z_i^R = U_i z_i^L$$

其中 i 的点矩阵为

$$U_i = \begin{bmatrix} 1 & 0 & 0 & 0 \\ 0 & 1 + \varphi_i/\theta_i^L & 0 & 0 \\ 0 & 0 & 0 & 0 \\ 0 & 0 & 0 & 1 \end{bmatrix}, \theta_i^L = \left(a_{22} - \dfrac{a_{21}a_{32}}{a_{31}} \right)\theta_0$$

由式(8-50)和 i 的点矩阵可以看出,i 点存在铰点时,转角发生变化,而其他状态不变。

同理,可求得 i 的右侧到 j 点左侧的关系,将式(8-50)代入式(8-43)得

$$z_j^L = \begin{bmatrix} y \\ \theta \\ 0 \\ Q \end{bmatrix}_j^L = B \begin{bmatrix} a_{12} - \dfrac{a_{11}a_{32}}{a_{31}} & 0 \\ a_{22} - \dfrac{a_{21}a_{32}}{a_{31}} & 1 \\ 0 & 0 \\ a_{42} - \dfrac{a_{41}a_{32}}{a_{31}} & 0 \end{bmatrix} \begin{bmatrix} \theta_0 \\ \varphi_i \end{bmatrix} = \begin{bmatrix} c_{11} & c_{12} \\ c_{21} & c_{22} \\ c_{31} & c_{32} \\ c_{41} & c_{42} \end{bmatrix} \begin{bmatrix} \theta_0 \\ \varphi_i \end{bmatrix} \tag{8-51}$$

因 j 点为铰点,将边界条件 $M_j = 0$ 代入式(8-51),得

$$\varphi_i = -\dfrac{c_{31}}{c_{32}}\theta_0 \tag{8-52}$$

将式(8-52)代入式(8-51),得

$$\begin{bmatrix} y \\ \theta \\ 0 \\ Q \end{bmatrix}_j^L = \begin{bmatrix} c_{11} & c_{12} \\ c_{21} & c_{22} \\ c_{31} & c_{32} \\ c_{41} & c_{42} \end{bmatrix} \begin{bmatrix} 1 \\ -\dfrac{c_{31}}{c_{32}} \end{bmatrix}\theta_0 = \begin{bmatrix} c_{11} - \dfrac{c_{12}c_{31}}{c_{32}} \\ c_{21} - \dfrac{c_{22}c_{31}}{c_{32}} \\ 0 \\ c_{41} - \dfrac{c_{42}c_{31}}{c_{32}} \end{bmatrix}\theta_0$$

j 铰点和 i 铰点相似，由式(8-52)得 j 铰点左右侧状态向量关系

$$z_j^R = \begin{bmatrix} y \\ \theta \\ 0 \\ Q \end{bmatrix}_j^R = \begin{bmatrix} y \\ \theta \\ 0 \\ Q \end{bmatrix}_j^L + \begin{bmatrix} 0 \\ \varphi \\ 0 \\ 0 \end{bmatrix}_j = \begin{bmatrix} c_{11} - \dfrac{c_{12}c_{31}}{c_{32}} & 0 \\ c_{21} - \dfrac{c_{22}c_{31}}{c_{32}} & 1 \\ 0 & 0 \\ c_{41} - \dfrac{c_{42}c_{31}}{c_{32}} & 0 \end{bmatrix} \begin{bmatrix} \theta_0 \\ \varphi_j \end{bmatrix} \tag{8-53}$$

同样，式(8-53)可写成

$$z_j^R = U_j z_j^L$$

其中 i 的点矩阵为

$$U_j = \begin{bmatrix} 1 & 0 & 0 & 0 \\ 0 & 1+\varphi_j/\theta_j^L & 0 & 0 \\ 0 & 0 & 0 & 0 \\ 0 & 0 & 0 & 1 \end{bmatrix}, \theta_j^L = \left(c_{21} - \frac{c_{22}c_{31}}{c_{32}} \right)\theta_0$$

下面再计算从 j 点右侧到 n 点的关系。由式(8-44)，得

$$z_n^L = \begin{bmatrix} y \\ \theta \\ 0 \\ Q \end{bmatrix}_n = D \begin{bmatrix} c_{11} - \dfrac{c_{12}c_{31}}{c_{32}} & 0 \\ c_{21} - \dfrac{c_{22}c_{31}}{c_{32}} & 1 \\ 0 & 0 \\ c_{41} - \dfrac{c_{42}c_{31}}{c_{32}} & 0 \end{bmatrix} \begin{bmatrix} \theta_0 \\ \varphi_j \end{bmatrix} = \begin{bmatrix} e_{11} & e_{12} \\ e_{21} & e_{22} \\ e_{31} & e_{32} \\ e_{41} & e_{42} \end{bmatrix} \begin{bmatrix} \theta_0 \\ \varphi_j \end{bmatrix} \tag{8-54}$$

将 n 点（自由端）的边界条件 $M_n = Q_n = 0$ 代入式(8-54)，得

$$\left. \begin{aligned} e_{31}\theta_0 + e_{32}\varphi_j = 0 \\ e_{41}\theta_0 + e_{42}\varphi_j = 0 \end{aligned} \right\} \tag{8-55}$$

式(8-55)中 θ_0、φ_j 不全为零，故可得频率方程

$$\Delta(\omega_n) = \begin{vmatrix} e_{31} & e_{32} \\ e_{41} & e_{42} \end{vmatrix} = 0$$

利用数值解法，由上式可计算系统得固有频率 $\omega_{n1} \sim \omega_{nm}$。

令 $\theta_0 = 1$，分别由式(8-49)、式(8-52)和式(8-55)，得

$$\left. \begin{aligned} y_0 &= -\frac{a_{32}}{a_{31}}\theta_0 \\ \varphi_i &= -\frac{c_{31}}{c_{32}}\theta_0 \\ \varphi_j &= -\frac{e_{31}}{e_{32}}\theta_0 \end{aligned} \right\} \tag{8-56}$$

当固有频率一经确定，上式都是定值。由此可得 0 点的状态向量

$$z_0 = \begin{bmatrix} y \\ \theta \\ 0 \\ Q \end{bmatrix}_0 = \begin{bmatrix} -\dfrac{a_{32}}{a_{31}} \\ 1 \\ 0 \\ 0 \end{bmatrix}$$

进而可推算出各质量的状态向量

$$z_{kl} = U_{kl}U_{(k-1)l}\cdots U_{0l}z_0, \quad k,l = 1,2,\cdots,n \qquad (8\text{-}57)$$

式中,下标 k 为离散质量序号; l 为振型阶次。

因此,带有铰点的系统,只需求出相应的传递矩阵,可使不连续系统变为等效的连续系统。由式(8-57)求得的各质量的状态向量,反映了系统处于自由状态时,某一阶固有频率下各处的位移、转角、弯矩和剪力。

第四节 行驶系统的振动

行驶式机械的行驶系统的振动给机械带来两种影响:一方面是动载荷引起零部件的损坏,使安全性和可靠性降低;另一方面是振动使驾驶员产生疲劳,从而降低工作效率。前者需要通过疲劳载荷的计算确定疲劳强度和疲劳寿命;后者常用平顺性予以评价。

行驶系统由车架、车桥、车轮和悬架等组成。行驶系统的振动激励主要来源于地面。由于地面不平度产生的激励是随机的,因此,需要用统计的方法来研究行驶系统的振源和振动载荷。

一、行驶系统的动力学模型

行走式机械行驶系统在具体结构上有轮式和履带式之分,悬架又有弹性和刚性之分。但从整机振动来看,可以简化成类似的动力学模型。考虑到行驶系统结构上横向的对称性特点,且左右两侧地面的统计特性无大差别,因而可构成如图 8-10 所示的四自由度动力学模型。

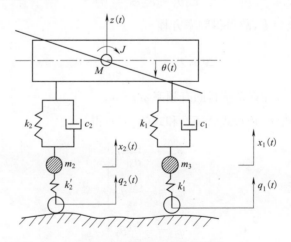

图 8-10　四自由度动力学模型

在行驶系统的振动分析中,还可以对上述动力学模型进一步简化成两种振动形式:一种是整机沿竖直方向的振动,即竖直振动;另一种是整机绕质心的角振动,即俯仰振动。

1. 竖直振动

在多数情况下,行走式机械前后桥所承受的质量,在竖直方向上的振动是相互独立的。于是可对前后桥上的机体部分质量的振动分别进行讨论。它们的振动模型简化成二自由度,如图 8-11 所示。图 8-11 中 M 为前桥或后桥所支承的机体的质量,m 为车桥质量。当行驶系统无弹性悬挂时,M 与 m 合在一起成为单自由度系统。

2. 俯仰振动

考虑到整机质量比车桥质量大得多,且悬挂弹簧的弹性又比轮胎弹性好,因而车桥本身的振动频率比机体俯仰振动频率高得多,一般六倍以上。在忽略车桥的振动后,整机俯仰振动的动力学模型可简化为如图 8-12 所示的二自由度系统,其中 k_1 和 k_2 都是悬挂弹簧与轮胎的复合刚度系数,而车桥的质量 m 并入总质量 M 中。

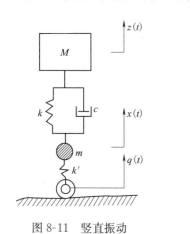

图 8-11 竖直振动   图 8-12 俯仰振动

■ 二、行驶系统振动响应的分析计算

行走式机械地面不平度激励是随机量,通常利用测量统计资料得出路面功率谱(简称路面谱)。地面不平度大体上符合正态分布。行驶系统产生的振动称为响应随机过程。

系统的响应随机过程 $z(t)$ 可通过测试获得,也可以利用动力学模型进行计算。但这些计算结果也要用统计量来表示。对于平顺性指标,可参照国际标准 ISO2631《人承受全身振动的评价指南》。

对于不平度较小的地面和均匀行驶工况,行走式机械的振动响应是平稳和各态历经的,其描述方式有三种。

1. 幅值域

均值 μ_z 表示振动过程的静态量

$$\mu_z = E[z(t)] = \lim_{T \to \infty} \frac{1}{T} \int_0^T z(t) \mathrm{d}t \tag{8-58}$$

均方值 ψ_z^2 表示振动的总能量

$$\psi_z^2 = E[z^2(t)] = \lim_{T \to \infty} \frac{1}{T} \int_0^T z^2(t) \mathrm{d}t \tag{8-59}$$

方差 σ_z 表示振动幅值偏离均值的程度

$$\sigma_z = E\big[(z(t) - \mu_z)^2\big] = \lim_{T \to \infty} \frac{1}{T} \int_0^T \big[z(t) - \mu_z\big]^2 \mathrm{d}t \tag{8-60}$$

上述三者之间有如下关系：

$$\psi_z^2 = \sigma_z^2 + \mu_z^2 \tag{8-61}$$

行走式机械行驶的平稳、各态历经随机过程的振动响应符合正态分布规律。

2. 时间域

用自相关函数 $R_z(\tau)$ 描述不同时刻振动响应幅值之间的相似程度

$$R_z(\tau) = E\big[z(t)z(t + \tau)\big] = \lim_{T \to \infty} \frac{1}{T} \int_0^T z(t)z(t + \tau)\mathrm{d}t \tag{8-62}$$

当 $\tau = 0$ 时，有

$$R_z(0) = E\big[z^2(t)\big] = \psi_z^2 \tag{8-63}$$

用互相关函数 $R_{zq}(\tau)$ 描述激励过程 $q(t)$ 与响应过程 $z(t)$ 之间的相似性，即

$$R_{zq}(\tau) = E\big[z(t)q(t + \tau)\big] = \lim_{T \to \infty} \frac{1}{T} \int_0^T z(t)q(t + \tau)\mathrm{d}t \tag{8-64}$$

$$R_z(\tau) = E\big[q(t)z(t + \tau)\big] = \lim_{T \to \infty} \frac{1}{T} \int_0^T q(t)z(t + \tau)\mathrm{d}t \tag{8-65}$$

3. 频率域

自功率谱密度函数 $S_z(\omega)$（自功率谱图）表示振动能量与频率之间的关系，即表示振动能量集中在哪些频带内

$$S_z(\omega) = \int_{-\infty}^{\infty} R_z(\tau) \mathrm{e}^{-\mathrm{j}\omega t} \mathrm{d}\tau \tag{8-66}$$

当 $\tau = 0$ 时，有

$$R_z(0) = \psi_z^2 = \frac{1}{2\pi} \int_{-\infty}^{\infty} S_z(\omega) \mathrm{d}\omega \tag{8-67}$$

根据线性系统控制论的知识，分析输入（激励）和输出（响应）之间的传递关系。可以得出输出随机过程的功率谱密度 $S_z(\omega)$ 和输入随机过程的功率谱密度 $S_q(\omega)$ 的关系

$$S_z(\omega) = |H(\mathrm{j}\omega)|^2 S_q(\omega) \tag{8-68}$$

式中，$H(\mathrm{j}\omega)$ 为系统频率响应函数，由系统输入到输出间的传递函数 $H(\omega_n)$ 变换而来。根据上述关系，可将响应的均方值写成

$$\psi_z^2 = \frac{1}{\pi} \int_0^{\infty} |H(\mathrm{j}\omega)|^2 S_q(\omega) \mathrm{d}\omega \tag{8-69}$$

行驶系统的随机振动中，一般取竖直振动和俯仰振动的位移响应和加速度响应的自功率谱密度 $S_z(\omega)$ 和均方值 ψ_z^2 作为评价动载荷和平顺性的参数。

习 题 八

8-1 用分支系统传递矩阵法求解如图 8-13 所示的传动系统的固有频率和主振型。已知 $J_1 = 5 \times 10^{-3} \ \mathrm{kg \cdot m^2}$，$J_2 = 2.5 \times 10^{-3} \ \mathrm{kg \cdot m^2}$，$J_3 = 10 \times 10^{-3} \ \mathrm{kg \cdot m^2}$，$J_4 = 20 \times 10^{-3} \ \mathrm{kg \cdot m^2}$，$k_{t1} = 1.13 \times 10^4 \ \mathrm{N \cdot m/rad}$，$k_{t2} = 4.52 \times 10^4 \ \mathrm{N \cdot m/rad}$，转速比 $i = r_2/r_3 = 0.5$。（答案：$\omega_{n1} =$

1618 rad/s，$\omega_{n2}=2040$ rad/s）

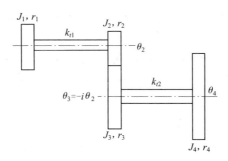

图 8-13　题 8-1 图

8-2　用传递矩阵法求解如图 8-14 所示的系统横向振动的固有频率。外伸梁自由端有集中质量 m，中间有弹簧 k 支承，不计梁的质量，$k=6EI/l^3$。（答案：横向振动固有频率 $\omega_n=\dfrac{1}{2}\sqrt{\dfrac{l_3}{mEI}}$）

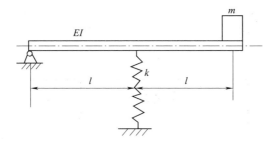

图 8-14　题 8-2 图

8-3　求如图 8-15 所示汽车起重机模型的固有频率。已知：绕质心 C 点的转动惯量 $J_C=mab$，$a=1.2$ m，$b=1.8$ m，$m=5.4\times10^3$ kg，$m_1=m_2=650$ kg，$k_1=k_2=35$ kN/m 前后轮胎刚度均为 $k=1200$ kN/m。（提示：系统方程为

$$\begin{cases}m\ddot{z}-k_2(y_2-z_2)-k_1(y_1-z_1)=0\\ J_C\ddot{\varphi}+ak_2(y_2-z_2)-bk_1(y_1-z_1)=0\\ m\ddot{y}_2+ky_2+k_2(y_2-z_2)=0\\ m\ddot{y}_1+ky_1+k_2k_1(y_1-z_1)=0\end{cases}$$
）

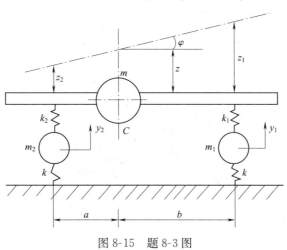

图 8-15　题 8-3 图

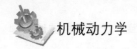

8-4　如图 8-16 所示为分析沉浮振动式工程机械的简化模型,机械等速驶过路面,路面可视为正弦曲线 $x_s = a\sin b\pi t$。试求机械的振动响应。

8-5　某车辆传动系统等效扭振模型如图 8-17 所示。已知 $J_1 = 3.78 \times 10^{-5}$ kg·m², $J_2 = 0.07 \times 10^{-5}$ kg·m², $J_3 = 0.29 \times 10^{-5}$ kg·m², $J_4 = 0.04 \times 10^{-5}$ kg·m², $J_5 = 1.54 \times 10^{-5}$ kg·m², $J_6 = 86.63 \times 10^{-5}$ kg·m², $k_{t1} = 2.35 \times 10^5$ N·m/rad, $k_{t2} = 1.2 \times 10^5$ N·m/rad, $k_{t3} = 0.53 \times 10^5$ N·m/rad, $k_{t4} = 0.05 \times 10^5$ N·m/rad, $k_{t5} = 0.3 \times 10^5$ N·m/rad。求自由扭转振动固有频率和主振型。(答案:$\omega_{n1} = 0$, $\omega_{n2} = 1.55 \times 10^3$ rad/s, $\omega_{n3} = 7.59 \times 10^3$ rad/s, $\omega_{n4} = 2.61 \times 10^4$ rad/s, $\omega_{n5} = 6.45 \times 10^4$ rad/s, $\omega_{n6} = 1.15 \times 10^5$ rad/s)

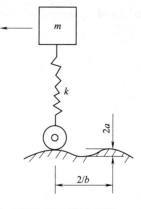

图 8-16　题 8-4 图

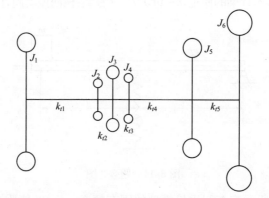

图 8-17　题 8-5 图

8-6　一分支传动系统如图 8-18 所示。已知 $J_1 = 5$ kg·m², $J_2 = 10$ kg·m², $J_3 = 5$ kg·m², $J_4 = J_5 = 10$ kg·m², $J_6 = 30$ kg·m², $k_{t1} = k_{t3} = 100$ kN·m/rad, $k_{t2} = 200$ kN·m/rad, $k_{t4} = 300$ kN·m/rad, $k_{t5} = 400$ kN·m/rad。求自由扭转振动固有频率。(答案:$\omega_{n6} = 7.59 \times 10^{-8}$ rad/s, $\omega_{n5} = 0.549$ rad/s, $\omega_{n2} = 0.567$ rad/s, $\omega_{n1} = 1.026$ rad/s, $\omega_{n4} = 1.095$ rad/s, $\omega_{n3} = 1.591$ rad/s)

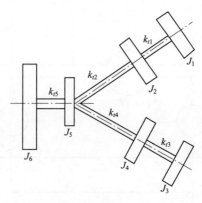

图 8-18　题 8-6 图

爱德华·威尔逊(Edward L. Wilson,1931 年生于加州弗恩代尔)是美国土木工程师和学者,以其对有限元分析技术的发展所作的贡献而闻名。主要著作有《Numerical Methods in Finite Element Analysis》(K. J. Bathe, and E. L. Wilson,1976)和《Three-Dimensional Static and Dynamic Analysis of Structures》(E. L. Wilson,1998,2000,2004)等。

■ 第九章 ■

有限单元法

第四章中介绍了连续系统振动理论,该理论是计算规则形状的连续系统响应的有效方法,但是当系统形状不规则或者系统是由若干单个零件集合成结构框架和连杆机构时,这些理论应用起来就变得非常困难。为了处理此类问题,就需要引入有限单元法,可简称为有限元法。

有限单元法是用来求连续振动系统近似解的方法,其基本思想是将一个连续的弹性体看成是由若干个基本单元在节点彼此相连接的组合体,从而使一个无限自由度的连续体问题变成一个有限自由度的离散系统问题。一般而言,运用有限单元法对机械系统进行动力学分析,可分为振动特性分析和动力响应分析两种。

在某种意义上,有限单元法实际上是瑞雷-李兹法(第四章第五节)在可离散化连续系统中的应用,但两者还是有明显的区别。在瑞雷-李兹法中广义坐标是比较抽象的整个系统内基函数的振幅,而在有限单元法中广义坐标是节点的实际位移变量,并对单元内的位移或应变的分布作出某种假设,当然这种分布必须满足几何边界条件(即位移和转角),且使单元之间满足必要的连续性。

本章首先推导杆单元和梁单元的插值函数,并对有限单元法在动力学中应用的基本思想进行简单的阐述,最后就大型商用软件 ANSYS 如何进行动力学分析给出简要说明。

第一节 基本思想

■ 一、插值函数

有限单元法的推导过程在许多教科书中均有介绍,本章侧重于由若干杆件互相连接而构成的平面系统这一特殊情况,来介绍用有限单元法将弹性体离散化的方法。若杆件系统的截面主轴或作用荷载不在同一平面内,则属于空间杆件系统问题。本书只介绍平面杆系问题,对

空间杆系问题有兴趣的读者可参考相关文献。

首先考虑一根杆件,在杆上取一组点,用 x_j 表示这些点的位置,给出这些点的位移,从而将杆的位移近似为轴向位置 x_j 的函数。这些点在有限元中被称为节点,各个节点可将杆分为若干段落,每个段落在有限元中被称为单元。有限元法的基本思想就是将一个连续体看成是由若干个基本单元在节点彼此相连接的组合体。

如图 9-1 所示为一轴向振动的杆单元,其两端为两个节点 A、B。设两节点处轴向位移为 $u_1(t)$ 和 $u_2(t)$,两节点力为 $f_1(t)$ 和 $f_2(t)$(在动力学问题中,位移和外力都是时间 t 的函数,这与有限单元法在静力学问题中的应用不同)以 $u(x,t)$ 表示截面 x 处的轴向位移。现将 $u(x,t)$ 表示为两节点的函数,由于对于杆单元而言要求有连续的位移即可,因此其必须满足的边界条件为

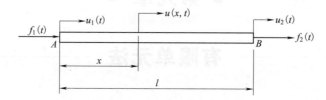

图 9-1 轴向振动杆单元

$$x = 0, \ u(x,t) = u_1(t)$$
$$x = l, \ u(x,t) = u_2(t)$$

因只有两个边界条件,可采用具有两个系数的线性表达式:

$$u(x,t) = a_0 + a_1 x \tag{9-1}$$

两个边界条件代入,可求出待定系数:

$$a_0 = u_1(t), \ a_1 = [u_2(t) - u_1(t)]/l$$

因此式(9-1)写成如下形式:

$$u(x,t) = u_1(t)\phi_{u1}(x) + u_2(t)\phi_{u2}(x)$$
$$\phi_{u1}(x) = 1 - x/l, \phi_{u2} = x/l \tag{9-2}$$

将上式与式(4-79)比较可知,此时 $\phi_{ui}(x)$ 实际上就是杆单元的基函数,此时基函数表明每个节点的参与量。用于有限元法的这种基函数叫做形状函数。一般情况下,有限元法在静力学问题和动力学问题中应用的侧重点不同,但形状函数并无差别。

下面推导梁单元横向振动的形状函数,如图 9-2 所示为一个横向振动的平面梁单元,其两端仍为两个节点 A 和 B。设两节点处横向位移分别为 $w_1(t)$ 和 $w_2(t)$,角位移分别为 $\theta_1(t)$ 和 $\theta_2(t)$。与这四个广义坐标相对应的广义力分别为 $f_3(t)$、$f_4(t)$、$f_5(t)$ 和 $f_6(t)$。将 $w(x,t)$ 表示为两节点横向位移的函数,由于对梁单元而言要求在单元的边界处位移和转角需同时具有连续性,因此其必须满足的边界条件为

图 9-2 横向振动梁单元

$$x = 0, w(x,t) = w_1(t) \qquad x = l, w(x,t) = w_2(t)$$
$$x = 0, \partial w(x,t)/\partial x = \theta_1(t) \qquad x = l, \partial w(x,t)/\partial x = \theta_2(t)$$

因其存在四个边界条件,选用具有四个系数的三次插值多项式

$$w(x,t) = c_0 + c_1 x/l + c_2 (x/l)^2 + c_3 (x/l)^3 \tag{9-3}$$

四个边界条件代入,可求得待定系数为

$$c_0 = w_1, \quad c_1 = l\theta_1, \quad c_2 = -3w_1 + 3w_2 - 2l\theta_1 - l\theta_2$$

$$c_3 = 2w_1 - 2w_2 + l\theta_1 + l\theta_2$$

将这些系数代入式(9-3),并合并各位移变量的系数,则 $w(x,t)$ 可写成

$$w(x,t) = w_1(t)\phi_{w1}(x) + \theta_1\phi_{w2}(x) + w_2(t)\phi_{w3}(x) + \theta_2\phi_{w4}(x) \tag{9-4}$$

式(9-4)中形状函数为

$$\phi_{w1}(x) = 1 - 3(x/l)^2 + 2(x/l)^3, \quad \phi_{w2}(x) = l\left(\frac{x}{l} - 2\frac{x^2}{l^2} + \frac{x^3}{l^3}\right)$$

$$\phi_{w3}(x) = 3(x/l)^2 - 2(x/l)^3, \quad \phi_{w4}(x) = l\left(-\frac{x^2}{l^2} + \frac{x^3}{l^3}\right)$$

一般情况下,梁单元处于轴向拉压和平面弯曲的组合变形状态,其节点位移应包括轴向位移、横向位移和角位移三部分。可将梁单元的所有位移分量用一个式子描述,为此定义一个单元位移向量,由整个单元的节点变量组成,即

$$\{q^e\} = \begin{bmatrix} u_1 & w_1 & \theta_1 & u_2 & w_2 & \theta_2 \end{bmatrix}^T = \begin{bmatrix} \{q_1\}^T & \{q_2\}^T \end{bmatrix}^T$$

由式(9-2)和式(9-4)可知,该单元内的这两个位移场与单元的节点位移具有下列关系:

$$\begin{Bmatrix} u(x,t) \\ w(x,t) \end{Bmatrix} = \begin{bmatrix} N(x) \end{bmatrix}\{q^e\} \tag{9-5}$$

式中,矩阵 $[N(x)]$ 由形状函数构成

$$[N] = \begin{bmatrix} \phi_{u1} & 0 & 0 & \phi_{u2} & 0 & 0 \\ 0 & \phi_{w1} & \phi_{w2} & 0 & \phi_{w3} & \phi_{w4} \end{bmatrix} \tag{9-6}$$

从根本上说,式(9-5)中的形状函数的作用相当于瑞雷-李兹法中的基函数,但是有限单元法并不是用单一的同类型的基函数描述整个系统的响应,而是对不同的单元采用不同的基函数组合。此外,正如瑞雷-李兹法中可以使用若干种基函数形式一样,在有限单元法中使用线性的以及三次多项式之外的形状函数也是可能的。例如,在某些情况下三次多项式的位移函数不能满足要求,需要采用五次多项式,由于五次多项式有更多的待定系数,因此可能需要在单元内部定义节点,从而设置更多的节点位移作为广义坐标。

■ 二、单元矩阵

以梁单元为例,假设单元截面为常数,用式(9-5)和式(9-6)表示出速度分量,即可得到梁单元的动能

$$\begin{aligned} T &= \frac{1}{2}\int_0^l \rho A [\dot{u}^2 + \dot{w}^2] \mathrm{d}x \\ &= \frac{1}{2}\int_0^l \rho A \{\dot{u} \quad \dot{w}\} \begin{Bmatrix} \dot{u} \\ \dot{w} \end{Bmatrix} \mathrm{d}x \\ &= \frac{1}{2}\rho A \int_0^l \{\dot{q}^e\}^T [N]^T [N]\{\dot{q}^e\} \mathrm{d}x \\ &= \frac{1}{2}\{\dot{q}^e\}^T [M^e]\{\dot{q}^e\} \end{aligned} \tag{9-7}$$

式中，$[M^e] = \rho A \int_0^l [N]^T [N] \mathrm{d}x$，该矩阵被称为单元惯性矩阵（或单元质量矩阵）。通过实际计算可知，该梁单元的单元质量矩阵为

$$[M^e] = \rho Al \begin{bmatrix} \dfrac{1}{3} & 0 & 0 & \dfrac{1}{6} & 0 & 0 \\ 0 & \dfrac{13}{35} & \dfrac{11}{210}l & 0 & \dfrac{9}{70} & -\dfrac{13}{420}l \\ 0 & \dfrac{11}{210}l & \dfrac{1}{105}l^2 & 0 & \dfrac{13}{420}l & -\dfrac{1}{140}l^2 \\ \dfrac{1}{6} & 0 & 0 & \dfrac{1}{3} & 0 & 0 \\ 0 & \dfrac{9}{70} & -\dfrac{13}{420}l & 0 & \dfrac{13}{35} & -\dfrac{11}{210}l \\ 0 & -\dfrac{13}{420}l & -\dfrac{1}{140}l^2 & 0 & -\dfrac{11}{210}l & \dfrac{1}{105}l^2 \end{bmatrix}$$

按照类似的方式可以描述势能。用算子矩阵 $[D]$ 表示从位移场计算轴向及弯曲应变所需要的那些运算，即令

$$\begin{Bmatrix} \partial u/\partial x \\ \partial^2 w/\partial x^2 \end{Bmatrix} = [D] \begin{Bmatrix} u(x,t) \\ w(x,t) \end{Bmatrix} = [D][N]\{q^e\},$$

$$[D] = \begin{bmatrix} \partial/\partial x & 0 \\ 0 & \partial^2/\partial x^2 \end{bmatrix} \tag{9-8}$$

单元内拉伸应变能与弯曲应变能之和由下式给出

$$U = \frac{1}{2} \int_0^l \left[EA \left(\frac{\partial u}{\partial x} \right)^2 + EI \left(\frac{\partial^2 w}{\partial x^2} \right)^2 \right] \mathrm{d}x$$

由式(9-8)，可以求出

$$U = \frac{1}{2} \int_0^l \{[D][N]\{q^e\}\}^T \begin{bmatrix} EA & 0 \\ 0 & EI \end{bmatrix} [D][N]\{q^e\} \mathrm{d}x$$

$$= \frac{1}{2} \{q^e\}^T [K^e] \{q^e\} \tag{9-9}$$

式中，$[K^e] = \int_0^l [N]^T [D]^T \begin{bmatrix} EA & 0 \\ 0 & EI \end{bmatrix} [D][N]\mathrm{d}x$，该矩阵被称为单元刚度矩阵。

$$[K^e] = \begin{bmatrix} \dfrac{EA}{l} & 0 & 0 & -\dfrac{EA}{l} & 0 & 0 \\ 0 & 12\dfrac{EI}{l^3} & 6\dfrac{EI}{l^2} & 0 & -12\dfrac{EI}{l^3} & 6\dfrac{EI}{l^2} \\ 0 & 6\dfrac{EI}{l^2} & 4\dfrac{EI}{l} & 0 & -6\dfrac{EI}{l^2} & 2\dfrac{EI}{l} \\ -\dfrac{EA}{l} & 0 & 0 & \dfrac{EA}{l} & 0 & 0 \\ 0 & -12\dfrac{EI}{l^3} & -6\dfrac{EI}{l^2} & 0 & 12\dfrac{EI}{l^3} & -6\dfrac{EI}{l^2} \\ 0 & 6\dfrac{EI}{l^2} & 2\dfrac{EI}{l} & 0 & -6\dfrac{EI}{l^2} & 4\dfrac{EI}{l} \end{bmatrix}$$

应当注意，$[M^e]$ 和 $[K^e]$ 都是对称矩阵，而且只决定于单元的截面参数和长度 l。假定还有与速度成正比的黏性阻尼，阻尼系数为 μ，则黏性阻尼所做的虚功为

$$
\begin{aligned}
\delta W &= -\int_0^l \mu \{\dot{u} \quad \dot{w}\} \begin{Bmatrix} \delta u \\ \delta w \end{Bmatrix} \mathrm{d}x \\
&= -\mu \int_0^l \{\dot{q}^e\}^{\mathrm{T}} [N]^{\mathrm{T}} [N] \mathrm{d}x \{\delta q^e\} \\
&= -\{\dot{q}^e\}^{\mathrm{T}} [C^e] \{\delta q^e\}
\end{aligned}
\tag{9-10}
$$

式中，$[C^e] = \mu \int_0^l [N]^{\mathrm{T}} [N] \mathrm{d}x$。

由于影响结构阻尼的因素甚为复杂，缺乏黏性阻尼系数 μ 的相关资料，一般来说用式(9-10)计算单元阻尼矩阵是不可行的。目前常假设

$$
[C^e] = \alpha [M^e] + \beta [K^e]
\tag{9-11}
$$

式中，α 和 β 为两个系数，由试验确定。式(9-11)称为瑞雷阻尼或比例阻尼。

将式(9-7)、式(9-9)和式(9-10)代入第二章所介绍的拉格朗日方程

$$
\frac{\mathrm{d}}{\mathrm{d}t}\left(\frac{\partial T}{\partial \dot{q}_i}\right) - \frac{\partial T}{\partial q_i} + \frac{\partial U}{\partial q_i} = F_i \quad (i = 1, 2, \cdots, N)
$$

可得到梁单元的动力学方程为

$$
[M^e]\{\ddot{q}^e\} + [C^e]\{\dot{q}^e\} + [K^e]\{q^e\} = f^e
\tag{9-12}
$$

式中，f^e 为广义力列阵，有

$$
f^e = [f_1(t) \quad f_3(t) \quad f_4(t) \quad f_2(t) \quad f_5(t) \quad f_6(t)]^{\mathrm{T}} = [\{f_1\}^{\mathrm{T}} \quad \{f_2\}^{\mathrm{T}}]^{\mathrm{T}}
$$

一般情况下，单元并非只受到作用于节点的外力，有时还受到分布外力或非节点处外力的作用，此时需要根据虚位移原理导出单元广义力列阵。如图 9-3 所示为一个梁单元，设作用于单元上的力有：集中外力 $f_c(t)$，作用于 $x=x_c$ 处；分布外力 $f(x,t)$；相邻单元通过节点作用于这个单元的力 $f'_i(t)$（$i=1,2,\cdots,6$），$f'_i(t)$ 对整个梁来说是内力，但对这个单元来说则视为外力。此处应注意的是 $f'_i(t)$ 只是出于理论表达的完整性而列出，在后面进行单元集合时，各单元间的作用力必然相互抵消，因此在实际中不必计算，在单元分析时也无法计算。

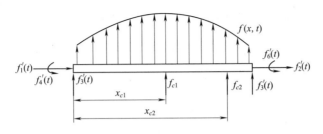

图 9-3　广义力的计算

这些力所做的虚功率为

$$
\delta W_1 = \int_0^l f(x,t) [N] \{\delta \dot{q}^e\} \mathrm{d}x + \sum_c f_c(t) [N(x_c)] \{\delta \dot{q}^e\} + \sum_{i=1}^6 f'_i(t) \{\delta \dot{q}^e\}
\tag{9-13}
$$

用沿各广义坐标方向的广义力 $f_i(t)$（$i=1,2,\cdots,6$）等效地代替这些力的作用。广义力

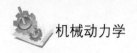

所做的虚功率为

$$\delta W_2 = \sum_{i=1}^{6} f_i(t) \{\delta \dot{q}^e\}$$

根据虚位移原理，$\delta W_1 = \delta W_2$，可求出各广义力

$$f_i(t) = \begin{cases} \int_0^l f(x,t)\phi_{ui}(x)\mathrm{d}x + \sum_c f_c(t)\phi_{ui}(x_c) + f'_i(t), & i \leqslant 2 \\ \int_0^l f(x,t)\phi_{w(i-2)}(x)\mathrm{d}x + \sum_c f_c(t)\phi_{w(i-2)}(x_c) + f'_i(t), & i > 2 \end{cases}$$

■ 三、坐标转化

式(9-12)只是某个单元的运动方程，而我们要研究的是连续弹性梁的整个系统，这就要将各单元的运动方程组集起来形成系统的运动方程。在组合的过程中必须考虑两个基本问题：首先，如果单元间方向不同，则不同单元的位移分量的方向亦将不同；其次，几个单元的连接节点编号不同。

对于前者，可以通过定义整体坐标系，将单元局部坐标系转化为整体坐标系的方法解决位移分量方向不同问题，即坐标转化。如图 9-4 所示，XYZ 为整体坐标系，xyz 为单元局部坐标系，β_e 为 X 轴到单元 x 轴向方向的夹角，后者的方向是从局部节点 1 到局部节点 2，β_e 的正负可由右手定则决定。整体坐标位移分量在局部坐标轴上的投影 $\hat{u}_1$ 和 $\hat{w}_1$ 以下式表示：

$$u_1 = \hat{u}_1\cos\beta_e + \hat{w}_1\sin\beta_e, w_1 = -\hat{u}_1\sin\beta_e + \hat{w}_1\cos\beta_e$$

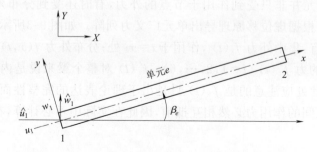

图 9-4　局部坐标系与整体坐标系之间的转动变换

于是可求得单元的局部节点变量与整体变量之间的关系为

$$\begin{Bmatrix} u_1 \\ w_1 \\ \theta_1 \\ u_2 \\ w_2 \\ \theta_2 \end{Bmatrix} = \begin{bmatrix} R^e \end{bmatrix} \begin{Bmatrix} \hat{u}_1 \\ \hat{w}_1 \\ \hat{\theta}_1 \\ \hat{u}_2 \\ \hat{w}_2 \\ \hat{\theta}_2 \end{Bmatrix} \tag{9-14}$$

写成简洁形式是

$$\{q^e\} = \begin{bmatrix} R^e \end{bmatrix} \{\hat{q}^e\} \tag{9-15}$$

式中，$\{\hat{q}^e\}$ 为单元的整体广义坐标向量；矩阵 $[R^e]$ 为转动矩阵

$$[R^e] = \begin{bmatrix} \cos\beta_e & \sin\beta_e & 0 & 0 & 0 & 0 \\ -\sin\beta_e & \cos\beta_e & 0 & 0 & 0 & 0 \\ 0 & 0 & 1 & 0 & 0 & 0 \\ 0 & 0 & 0 & \cos\beta_e & \sin\beta_e & 0 \\ 0 & 0 & 0 & -\sin\beta_e & \cos\beta_e & 0 \\ 0 & 0 & 0 & 0 & 0 & 1 \end{bmatrix}$$

此时单元的质量矩阵变换为

$$[\hat{M}^e] = [R^e]^{\mathrm{T}} [M^e][R^e]$$

单元的刚度矩阵变换为

$$[\hat{K}^e] = [R^e]^{\mathrm{T}} [K^e][R^e]$$

四、单元集合

在得到整体坐标系中的单元质量矩阵及单元刚度矩阵之后，可以按照叠加法（直接刚度法）组装成整体质量矩阵和整体刚度矩阵。为此，必须把有关矩阵作适当的扩大改写，使得所有单元的质量和刚度矩阵具有统一的格式才可进行。

设整个系统被离散成 n_e 个平面梁单元和 n 个节点，整个杆件系统的节点位移列阵为

$$q_{3n\times 1} = \begin{bmatrix} \{q_1\}^{\mathrm{T}} & \{q_2\}^{\mathrm{T}} & \cdots & \{q_n\}^{\mathrm{T}} \end{bmatrix}^{\mathrm{T}} \tag{9-16}$$

上式是由各节点位移按照节点的编号从小到大排列组成的。以刚度矩阵为例，将原来的六阶方阵 $[K^e]$ 加以扩大，写成 $3n\times 3n$ 的方阵如下：

$$K^e_{3n\times 3n} = \begin{bmatrix} & \vdots & & \vdots & \\ \cdots & K_{ii} & \cdots & K_{ij} & \cdots \\ & \vdots & & \vdots & \\ \cdots & K_{ji} & \cdots & K_{jj} & \cdots \\ & \vdots & & \vdots & \end{bmatrix} \tag{9-17}$$

式中虚点和空处的元素为 3×3 的零矩阵，子矩阵 K_{ij}（实际上是 3 行 3 列）这个方阵就放在分块意义下的第 i 行和第 j 列的位置上，这里 i 和 j 的顺序也是按照节点编号从小到大排列的。显然，经过这样扩大后的方阵(9-17)仍是对称的，而且所有其他单元刚度矩阵中的四个子矩阵都可按照其下标（由单元的节点编号组成）在式(9-17)的格式中"对号叠加"，此即为矩阵叠加法。整体质量矩阵也是采用相同的方式生成。

同样，把单元的等效节点力加以扩大，改写成 $3n\times 1$ 阶的列阵

$$f^{e\mathrm{T}}_{3n\times 1} = \begin{bmatrix} \cdots & \{f_i\}^{\mathrm{T}} & \cdots & \{f_j\}^{\mathrm{T}} & \cdots \end{bmatrix}^{\mathrm{T}}$$

这样，就可以按照叠加规则直接相加，得到整体质量矩阵、整体刚度矩阵和节点力列阵，即

$$K = \sum_{e=1}^{n_e} K^e, \quad M = \sum_{e=1}^{n_e} M^e, \quad f = \sum_{e=1}^{n_e} f^e$$

最终得到整体动力学方程为

$$[M]\{\ddot{q}\} + [C]\{\dot{q}\} + [K]\{q\} = f \tag{9-18}$$

式中,$[C]$为整体阻尼矩阵,常采用比例阻尼的形式,即

$$[C]=\alpha[M]+\beta[K]$$

当$[C]=0$,$f=0$时,则为第二章所讲到的无阻尼自由振动方程,解之可得到整体的无阻尼自由振动的频率和振型,也就是前面几章所讲到的特征值问题。若载荷f是时间t的周期函数,这时方程就变成了前面所提到的谐波激励问题。如果f是时间的任意函数,则在考虑初始条件的基础上,方程成为前面所提到的系统对任意激励的响应问题。因此由有限元方法所得到的方程与多自由度系统振动方程对照,其形式并无任何差别,可以完全按照第二章中介绍的多自由度系统振动方程的求解方法来求解方程(9-18)。

此时需要注意的是整体质量矩阵既可以用矩阵叠加法由单元质量矩阵叠加而成,此种质量矩阵称为一致质量矩阵,也可以用某种简单的等价方法把单元质量分配到各个节点上,形成一个对角质量矩阵,称为集中质量矩阵。在很多商用有限元软件(如 ANSYS)中,都允许用户选择使用哪一种质量矩阵。一般来说,采用一致质量矩阵可以得到更加精确的振型,如果单元是协调的,那么还可以有这样的结论:频率的计算值是整体真实频率的上界(证明过程从略)。

【例 9-1】 用三个单元的有限元模型来建立如图 9-5 所示的系统受迫振动的微分方程,此时只考虑横向振动的情况。

解 如图 9-5 所示为两端固定的梁,边界约束条件的引入,在理论上可以减少待求节点未知量的数目和方程阶数,但在实际程序实现以及商用化软件中,一般希望保持方程阶数不变,以避免程序过于复杂。此处为了简化计算,采用减少待求节点未知量的方法。由于只考虑横向振动的情况,由三个单元组成的有限元模型有四个自由度(即不考虑边界节点,只考虑中间两个节点,每个节点有两个自由度),此时整体刚度矩阵和整体质量矩阵均为 4×4 方阵,系统存在 u_1、u_2、u_3 和 u_4 四个自由度。

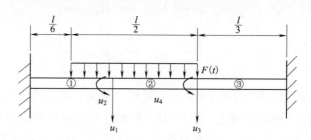

图 9-5 两端固定的梁

对每个单元,总坐标与局部坐标的关系为
单元体①:
$w_1=0$,$\theta_1=0$,$w_2=u_1$,$\theta_2=u_2$
单元体②:
$w_1=u_1$,$\theta_1=u_2$,$w_2=u_3$,$\theta_2=u_4$
单元体③:
$w_1=u_3$,$\theta_1=u_4$,$w_2=0$,$\theta_2=0$

由本节单元集合中所述方法,将每个单元的质量和刚度矩阵叠加到整体质量和刚度矩阵中

$$M = \frac{\rho A l}{420} \left\{ \begin{bmatrix} 156 & -22l & 0 & 0 \\ -22l & 4l^2 & 0 & 0 \\ 0 & 0 & 0 & 0 \\ 0 & 0 & 0 & 0 \end{bmatrix} + \begin{bmatrix} 156 & 22l & 54 & -13l \\ 22l & 4l^2 & 13l & -3l^2 \\ 54 & 13l & 156 & -22l \\ -13l & -3l^2 & -22l & 4l^2 \end{bmatrix} + \begin{bmatrix} 0 & 0 & 0 & 0 \\ 0 & 0 & 0 & 0 \\ 0 & 0 & 156 & 22l \\ 0 & 0 & 22l & 4l^2 \end{bmatrix} \right\}$$

$$= \frac{\rho A l}{420} \begin{bmatrix} 312 & 0 & 54 & -13l \\ 0 & 8l^2 & 13l & -3l^2 \\ 54 & 13l & 312 & 0 \\ -13l & -3l^2 & 0 & 8l^2 \end{bmatrix}$$

$$K = \frac{EI}{l^3} \left\{ \begin{bmatrix} 12 & -6l & 0 & 0 \\ -6l & 4l^2 & 0 & 0 \\ 0 & 0 & 0 & 0 \\ 0 & 0 & 0 & 0 \end{bmatrix} + \begin{bmatrix} 12 & 6l & -12 & 6l \\ 6l & 4l^2 & -6l & 2l^2 \\ -12 & -6l & 12 & -6l \\ 6l & 2l^2 & -6l & 4l^2 \end{bmatrix} + \begin{bmatrix} 0 & 0 & 0 & 0 \\ 0 & 0 & 0 & 0 \\ 0 & 0 & 12 & 6l \\ 0 & 0 & 6l & 4l^2 \end{bmatrix} \right\}$$

$$= \frac{EI}{l^3} \begin{bmatrix} 24 & 0 & -12 & 6l \\ 0 & 8l^2 & -6l & 2l^2 \\ -12 & -6l & 24 & 0 \\ 6l & 2l^2 & 0 & 8l^2 \end{bmatrix}$$

式中,$l = L/3$。

由式(9-13)可知,分布载荷做的虚功为

$$\delta W_1 = \int_{l/2}^{l} F(t) \left[\left(3\frac{x^2}{l^2} - 2\frac{x^3}{l^3} \right) \delta u_1 + \left(-\frac{x^2}{l^2} + \frac{x^3}{l^3} \right) l \delta u_2 \right] \mathrm{d}x +$$

$$\int_{0}^{l} F(t) \left[\left(1 - 3\frac{x^2}{l^2} + 2\frac{x^3}{l^3} \right) \delta u_1 + \left(\frac{x}{l} - 2\frac{x^2}{l^2} + \frac{x^3}{l^3} \right) l \delta u_2 + \right.$$

$$\left. \left(3\frac{x^2}{l^2} - \frac{x^3}{l^3} \right) \delta u_3 + \left(-\frac{x^2}{l^2} + \frac{x^3}{l^3} \right) l \delta u_4 \right] \mathrm{d}x$$

$$= F(t) \left[\frac{29}{32} l \delta u_1 + \frac{5}{192} l^2 \delta u_2 + \frac{3}{4} l \delta u_3 - \frac{1}{12} l^2 \delta u_4 \right]$$

因此,如图 9-5 所示的三个单元有限元模型的微分方程为

$$\frac{\rho A l}{420} \begin{bmatrix} 312 & 0 & 54 & -13l \\ 0 & 8l^2 & 13l & -3l^2 \\ 54 & 13l & 312 & 0 \\ -13l & -3l^2 & 0 & 8l^2 \end{bmatrix} \begin{bmatrix} \ddot{u}_1 \\ \ddot{u}_2 \\ \ddot{u}_3 \\ \ddot{u}_4 \end{bmatrix} + \frac{EI}{l^3} \begin{bmatrix} 24 & 0 & -12 & 6l \\ 0 & 8l^2 & -6l & 2l^2 \\ -12 & -6l & 24 & 0 \\ 6l & 2l^2 & 0 & 8l^2 \end{bmatrix} \begin{bmatrix} \dot{u}_1 \\ \dot{u}_2 \\ \dot{u}_3 \\ \dot{u}_4 \end{bmatrix} = \begin{bmatrix} \frac{29}{32} l \\ \frac{5}{192} l^2 \\ \frac{3}{4} l \\ -\frac{1}{12} l^2 \end{bmatrix} F(t)$$

第二节　ANSYS 动力学分析

ANSYS 是融结构、热、流体、电磁、声学等于一体的大型通用有限元分析软件,广泛用于核工业、铁道、石油化工、航空航天、机械制造、汽车交通、土木工程等工业和科学研究中。该软

件有以下几个主要特点。

(1)完备的前处理功能。ANSYS不仅提供了强大的实体建模及网格划分工具,可以方便地构造有限元模型,而且还专门设有用户所熟悉的一些通用CAD软件的数据接口,完成AN-SYS中的初步建模功能。此外,ANSYS还具有近200种单元类型,这些丰富的单元特性能使用户方便而准确地构建出反映实际结构的仿真计算模型。

(2)强大的求解能力。ANSYS除了常规的线性、非线性结构的静力分析外,还可进行线性、非线性结构的动力分析及屈曲分析等。提供的多种求解器分别适用于不同的问题及不同的硬件配置。

(3)方便的后处理功能。ANSYS的后处理分为通用后处理模块(POST1)和时间历程后处理模块(POST26)两部分。后处理结果包括位移、温度、应力、应变等,输出形式可以是图形显示,也可以是数据列表。

(4)多种实用的二次开发工具。ANSYS除了具有较为完善的分析功能以外,同时还为用户进行二次开发提供了多种实用工具,如宏(Macro)、参数设计语言(APDL)、用户界面设计语言(UIDL)及用户编程特性(UPFS)等。

在ANSYS中,动力学分析包括了模态分析、谐响应分析、瞬态动力学分析和谱分析等几个方面内容。其中,模态分析就是用于确定各阶固有频率和振型等振动特性;谐响应分析主要用于确定结构在承受周期载荷作用下所产生的持续的周期响应,以及确定线性结构所承受的随时间按正弦规律变化的载荷时稳态响应的一种技术;瞬态动力学分析(或称为时间历程分析)主要用于确定承受任意的随时间变化载荷的结构动力学响应;谱分析是一种将模态分析的结构与已知的谱联系起来计算模型的位移和应力的分析技术。下面分别对ANSYS中的模态分析和瞬态动力学分析进行介绍,对其他分析内容有兴趣的读者可参照相关文献。

■ 一、模态分析

ANSYS提供了七种模态分析方法,分别是子空间(Subspace)法、分块兰索斯(Lanczos)法、Power Dynamics方法、缩减(Reduced)法、非对称(Unsymmetric)法、阻尼(Damped)法和QR阻尼(QR Damped)法,几种常用方法的比较可见表9-1。

表9-1 四种方法的比较

特征值求解法	适用范围	内存要求(H:高;M:中;L:低)	存储要求(H:高;M:中;L:低)
子空间法	用于计算大模型的前少数阶模态(40阶以下)。建议当模型中包含形状较好的实体及壳单元时采用此法。在可用内存有限时此法良好	L	H
分块兰索斯法	用于计算大模型的多阶模态(40阶以上)。建议当模型中包含形状较差的实体及壳单元时采用此法。此法在模型是由壳或壳加实体组成时运行良好。运行速度快,但比子空间法要求的内存多50%	M	L
缩减法	用于计算小到中等模型(小于10000自由度)的所有模态。在选取的主自由度合适时,可用于获得大模型的少数阶(40阶以下)模态,此时频率计算的精度取决于主自由度的选择	L	L

此时需要注意的是，ANSYS 模态分析属于线性分析，只有线性行为才是有效的。如果指定了非线性单元，也将作为线性对待。而任何非线性分析，即便定义也将被忽略。

下面对子空间法和分块兰索斯法的理论进行简单介绍。

1. 子空间法

子空间法是求解大型矩阵特征值问题的最常用且有效的方法之一，它适合于求解部分特征解，被广泛应用于结构动力学的有限元分析中。实际上，可以把子空间法看作是第二章中介绍的矩阵迭代法的推广，即同时进行多个特征对的迭代。

假设系统无阻尼，在 $[K]$、$[M]$ 对称正定的前提下，对于广义特征值问题

$$(-\omega_n^2[M]+[K])\{u\}=\{0\} \tag{9-19}$$

若有一组 m 个线性无关的向量 $X=[x_1 \quad x_2 \quad \cdots \quad x_m]$，可构造相应的特征值问题

$$\bar{K}\psi=\rho\bar{M}\psi \tag{9-20}$$

式中

$$\bar{K}=X^{\mathrm{T}}KX \tag{9-21}$$

$$\bar{M}=X^{\mathrm{T}}MX \tag{9-22}$$

解式(9-20)，得特征对 ρ_i 及 $\psi_i(i=1,2,\cdots,m)$。由这 m 个特征对可求得式(9-19)的近似解：$\omega_m^2\approx\rho_i$，$u_i\approx X\psi_i(i=1,2,\cdots,m)$。事实上，如果向量基 X 所构成的空间刚好是特征值问题式(9-19)的 m 阶特征向量所构成的空间，则所得到的便是精确解。但是在实际运算中，这一点是做不到的，因此只能求得近似解。

其基本步骤如下。

(1)选取初始向量 $X_1,X_2,\cdots,X_m$，令 $\{X\}=[X_1 \quad X_2 \quad \cdots \quad X_m]$。

(2)乘法运算

$$[Z]=[M]\{X\}$$

解线性方程组

$$\begin{cases} [K]\{Y\}=[Z] \\ \{Y\}=[K]^{-1}[M]\{X\} \end{cases}$$

(3)向子空间投影

$$[\widetilde{K}]=\{Y\}^{\mathrm{T}}[K]\{Y\}$$

$$[\widetilde{M}]=\{Y\}^{\mathrm{T}}[M]\{Y\}$$

式中，$[\widetilde{K}]$、$[\widetilde{M}]$ 都是 $m\times m$ 阶的缩减矩阵。

(4)求解广义特征问题 $\bar{K}\psi=\rho\bar{M}\psi$ 的全部特征值 ρ_i 和特征向量 ψ_i。

(5)利用式 $\{X\}=\{Y\}\{\psi\}$ 向原空间变换。

(6)迭代控制，进行收敛检查，若未收敛，则返回(1)。

(7)结果：迭代收敛后，$[\widetilde{K}]$ 和 $[\widetilde{M}]$ 变为对角矩阵，$\{X\}$ 和 $\{Y\}$ 都是特征向量。由(4)步计算出的 $\rho_1,\rho_2,\cdots,\rho_m$ 就是特征值。

2. 分块兰索斯法

该法是利用近似向量的正交性,从最高阶一边开始(或从最低阶一边开始)同时求若干个特征值。这一点与同时迭代法相似,但不用多个向量同时迭代,而只用一列向量,即使第2个迭代向量和第1个迭代向量正交(广义的),第3个迭代向量和第1、第2个迭代向量正交,……,第 k 个迭代向量和第 $1\sim(k-1)$ 个迭代向量正交。这样做虽然对迭代向量本身(最终的)没有太大的意义,但作为此过程的副产品,可以得到与原矩阵有相同(近似的)特征值的三重对角矩阵。在此矩阵中只包含从绝对值大的一边(或小的一边)算起的若干个特征值。

该方法计算式简单,程序简单,所需的存储单元不多,是很好的解法。

但在数值计算上稍不注意就会产生错误。另外,经过多次迭代后,哪个特征值的精度如何对于没有经验的人不易掌握,所以不宜推荐给初学者。

另外,对于对称矩阵的 $[M]$、$[K]$ 问题,解法很多,不一定用分块兰索斯法。而对于 $[M][C][K]$ 型问题(特大规模问题),因为其他有效的方法较少,研究分块兰索斯法是有意义的。

为叙述方便,先求一般性矩阵 $[D]$ 的特征值 λ 和特征向量 $\{A\}$,即求解 $[D]\{A\}=\lambda\{A\}$ 的特征值和特征向量。

(1)适当选取初始向量 $\{v_1\}$($|v_1|=1$)。

(2)按 $k=1,2,3,\cdots,m-1$ 的顺序执行

$$[v_{k+1}] = ([D][v_k] - \alpha_k[v_k]/\beta_k)$$

$$\alpha_k = [v_k]^{\mathrm{T}}[D][v_k]$$

$$\beta_k = |[D][v_k] - \alpha_k[v_k] - \beta_{k-1}[v_{k-1}]|, \quad \beta_0 = 0$$

(3)求 $T=\begin{bmatrix} \alpha_1 & \beta_1 & & & \\ \beta_1 & \alpha_2 & \beta_2 & & \\ & \beta_2 & \alpha_3 & \beta_3 & \\ \cdots & \cdots & \cdots & \cdots & \cdots \\ & & & \beta_{m-1} & \alpha_m \end{bmatrix}$ 的特征值,它们就是 $[D]$ 的特征值的近似值(从最高

阶一边开始到 m 阶)。

其次,研究 $[D]$ 为非对称的情况。

(1)适当选取初始向量 $\{u_1\}$、$\{v_1\}$。

(2)按 $k=1,2,3,\cdots,m-1$ 的顺序执行

$$[u_{k+1}] = ([D][u_k] - \alpha_k[u_k] - \beta_{k-1}[u_{k-1}])$$

$$[v_{k+1}] = ([D]^{\mathrm{T}}[v_k] - \alpha_k[v_k] - \beta_{k-1}[v_{k-1}])$$

$$\alpha_k = \frac{y_k^{\mathrm{T}} A x_k}{y_k^{\mathrm{T}} x_k}, \beta_k = \frac{x_k^{\mathrm{T}} y_k}{x_{k-1}^{\mathrm{T}} y_{k-1}^{\mathrm{T}}}$$

(3)求 $T=\begin{bmatrix} \alpha_1 & \beta_1 & & & \\ 1 & \alpha_2 & \beta_2 & & \\ & 1 & \alpha_3 & \beta_3 & \\ \cdots & \cdots & \cdots & \cdots & \cdots \\ & & & 1 & \alpha_m \end{bmatrix}$ 的特征值,此特征值就是 $[D]$ 的特征值(从最高阶一边

开始到编号为 m)的近似值。

以上是从最高阶一边开始求特征值的情况。若用$[D]^{-1}$替代上式中的$[D]$,可以从编号小的一边求得 m 个特征值的近似值,这里称为逆分块兰索斯法。

现在求$[M][C][K]$型特征值问题,其特征方程为

$$(\lambda^2[M] + \lambda[C] + [K])[A] = [0]$$

(1)设两组向量$[A_U]$、$[A_L]$满足上式,则可表示为

$$\begin{bmatrix} 0 & I \\ -M^{-1}K & -M^{-1}C \end{bmatrix} \begin{bmatrix} A_U \\ A_L \end{bmatrix} = \lambda \begin{bmatrix} A_U \\ A_L \end{bmatrix}$$

即

$$\begin{cases} A_L = \lambda A_U \\ \lambda^2 MA_U + \lambda CA_U + KA_U = 0 \end{cases}$$

(2)为了从最低阶一边开始求特征值,改写以 $1/\lambda$ 为特征值的形式如下:

$$\begin{bmatrix} 0 & I \\ -K^{-1}M & -K^{-1}C \end{bmatrix} \begin{bmatrix} x_U \\ x_L \end{bmatrix} = \lambda \begin{bmatrix} x_U \\ x_L \end{bmatrix}$$

因此,若设

$$D = \begin{bmatrix} 0 & I \\ -K^{-1}M & -K^{-1}C \end{bmatrix}, \quad X = \begin{bmatrix} x_U \\ x_L \end{bmatrix}, \quad Y = \begin{bmatrix} y_U \\ y_L \end{bmatrix}$$

则

$$DX = \begin{bmatrix} x_L \\ -K^{-1}(Mx_U + Cx_L) \end{bmatrix}, \quad D^T Y = \begin{bmatrix} -MK^{-1}y_L \\ y_U - CK^{-1}y_L \end{bmatrix}$$

采用上述公式,就可应用前述的非对称分块兰索斯法,求出 T 矩阵(其中包含 α_i、β_i,$i=1$, $2,\cdots,m$)。下面的问题是如何求非对称三重对角矩阵的特征值。

这本来是解高次代数方程问题。下面介绍QD法。

(1)作出初始向量

$$q_1^{(0)} = \alpha_1, \quad d_1^{(0)} = \beta_1/q_1^{(0)}$$

$$\begin{cases} i = 2,3,\cdots,n \\ q_i^{(0)} = \alpha_i - d_{i-1}^{(0)} \\ d_i^{(0)} = \beta_i/q_i^{(0)} \text{ (到 } i = m-1) \end{cases}$$

(2)迭代运算

$$\begin{cases} k = 0,1,2,\cdots \\ q_1^{(k+1)} = q_1^{(k+1)} + d_1^{(k)} \\ d_1^{(k+1)} = d_1^{(k)} q_2^{(k)}/q_1^{(k+1)} \\ \begin{cases} i = 2,3,\cdots,m \\ q_i^{(k+1)} = q_i^{(k)} + d_i^{(k)} - d_{i-1}^{(k+1)} \\ d_i^{(k+1)} = d_i^{(k)} q_{i+1}^{(k)}/q_i^{(k+1)} \text{ (到 } i = m-1) \end{cases} \end{cases}$$

求二次方程 $z^2 - (q_i^{(k)} + q_{i+1}^{(k)})z + q_i^{(k)} q_{i+1}^{(k)} = 0$ 的根(即为 $q_i^{(k)}$、$q_{i+1}^{(k)}$),就是矩阵特征值,当 k 足够大时,它就是原问题的特征值。

二、瞬态动力学分析

在 ANSYS 中进行瞬态动力学分析,其目的就在于确定结构在静载荷、瞬态载荷、简谐载荷任意组合下的位移、应力、应变等随时间变化的规律。ANSYS 提供有三种方法求解瞬态动力学问题,分别是完全法、缩减法和模态叠加法。

结构动力学基本方程如式(9-23)所示:

$$[M]\{\ddot{u}\} + [C]\{\dot{u}\} + [K]\{u\} = \{F(t)\} \tag{9-23}$$

在任意给定的时间 t,该方程可以看成是一系列考虑了惯性力 $[M]\{\ddot{u}\}$ 和阻尼力 $[C]\{\dot{u}\}$ 的静力学方程。在 ANSYS 程序中,完全法和缩减法求解式(9-23)使用纽马克时间积分法(参见第三章第三节),在离散的时间点上,求解这些方程,时间增量称为积分时间步长(Integration Time Step);而模态叠加法,顾名思义,就是采用第二章中的模态分析方法对式(9-23)进行求解。

在利用 ANSYS 进行结构的瞬态动力学分析时,应先做一些预备工作,以理解问题的物理含义。

(1)首先分析一个较简单的模型。由梁、质量体、弹簧组成的模型,以最小的代价对问题提供有效的、深入的理解。

(2)如果分析中包含非线性,可以首先通过静力学分析,分析非线性如何对结构产生影响。有时,在动力学分析中,没必要包含非线性特性。

(3)了解问题的动力学特性。通过进行模态分析,计算结构的固有频率与主振型,便可了解当这些模态被激活时结构如何响应。固有频率也对计算正确的积分时间步长有用。

(4)对于非线性问题,应考虑将模型的线性部分子结构化,以降低分析难度。

准备工作完成后,就可以根据实际问题的需要选择相应的求解方法。三种计算方法各有不同的优缺点,以适应不同的计算需要。

(1)完全法。该方法采用完整的系统矩阵计算瞬态响应,没有矩阵缩减。它是三种方法中功能最强大的,允许包括非线性特性(塑性、大变形、大应变等)。其优点包括:①容易使用,不必关心如何选取主自由度或振型;②允许包含各种类型的非线性特性;③使用完整矩阵,不涉及质量矩阵的近似;④用单一处理过程计算出所有的位移和应力;⑤允许施加各种类型的载荷:节点力、外加的(非零)位移、单元载荷(压力和温度);⑥接受在实体模型上施加的载荷。其缺点就是该方法计算开销较大。

(2)缩减法。该方法是通过自由度缩减(Reduced),以求解大模型的少数阶(一般为前 40 阶)模态的方法,具体计算方法可参见第二章第三节中振型截断法内容。该方法的优点就在于计算开销较小。其缺点包括:①初始解只计算主自由度处的位移。要得到完整的位移、应力和力解则必须进行扩展处理(扩展处理在某些分析中可能不必要);②不能施加单元载荷(压力、温度等),但允许有加速度;③所有载荷必须加在主自由度上(限制了对实体模型上所加载荷的使用);④整个瞬态分析过程中,时间步长必须保持恒定,因此,不允许用自动步长;⑤唯一允许的非线性量是简单的点—点接触。

(3)模态叠加法。该方法利用结构自由振动的振型相互正交的特性,将结构的动力学方程化成各广义坐标的非耦合方程,然后各方程采用杜哈美积分或其他方法单独求解。该方法的优点在于:①对于许多问题,比完全法(Full)、缩减法(Reduced)开销小;②在模态分析时施加的载荷可以通过 LVSCALE 命令用于瞬态响应分析中;③允许指定振型阻尼(阻尼比是模态数值的函数)。其缺点包括:①整个瞬态分析过程中,时间步长必须保持恒定,因此不允许用自动步长;②唯一允许的非线性量是简单的点—点接触(有间隙情况)。

需要注意的是在模态叠加法求解动力学运动方程时,如果定义了振型阻尼比,在计算中高阶振型对响应的影响将减小,因此振型叠加法适用于像地震等只激发起较少振型,所需计算的响应历程较长这类问题。由于高阶阻尼比较高,计算时不必考虑全部振型,只需要取少数最低几阶振型即可。而对于像冲击等问题,激发起的振型较多,所需计算响应的历程短,通常用时间积分法为宜。

亨利·庞加莱（Jules Henri Poincaré），法国数学家、天体力学家、数学物理学家、科学哲学家，巴黎大学天体力学教授，埃可尔（Ecole）工业大学理学教授，被公认为是对于数学和它的应用具有全面知识的最后一人，他在天体力学和电子力学方面的贡献也是非常巨大的。他关于非线性自制系统奇点的分类在非线性振动理论中占有重要地位。

■ 第十章 ■

非线性振动基础 *

在人类生活的环境中存在着各种各样、形式各异的振动，例如，声音和光线在空气中的振动，人类自身的肺部、脉搏时刻不断的振动，建筑物和机器的振动，无线电技术和电工学中的振动，控制系统的振动，同步加速器与火箭发动机中的振动。尽管对于极大多数的机械系统而言，线性振动理论已经能解释很多振动现象和解决很多工程问题，但是在实际问题中往往还会遇到一些线性振动理论所不能解释的现象。严格来说，几乎所有的振动问题都应该归结为非线性的微分方程，只是在微幅振动的条件下忽略非线性项，经过线性化而得到线性微分方程，但是这需要谨慎从事，因为有时非线性项将会对运动性质带来本质上的变化。

第一节　非线性振动特性

构成非线性振动系统的原因很多，当振幅过大，材料超越线性弹性而进入非线性弹性，甚至超越弹性进入塑性，这种由于材料本身的非线性特性而使系统成为非线性系统，称为材料非线性（本构关系非线性）。另外由于几何上或构造上的原因，虽然材料本身仍符合线性，但由于位移过大或变形过大而使结构的几何形状发生显著改变，而必须按变形后的关系建立运动方程，这样出现的非线性称为几何非线性。此外，还有运动关系非线性、力学非线性、约束条件非线性以及系统存在多个平衡位置等，这些因素在系统的运行速度或者其他影响参数达到一定的数值之后，会致使系统出现非常复杂的运动状态。

非线性振动相对前面介绍的线性振动系统，主要特点如下：

（1）线性系统中的叠加原理对于非线性系统不再适用，例如，作用在非线性系统上又可以展开成傅立叶级数的周期干扰力，受迫振动的解不等于每一个谐波单独作用之和。

（2）在非线性系统中，对应于平衡状态和周期振动的定常数解一般有数个，必须研究解的稳定性才能确定实际中能够实现的解。

　　(3)在线性系统中,由于阻尼存在,自由振动总是被衰减掉,只有在干扰力的作用下,才能有定常周期解,而在非线性系统中,如自激振动系统,在有阻尼力而无干扰力的作用时,有时也会出现定常周期解。

　　(4)在线性系统中,受迫振动的频率和干扰力的频率相同;而对于非线性系统,固有频率则与系统的振幅有关。

　　(5)在非线性系统中,当系统参数发生微小变化时,解的周期将发生倍周期分岔,分岔的继续则可能导致混沌等复杂的动力学行为的出现。

　　非线性振动主要研究的是各种不同振动系统的周期振动规律(振幅、频率、相位的变化规律)和求周期解,以及研究周期解的稳定性条件。从工程技术角度而言,非线性振动的研究任务是为减小系统的振动或有效利用振动,使系统具有合理的结构形式或参数。由于计算机技术的发展,许多非线性的振动问题可以借助数值计算与数值模拟的方法予以解决,但由于非线性振动的复杂性,至今仍然有很多问题亟待进一步研究,主要包括多自由度非线性振动问题精确解的求解方法,多自由度非线性振动系统的各种分岔,复杂非线性振动系统的混沌运动,复杂非线性系统的自激振动,带有冲击的非线性系统的振动机理与振动特性,非线性系统的振动以及稳定性的控制等。

第二节　非线性振动实例

■ 一、含有非线性阻尼力的机械系统

　　含有非线性阻尼力的振动系统在工程实际中大量存在,如高速行驶列车(气体阻力与速度成平方或立方关系),测量轴承与轴销之间干摩擦系数的摩擦摆,在外加电场干扰下具有非线性黏度系数的电流变液组成的车辆悬挂系统等。

　　当一个系统受到干摩擦力的作用时,假设摩擦力从零增至最大值为常数 F_0,方向与速度 $\dot{x}$ 相反,运动方程为

$$m\ddot{x} + kx + F_0 \text{sign}(\dot{x}) = 0 \tag{10-1}$$

$$\text{sign}(\dot{x}) = \begin{cases} 1, & \dot{x} > 0 \\ 0, & \dot{x} = 0 \\ -1, & \dot{x} < 0 \end{cases} \tag{10-2}$$

式中,$\text{sign}(\dot{x})$ 为符号函数。

　　这是一种本质上属于非线性的情况。图 10-1 表示线性弹性恢复力和干摩擦力形成的滞后回线。如果当质量块 m 在 $x=0$ 处开始沿 x 正方向运动时,那么 $F(x,\dot{x})=kx+F_0\text{sign}(\dot{x})$ 遵循图 10-1 中直线①和②。当速度减为零时,摩擦力改变方向,沿直线③和④,速度由负变为零,摩擦力再一次改变方向,沿直线⑤和⑥进行。这一循环滞后回线,对于刚塑性线性材料的加载和卸载过程,OAB 对应于加载,BCD 对应于卸载,

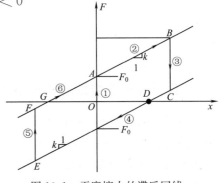

图 10-1　干摩擦力的滞后回线

DE 为反向加载，*EFG* 为反向卸载。如果 $k=0$，则成为理想刚塑性材料的情况。

二、含有非线性恢复力的机械系统

含有非线性弹性恢复力的机械系统较多，例如，含有涡卷形弹簧的仪表、钟表的动力系统；为了增强电磁振动给料机振幅的稳定性，有时将该机中的板弹簧的支承夹紧装置制成曲线形，该系统属光滑硬式非线性振动系统；由多层板簧构成的汽车悬挂系统也是具有不对称弹性力曲线的非线性振动系统；由叠形弹簧组成的锻压设备和飞机起落装置中的缓冲系统等。

单自由度弹簧质量系统的无阻尼自由振动微分方程一般可写成

$$m\ddot{x} + F(x) = 0 \tag{10-3}$$

如图 10-2 所示，作用于质量 m 上的弹性恢复力为 $F(x)$，它和位移 x 的关系为非线性，由图 10-2 中实线表示（图 10-2 中虚线表示线性关系），这表明弹簧刚度系数不再是常数。图 10-3(a)表示曲线的斜率是随位移增加而增加的，称为硬特性非线性，而图 10-3(b)表示曲线的斜率是随位移增加而减小的，称为软特性非线性。不难预计，具有硬特性非线性弹性的系统，其周期将会随振幅增加而减小，反之则会随振幅增加而增大。

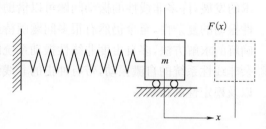

图 10-2　非线性弹性恢复力

如图 10-3 所示的非线性弹性，往往可以用 x 的幂函数表示，最常用的是

$$F(x) = kx \pm \beta x^3 \tag{10-4}$$

其中 kx 表示线性恢复力；第二项 βx^3 表示非线性恢复力，一般比第一项要小得多，表明它对线性项的修正。正负号恰好用来区别硬特性和软特性。

另一种非线性弹性表现为 $F(x)$ 具有不对称的形式，即 $F(x) \neq -F(-x)$，如图 10-3(c)所示。

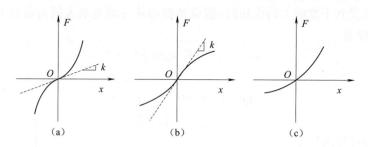

图 10-3　非线性弹性力曲线

三、含有分段非线性的机械系统

分段非线性系统在机械系统中广泛存在，例如，机械传动系统中的齿轮传动机构就因为齿侧间隙的存在，而导致齿轮在啮合过程中存在啮合冲击现象；在水平面上运动的物体所受到的摩擦力与运动方向有关，也是一个典型分段非线性的例子。而在实际工程中，含有分段的非线性特性的振动系统也得到了广泛的应用，如用于煤泥或粉粒煤脱水的振动离心脱水机、选矿厂

中用于精选矿石的弹簧摇床和用于筛选矿石和煤炭的惯性式共振筛、采用主弹簧和副弹簧的车辆悬挂系统、有预压缩和限位的弹性联轴节、有叠层板弹簧悬挂系统支撑的货车、用于输送松散物料的弹性连杆式振动输送机等。

对于传动系统中使用的齿轮，其运动一般分为两个相，其中一个为自由飞行相（又称为空隙相），另外一个为接触相（又称为碰撞相），对于不同的运动相，系统运动的自由度数目会发生变化。如图 10-4 所示的一对渐开线直齿轮的啮合，两个齿轮的啮合轮齿之间有一个空隙，啮合线的方向为 e_1 和 e_2，啮合轮齿的齿面在啮合线方向上的相对距离分别为 s_1 和 s_2，对于自由飞行相，相对距离在 0 和 $2b$ 之间变化，$2b$ 表示啮合平面内间隙的大小。式（10-5）描述了非线性齿侧间隙，式中 q 是相对齿侧间隙，随着 q 的变化，弹性力发生的非线性变化如图 10-5 所示。

$$f(q) = \begin{cases} q-b, & q > b \\ 0, & -b \leqslant q \leqslant b \\ q+b, & q < -b \end{cases} \tag{10-5}$$

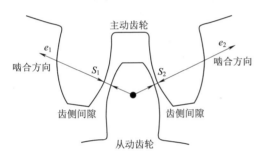

图 10-4　带有空隙的啮合齿轮对

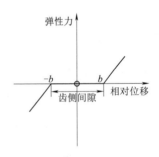

图 10-5　齿侧间隙非线性函数

图 10-6 给出了一种典型分段非线性的弹簧构造模型。如图 10-6(a) 所示，为了得到硬特性，当 $|x| > x_0$ 时，第二组弹簧即接触而参与工作，因而使刚度增加。图 10-6(b) 表示无重挡板受到第二弹簧的预压力 F_0 作用后，当 $|x| > \dfrac{F_0}{k_1} = x_0$ 时，第二组弹簧开始与第一组弹簧串联工作，因而使刚度减小，得到软特性。这种非线性恢复力可表达为

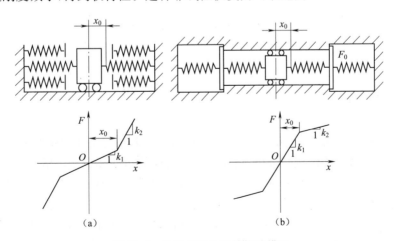

图 10-6　分段非线性弹簧构造模型

$$F(x) = \begin{cases} k_2 x + (k_1 - k_2)x_0, & x > x_0 \\ k_1 x, & -x_0 \leqslant x \leqslant x_0 \\ k_2 x - (k_1 - k_2)x_0, & x < -x_0 \end{cases} \tag{10-6}$$

如果把上述分段线性弹性的段数增加,这种不连续的线性弹性可以作为如图 10-2 所示的非线性弹性的一种近似。

如图 10-7(a)所示,当连接弹簧存在间隙 x_0 时,其非线性弹性恢复力可表达为

$$F(x) = \begin{cases} k(x - x_0), & x_0 > x \\ 0, & -x_0 \leqslant x \leqslant x_0 \\ k(x + x_0), & x < -x_0 \end{cases} \tag{10-7}$$

如图 10-7(b)所示,当连接弹簧有预压力 F_0 时,其非线性弹性恢复力可表达为

$$F(x) = \begin{cases} F_0 + kx, & x > 0 \\ -F_0 + kx, & x < 0 \end{cases} \tag{10-8}$$

如图 10-7 所示为具有间隙和预压力的非线性弹性,也可以看成是图 10-6 中分段线性弹簧的一种特殊情况,即取消第一组弹簧而得到。

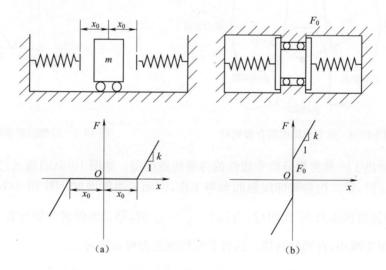

图 10-7 具有间隙和预压力的非线性弹性模型

第三节 相 平 面

对于非线性振动系统,由于方程求解极其困难,在一般情况下不可能得到解析解,这时便可以应用几何方法对系统作定性分析,将系统一切可能的运动都表示在相平面上,由积分曲线的性质和形状对系统的运动性质进行分析,这种分析非线性振动的方法称为<u>相平面法</u>。

相平面法局限于二阶的自治系统,所谓自治系统是指系统中不显含时间变量 t,对于二阶<u>自治系统</u>,相平面法是一个平面问题,可以画出二维轨线,这样在二维平面上讨论系统运动的性质就十分方便,具有明显的几何直观性。

单自由度非线性系统自由振动系统的微分方程为

$$\ddot{x} + f(x,\dot{x}) = 0 \tag{10-9}$$

$f(x,\dot{x})$ 是系统的弹性和阻尼的非线性函数。令 $v = \dot{x}$，方程可化为两个一阶微分方程

$$\left.\begin{array}{l} \dot{v} = -f(x,v) \\ \dot{x} = v \end{array}\right\} \tag{10-10}$$

式中，x 为系统的广义坐标；v 为系统的速度。它们表征了系统在任意时刻的运动状态，称作状态变量。以状态变量 x 和 v 为直角坐标，建立起由 x 和 v 组成的平面，称为相平面。

如图 10-8 所示，相平面上的每个点 $M(x,v)$ 对应一个运动状态，这个点称为相点。

当系统从一个运动状态，如 x_0、v_0 对应的相点 $M(x_0,v_0)$，变化到另一个新的运动状态，如 x_1、v_1 对应的相点 $M(x_1,v_1)$，如图 10-9 所示。随着系统状态的变化，相点将在相平面上作相应的运动，所描绘出的曲线称为相轨线。由于 x 和 v 是时间的函数，因此，相轨线是以时间 t 为参数形式给出的曲线。

系统的一条完整的相轨线是由系统运动全过程中所有相点构成的曲线。相点在平面上沿相轨线的运动方向用箭头表示，其运动速度称为相速度 v_p，有

$$v_p = \sqrt{\dot{x}^2 + \dot{v}^2} \tag{10-11}$$

式(10-11)可以看成是相速度 v_p 在两个坐标方向上的投影，如图 10-10 所示。

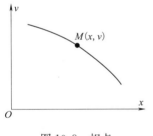

图 10-8　相点

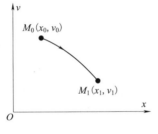

图 10-9　运动状态与相点

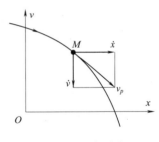

图 10-10　相速度

在分析非线性系统振动时，对系统的静平衡状态有着特殊的兴趣，系统的静平衡状态就是速度和加速度同时等于零的点，即 $\dfrac{\mathrm{d}x}{\mathrm{d}t} = 0$，$\dfrac{\mathrm{d}v}{\mathrm{d}t} = 0$。显然，系统的平衡状态对应于相平面上相速度等于零的点。对于式(10-11)相速度等于零的点，将同时满足下列条件

$$\left.\begin{array}{l} f(x,v) = 0 \\ v = 0 \end{array}\right\} \tag{10-12}$$

由式(10-9)可得到

$$\frac{\mathrm{d}v}{\mathrm{d}x} = \frac{-f(x,v)}{v} \tag{10-13}$$

一般情况下，式(10-13)的解不一定能表示成 $v = v(x)$ 的形式，但可表示为

$$F(x,v) = C \tag{10-14}$$

如果常数 C 的值是确定的，式(10-14)就是相平面上一条确定的积分曲线。通常，一条积分曲线可能由一条或几条相轨线组成。

那些满足式(10-12)的特殊点叫奇点，奇点对应于系统的静平衡状态或平衡点。如果在某个奇点的邻域内不存在其他奇点，这个奇点就是一个孤立奇点。那些相速度不等于零的点，即

切线方向一定的点称为式(10-10)或式(10-14)的**常点**。通过常点的积分曲线是唯一确定的。

因此，在相平面上，除孤立奇点外不存在有任何两条积分曲线相交的点。可以想象，如果系统发生的运动是周期运动，那么对应的相轨线将是一条不经过奇点的封闭的曲线。因为这时系统的运动应满足

$$\left.\begin{array}{l} x(t,T) = x(t) \\ v(t,T) = v(t) \end{array}\right\} \qquad (10\text{-}15)$$

式中，T 为运动周期，如图 10-11 所示。

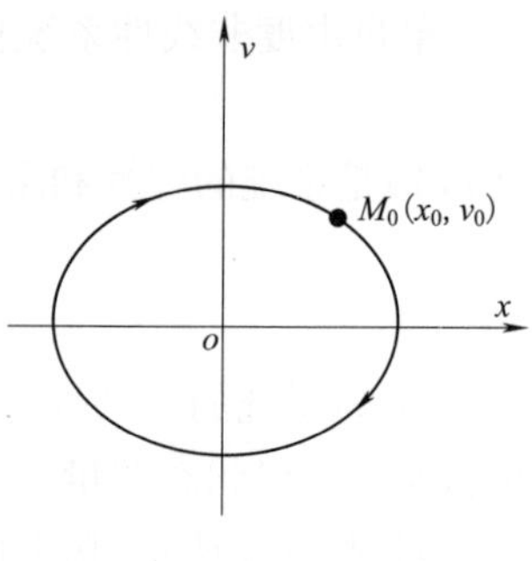

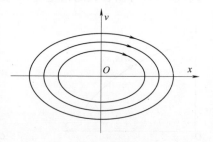

图 10-11　周期运动相轨线

为了对积分曲线、相轨迹线和奇点能有一个大概的了解，下面讨论一些简单的情况。

一、线性无阻尼自由振动

线性无阻尼系统自由振动的运动方程为

$$\ddot{x} + \omega_n^2 x = 0 \qquad (10\text{-}16)$$

进行变换后，得 $\dfrac{\mathrm{d}x}{\mathrm{d}t} = v, \dfrac{\mathrm{d}v}{\mathrm{d}t} = -\omega_n^2 x$。系统的积分曲线是方程 $\dfrac{\mathrm{d}v}{\mathrm{d}x} = -\omega_n^2 \dfrac{x}{v}$ 的解，即

$$v^2 + \omega_n^2 x^2 = v_0^2 + \omega_n^2 x_0^2 = E \qquad (10\text{-}17)$$

由式(10-17)可见无阻尼自由振动系统的相轨迹曲线是一族椭圆曲线，如图 10-12 所示。每一个椭圆曲线对应一条相轨线，在不同的初始条件(x_0, v_0)，具有不同的能量，积分曲线也是**能量曲线**。坐标原点对应于**平衡点**，也就是积分曲线的奇点，没有一条相轨线通过它，邻近的积分曲线都是闭曲线，且环绕奇点，这种奇点称为**中心**。

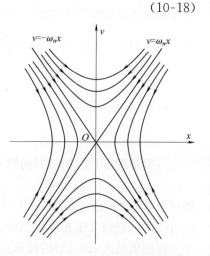

图 10-12　线性无阻尼振动相轨线

二、具有负刚度的线性系统

具有负刚度的线性系统运动微分方程为

$$\ddot{x} - \omega_n^2 x = 0 \qquad (10\text{-}18)$$

进行变换后，得 $\dfrac{\mathrm{d}x}{\mathrm{d}t} = v, \dfrac{\mathrm{d}v}{\mathrm{d}t} = \omega_n^2 x$。系统的积分曲线是方程 $\dfrac{\mathrm{d}v}{\mathrm{d}x} = \omega_n^2 \dfrac{x}{v}$ 的解，即

$$v^2 - \omega_n^2 x^2 = E \qquad (10\text{-}19)$$

它代表了 $v = \pm \omega_n x$（对于 $E=0$）的两条直线和以这两条直线为渐进线的双曲线族（对于 $E \neq 0$），布满整个平面。由于 $\dfrac{\mathrm{d}v}{\mathrm{d}x} = \dfrac{0}{0}$，原点是一个奇点。

这时，两条直线将通过奇点，而双曲线族不通过奇点，如图 10-13 所示。

可以看出，对于某些特定的初始条件，使系统的运动正好落在 $v = -\omega_n x$ 的直线上，相点将朝着原点运动，以接近

图 10-13　负刚度的线性系统相轨线

零的速度趋于原点,而不会在有限的时间内到达原点。这种情况只有在理论上是可能的,在实际上是不可能的。除此之外,系统受到任何初始条件的作用,相点都将离开原点运动,并逐渐远离。系统的运动是非周期的。这种奇点称为鞍点,它对应于不稳定的平衡状态。

■ 三、线性有阻尼系统的自由振动

系统运动微分方程为

$$\ddot{x} + 2n\dot{x} + \omega_n^2 x = 0 \tag{10-20}$$

由相应的一阶微分方程 $\dfrac{\mathrm{d}x}{\mathrm{d}t} = v$,$\dfrac{\mathrm{d}v}{\mathrm{d}t} = -2nv - \omega_n^2 x$,可得

$$\frac{\mathrm{d}v}{\mathrm{d}x} = \frac{-2nv - \omega_n^2 x}{v} \tag{10-21}$$

由 $-2nv - \omega_n^2 x = 0$,$v = 0$,可得系统的奇点为 $x = 0$,$v = 0$。

为了得到积分曲线的表达式,令 $v = zx$,代入式(10-21),进行变量分离得

$$\frac{z\mathrm{d}z}{z^2 + 2nz + \omega_n^2} = -\frac{\mathrm{d}x}{x} \tag{10-22}$$

1. 当 $n < \omega_n$,弱阻尼系统

这时,式(10-22)的积分为

$$x(z^2 + 2nz + \omega_n^2)^{1/2} = C\mathrm{e}^{\frac{n}{\omega_d}\arctan\left(\frac{z+n}{\omega_d}\right)}$$

$$\omega_d = \sqrt{\omega_n^2 - n^2}$$

再回到原变量,有

$$(v^2 + 2nxv + \omega_n^2 x^2)^{1/2} = C\mathrm{e}^{\frac{n}{\omega_d}\arctan\left(\frac{v+nx}{\omega_d x}\right)} \tag{10-23}$$

式(10-23)就是积分曲线的表达式,这些曲线布满了整个平面。为了画出这些积分曲线,引入新的变量 $\xi = \omega_d x$,$\eta = v + nx$(ξ、η 组成直角坐标),代入式(10-23),有

$$\xi^2 + \eta^2 = C'\mathrm{e}^{\frac{2n}{\omega_d}\arctan\left(\frac{\eta}{\xi}\right)} \tag{10-24}$$

再令 $\xi = \rho\cos\varphi$,$\eta = \rho\sin\varphi$,代入上式,得

$$\rho = C\mathrm{e}^{\frac{2n\varphi}{\omega_d}} \tag{10-25}$$

积分曲线是绕原点的对数螺旋线,如图 10-14 所示。每一条积分曲线由两条完整的相轨线组成:原点和积分曲线的其余部分。当相点沿着原点以外的相轨线运动时,由于相速度在接近原点时变得非常小,相点将逐渐收敛于原点,但不可能在有限的时间内达到原点。$\xi = 0$,$\eta = 0$ 是系统的奇点,这个奇点是除初始条件 $\xi = 0$,$\eta = 0$ 的相轨线以外所有相轨线的极限。

线性变换 $\xi = \omega_d x$,$\eta = v + nx$ 不会改变系统相轨线的性质,在 xv 平面上,相轨线仍将是一条螺旋线,原点仍将是它的极限点。对于小的 $\dfrac{n}{\omega_d}$ 值,在 $\xi\eta$ 平面上的螺旋线近似于圆 $\xi^2 + \eta^2 = C'$。

通过线性变换,在 xv 平面上,这个圆将变换成椭圆 $v^2 + 2nxv + \omega_n^2 x^2 =$ 常数。对于小的 $\dfrac{n}{\omega_d}$ 值,xv 平面上的螺旋线将趋于这个椭圆,如图 10-15 所示。

除 $x = 0$,$v = 0$ 的点以外,其余任何初始条件引起的系统运动,其相点将收敛于原点。系统的这个平衡点是稳定的,这种奇点叫稳定焦点,对应于稳定的平衡状态。

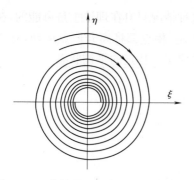

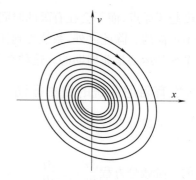

图 10-14　线性弱阻尼系统自由振动相轨线　　　　图 10-15　线性变换后弱阻尼系统自由振动相轨线

系统相轨线的特性表明,对于非零的初始条件,系统运动的形式将是有阻尼振动过程。

2. 当 $n > \omega_n$,强阻尼系统

这时,积分曲线方程为

$$v^2 + 2nxv + \omega_n^2 x^2 = C\left[\frac{v+q_1 x}{v+q_2 x}\right]^{\frac{n}{\sqrt{n^2-\omega_n^2}}} \tag{10-26}$$

式中,$q_1 = n - \sqrt{n^2 - \omega_n^2} > 0$;$q_2 = n + \sqrt{n^2 - \omega_n^2} > 0$。

式(10-26)的左边也可变换为

$$v^2 + 2nxv + \omega_n^2 x^2 = (v+q_1 x)(v+q_2 x)$$

所以,式(10-26)可表达为

$$(v+q_1 x)(v+q_2 x) = C\left[\frac{v+q_1 x}{v+q_2 x}\right]^{\frac{n}{\sqrt{n^2-\omega_n^2}}}$$

上式运算后,得

$$(v+q_1 x)^{q_1} = C'(v+q_2 x)^{q_2} \tag{10-27}$$

令 $\xi = v + q_2 x$,$\eta = v + q_1$,则式(10-27)变换为

$$\eta = C_1 \xi^a \tag{10-28}$$

式中,$a = \dfrac{q_2}{q_1} > 1$。

若 $C_1 = 0$,积分曲线就是 ξ 轴;$C_1 = \infty$,积分曲线就是 η 轴。由于 $\dfrac{d\eta}{d\xi} = C_1 a \xi^{a-1}$,对于 $\xi = 0$,有 $\dfrac{d\eta}{d\xi} = 0$,即所有积分曲线在原点切于 ξ 轴。因为 $\dfrac{\ddot{\eta}}{\eta} = \dfrac{a(a-1)}{\xi^2} > 0$,所以积分曲线在上半平面呈向上凹,而在下半平面向下凹,如图 10-16 所示。

再回到 xv 平面,积分曲线的图形表示为图 10-17。图 10-17 中积分曲线由三条完整的相轨线所组成:两条相轨线对应于向原点的渐进运动,第三条就是在原点的奇点。这种奇点叫做结点。由于沿任一条相轨线的运动都指向奇点,现在这个结点是一个稳定结点,它对应于稳定的平衡状态。图中有两条直线积分曲线(又是等倾线):$v = -q_1 x$,$v = -q_2 x$。由式(10-21),当 $\dfrac{dv}{dx} = 0$ 时,还可以找到斜率为零的一根直线(虚线)$v = -\dfrac{q_1 q_2}{q_1 + q_2} x$,过这根线与相轨线的交点的切线为水平线。

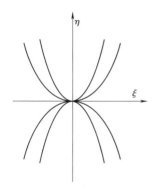

图 10-16 变换后的强阻尼系统
自由振动相轨线

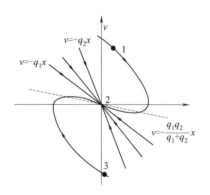

图 10-17 强阻尼系统自由
振动相轨线

通过上面的讨论,可认识奇点和相轨线,表征了系统运动的性质和特点。如果能够确定系统的奇点及其性质,得到表征系统运动的相轨线的图形,就能对系统进行分析,了解系统运动的基本规律。

第四节 平衡的稳定性及奇点的性质

为了对非线性系统作更一般的讨论,把系统运动方程表示为

$$
\left.
\begin{aligned}
\frac{\mathrm{d}x}{\mathrm{d}t} &= f_1(x,y) \\
\frac{\mathrm{d}y}{\mathrm{d}t} &= f_2(x,y)
\end{aligned}
\right\}
\tag{10-29}
$$

式中,x 和 y 是相点在相平面——xy 平面上的坐标,$f_1(x,y)$、$f_2(x,y)$ 是变量 x 和 $y = \dot{x}$ 的非线性解析函数。在奇点处有

$$
f_1(x,y) = 0, \ f_2(x,y) = 0
\tag{10-30}
$$

由于式(10-29)是非线性的,系统可能存在多个奇点。假定系统某个奇点的坐标是 ξ 和 η,则 $f_1(\xi,\eta)=0,f_2(\xi,\eta)=0$。如果系统这一奇点的性质可以判明,就有可能了解系统在这一平衡位置所发生运动的性质和规律。

■ 一、李雅谱诺夫稳定性

系统的平衡状态是稳定的还是不稳定的是指李雅谱诺夫(Lyapunov)意义上的稳定性。李雅谱诺夫(Lyapunov)稳定性的定义如下。

(1)对于动力系统的方程组,在 $t=t_0$ 时刻,存在一组基本解 $x_0(t_0)$,系统受到扰动之后的解为 $x(t_0)$。如果对于任意小的数 $\varepsilon > 0$,总存在 $\eta(\varepsilon,t_0) > 0$,使得当

$$
\| x(t_0) - x_0(t_0) \| < \eta
\tag{10-31}
$$

必有

$$
\| x(t) - x_0(t) \| < \varepsilon, \quad t_0 < t < \infty
\tag{10-32}
$$

则称解 $x(t)$ 是李雅谱诺夫意义下稳定,或称为李雅谱诺夫稳定。

（2）如果解 $\xi(t)$ 是稳定的，且满足

$$\lim_{t\to\infty}\|x(t)-x_0(t)\|=0 \tag{10-33}$$

则称此解为渐近稳定。

（3）如果解 $x(t)$ 不满足上述李雅谱诺夫稳定性的定理，则称解为不稳定的。

■ 二、奇点的性质

设奇点位于坐标原点 $x=y=0$，为了研究系统在奇点的性质，引入一组新的变量 (y_1,y_2)。y_1 和 y_2 表征相点离开奇点的大小，把函数 $f_1(x,y)$、$f_2(x,y)$ 在奇点近旁展开为 y_1 和 y_2 的泰勒级数

$$\left.\begin{aligned}f_1(x,y)=a_{11}y_1+a_{12}y_2+\varepsilon_1(y_1,y_2)\\ f_2(x,y)=a_{21}y_1+a_{22}y_2+\varepsilon_2(y_1,y_2)\end{aligned}\right\} \tag{10-34}$$

$$\left.\begin{aligned}a_{11}=\frac{\partial f_1}{\partial x}\bigg|_{\substack{x=0\\y=0}},\quad a_{12}=\frac{\partial f_1}{\partial y}\bigg|_{\substack{x=0\\y=0}}\\ a_{21}=\frac{\partial f_2}{\partial x}\bigg|_{\substack{x=0\\y=0}},\quad a_{22}=\frac{\partial f_2}{\partial y}\bigg|_{\substack{x=0\\y=0}}\end{aligned}\right\} \tag{10-35}$$

式中，ε_1、ε_2 为 x、y 的二次方以上的函数项。

显然 $\dfrac{dx}{dt}=\dfrac{dy_1}{dt}$，$\dfrac{dy}{dt}=\dfrac{dy_2}{dt}$，式（10-34）可表示为

$$\left.\begin{aligned}\frac{dy_1}{dt}=a_{11}y_1+a_{12}y_2+\varepsilon_1(y_1,y_2)\\ \frac{dy_2}{dt}=a_{21}y_1+a_{22}y_2+\varepsilon_2(y_1,y_2)\end{aligned}\right\} \tag{10-36}$$

即

$$\begin{Bmatrix}\dot{y}_1\\\dot{y}_2\end{Bmatrix}=\begin{bmatrix}a_{11}&a_{12}\\a_{21}&a_{22}\end{bmatrix}\begin{Bmatrix}y_1\\y_2\end{Bmatrix}+\begin{Bmatrix}\varepsilon_1\\\varepsilon_2\end{Bmatrix} \tag{10-37}$$

或

$$\{\dot{y}\}=[A]\{y\}+\{\varepsilon\} \tag{10-38}$$

ε 作为高阶无穷小量，趋近于零，可以舍去，可以得到以下线性化方程

$$\{\dot{y}\}=[A]\{y\} \tag{10-39}$$

对自变量 $\{y\}$ 作非奇异性变换

$$\{y\}=[B][Z] \tag{10-40}$$

式中，$[B]$ 为非奇异性矩阵。变换的目的是将系数矩阵化为较简单的形式，即

$$[\dot{z}]=[C][Z] \tag{10-41}$$

其中

$$[C]=[B]^{-1}[A][B] \tag{10-42}$$

矩阵 $[A]$ 和 $[C]$ 之间进行的是相似变化，所以矩阵 $[A]$ 和 $[C]$ 具有相同的特征根，若选取合适的变化矩阵 $[B]$，可以将 $[C]$ 化为 Jordan 型，当 $[C]$ 具有两个特征根时，即 $[C]$ 为对角阵时

$$[C]=\begin{bmatrix}\lambda_1&0\\0&\lambda_2\end{bmatrix} \tag{10-43}$$

根据特征根的不同情况,下面分别讨论奇点的类型。

1. 特征值 λ_1 和 λ_2 为不相等的实数

在这种情况下,矩阵

$$[C] = \begin{bmatrix} \lambda_1 & 0 \\ 0 & \lambda_2 \end{bmatrix} \tag{10-44}$$

为一对角矩阵。由式(10-41)、式(10-44)可得

$$\dot{z}_1 = \lambda_1 z_1,\ \dot{z}_2 = \lambda_2 z_2 \tag{10-45}$$

(1)λ_1 和 λ_2 为具有相同符号的实数。此时

$$\left.\begin{array}{r} \dot{z}_1 = \lambda_1 z_1 \\ \dot{z}_2 = \lambda_2 z_2 \end{array}\right\} \tag{10-46}$$

可得

$$\frac{\mathrm{d}z_2}{\mathrm{d}z_1} = \frac{\lambda_2}{\lambda_1}\frac{z_2}{z_1} \tag{10-47}$$

对式(10-47)分离变量,并直接积分后得

$$z_2 = cz_1^a \tag{10-48}$$

式中,$a = \lambda_2/\lambda_1 > 0$;$c$ 为常数。

积分曲线如图 10-18 所示。可见当 λ_1 和 λ_2 为相同符号的实数时,奇点对应的是结点,相点的运动方向由式(10-47)确定。当 λ_1 和 λ_2 为正实根时,相点将远离原点的方向运动,奇点是不稳定的结点;当 λ_1 和 λ_2 为负实根时,相点将向着坐标原点运动,奇点是稳定的结点。

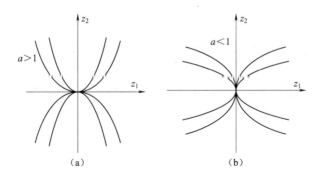

图 10-18　具有相同符号两个实数特征值的相轨线

(2)λ_1 和 λ_2 为具有不同符号的实数。由于

$$\frac{\lambda_2}{\lambda_1} = -\left|\frac{\lambda_2}{\lambda_1}\right| = -a,\quad a > 0 \tag{10-49}$$

式(10-48)可表示为

$$z_2 = cz_1^{-a} \tag{10-50}$$

或

$$z_2 z_1^a = c \tag{10-51}$$

式(10-51)可表明,积分曲线是双曲线型曲线。对于 $\lambda_1 < 0,\lambda_2 > 0$ 的积分曲线如图 10-19 所示,在 $y_1 y_2$ 平面中,积分曲线的形状如图 10-20 所示。这时,奇点是一个鞍点,是一个不稳定的平衡点。

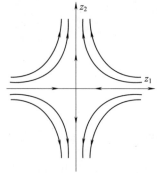
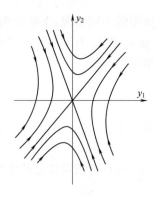

图 10-19　变换后当 $\lambda_1 < 0, \lambda_2 > 0$ 时的相轨线 　　　图 10-20　$\lambda_1 < 0, \lambda_2 > 0$ 时的相轨线

2. 特征值 λ_1 和 λ_2 为相等的实数

这时矩阵 $[C]$ 可能具有两种形式

$$[C] = \begin{bmatrix} \lambda_1 & 0 \\ 0 & \lambda_1 \end{bmatrix} \tag{10-52}$$

或

$$[C] = \begin{bmatrix} \lambda_1 & 1 \\ 0 & \lambda_1 \end{bmatrix} \tag{10-53}$$

对于式(10-52)、式(10-41)可表示为

$$\dot{z}_1 = \lambda_1 z_1, \quad \dot{z}_2 = \lambda_1 z_2 \tag{10-54}$$

其解为

$$z_2 = c z_1 \tag{10-55}$$

是一条通过原点的直线,奇点是结点。对于 $\lambda_1 < 0$,是稳定的结点,如图10-21所示;对于 $\lambda_1 > 0$,是不稳定的结点。

对应于式(10-53)的情况是一种退化的结点,在实际问题中并不多见。这种情况下,式(10-41)可表示为

$$\dot{z}_1 = \lambda_1 z_1 + z_2, \quad \dot{z}_2 = \lambda_1 z_2 \tag{10-56}$$

其解为

$$z_2 = z_{20} e^{\lambda_1 t}, \quad z_1 = (z_{10} + z_{20} t) e^{\lambda_1 t} \tag{10-57}$$

此时原点仍然是结点,同样当 $\lambda_1 < 0$,是稳定的结点,如图 10-22 所示;对于 $\lambda_1 > 0$,是不稳定的结点。

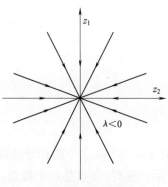
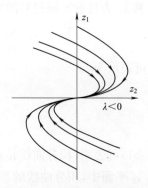

图 10-21　稳定结点 　　　　　　　　　　图 10-22　退化的稳定结点

3. 特征值 λ_1 和 λ_2 为共轭复根

由于 λ_1 和 λ_2 为共轭复根，它们可表示为 $\lambda_1 = \alpha + j\beta, \lambda_2 = \alpha - j\beta, \alpha$ 和 β 为实数。矩阵 $[C] = \begin{bmatrix} \lambda_1 & 0 \\ 0 & \lambda_2 \end{bmatrix}$。这时式(10-41)可表示为

$$\dot{z}_1 = (\alpha + j\beta)z_1, \dot{z}_2 = (\alpha - j\beta)z_2 \qquad (10\text{-}58)$$

其解为

$$z_1 = Z_1 e^{(\alpha + j\beta)t}, z_2 = Z_2 e^{(\alpha - j\beta)t} \qquad (10\text{-}59)$$

经过变换，式(10-59)的极坐标形式为

$$\left.\begin{array}{l} \rho = De^{at} \\[2mm] \rho = \sqrt{|\dot{z}_1|^2 + |\dot{z}_2|^2}, D = \sqrt{|Z_1|^2 + |Z_2|^2}, a = \dfrac{1}{2}(\lambda_1 + \lambda_2) \end{array}\right\} \qquad (10\text{-}60)$$

积分曲线是一条对数螺旋线。

若 $a > 0$，e^{at} 将随时间的推移而增大，相轨线是一条发散的对数螺旋线，奇点是不稳定的焦点，如图 10-23 所示。若 $a < 0$，e^{at} 将随时间的推移而减小，相轨线是一条收敛的对数螺旋线，奇点是稳定的焦点，如图 10-24 所示。

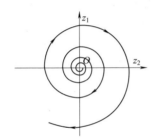

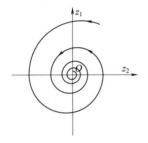

图 10-23　奇点是不稳定的焦点 　　　　　　图 10-24　奇点是稳定的焦点

4. 特征值 λ_1 和 λ_2 为纯虚根

特征值 λ_1 和 λ_2 可表示为 $\lambda_1 = j\beta, \lambda_2 = -j\beta$，式中 β 为实数。式(10-41)可表示为

$$\dot{z}_1 = j\beta z_1, \dot{z}_2 = -j\beta z_2 \qquad (10\text{-}61)$$

式(10-61)积分后，得

$$z_1 = Z_1 e^{j\beta t}, z_2 = Z_2 e^{-j\beta t} \qquad (10\text{-}62)$$

表示成极坐标形式

$$\rho = D \qquad (10\text{-}63)$$

它是个圆方程，奇点是中心，是一个稳定的平衡点，如图 10-25 所示。

通过上面的分析可知，系统的性质取决于系数矩阵 $[A]$ 的特征根 λ，而系数矩阵 $[A]$ 的特征方程是

$$det([A] - \lambda I) = \begin{vmatrix} a_{11} - \lambda & a_{12} \\ a_{21} & a_{22} - \lambda \end{vmatrix} = 0 \qquad (10\text{-}64)$$

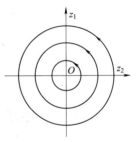

I 为单位矩阵 $I = \begin{bmatrix} 1 & 0 \\ 0 & 1 \end{bmatrix}$。可得 $\lambda^2 - tr\lambda + det = 0$，其中 tr 和 det 是系数矩阵的行列式和迹，对于上述二维情况下，其分别是 $tr = a_{11} + a_{22}$；

图 10-25　奇点是稳定的平衡点

$det = a_{11}a_{22} - a_{12}a_{21}$。

特征值可以表示为

$$\lambda_{1,2} = \frac{tr \pm \sqrt{tr^2 - 4det}}{2} \tag{10-65}$$

对于特征值 l，根据系数矩阵的行列式和迹不同，所对应的特征值的解也不同，因此对应解的稳定性也不同。

对应于不同的系数矩阵的行列式和迹，其解的稳定性如图 10-26 所示，当行列式 $det < 0$ 时，特征值具有正负不同的两个解，对应的定点的性质为双曲解，是鞍点，正的特征值对应不稳定流形，负特征值对应稳定流形。

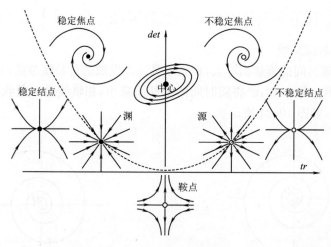

图 10-26　奇点的分布

而当 $det > 0$，且 $tr < 0$ 时，若 $tr^2 - 4det > 0$，则两个特征都为负，这时定点为稳定结点；若 $tr^2 - 4det = 0$，则两个特征值相等，定点为稳定的渊；若 $tr^2 - 4det < 0$，则特征方程不存在实数解，其解为一对共轭复数，但实部为负，所以定点为稳定焦点或称为螺线极点。

同样当 $det > 0$ 时，对应于 $tr > 0$ 的情形有类似的情况，若 $tr^2 - 4det > 0$，则两个特征值都为正，这时定点为不稳定结点；若 $tr^2 - 4det = 0$，则两个特征值相等，定点为不稳定的源；若 $tr^2 - 4det < 0$，则特征方程不存在实数解，其解为一对共轭复数，但实部为正，所以定点为不稳定的焦点或称为螺线极点。

而当系数矩阵的迹 $tr = 0$，行列式 $det > 0$ 时，显然，特征值为一对共轭的纯虚数，对应的定点为中心。

第五节　相轨线的性质与作图方法

■ 一、相轨线的性质

无阻尼系统的自由振动的方程为

$$\ddot{x} + f(x) = 0 \tag{10-66}$$

可变换成

$$\frac{\mathrm{d}y}{\mathrm{d}t} = -f(x), \quad \frac{\mathrm{d}x}{\mathrm{d}t} = y \tag{10-67}$$

或

$$\frac{\mathrm{d}y}{\mathrm{d}x} = -\frac{f(x)}{y} \tag{10-68}$$

将式(10-68)分离变量并积分,得

$$\frac{y^2}{2} + U(x) = E \tag{10-69}$$

式中,常数 E 由初始条件 x_0 和 y_0 确定;$\frac{y^2}{2}$ 是系统的动能;$z = U(x) = \int_0^x f(x)\mathrm{d}x$ 是系统的势能。因此,式(10-69)表示系统的能量守恒。

1. 势能曲线典型线段相轨线的性质

将方程(10-69)改变为

$$\frac{y}{\sqrt{2}} = \pm \sqrt{E - U(x)} \tag{10-70}$$

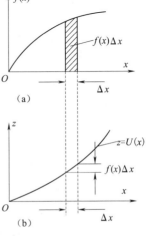

通常函数 $f(x)$ 都能够用图解形式给出[如图 10-27(a)所示]此时函数 $z = U(x)$ 也可以用图解积分方法求得[如图 10-27(b)所示],为了根据函数 $U(x)$ 和起始条件确定 E 值,在相平面上构造积分曲线,利用一个辅助平面 Oxz,在此平面上作出势能随 x 的变化关系曲线 $z = U(x)$,此辅助平面称为能量平衡平面,此曲线称为能量曲线(如图 10-28 所示)。

将由起始条件确定的 E 值用直线 $z = E$ 表示在能量平衡平面上,构成能量平衡图(如图 10-28 所示)。从中找出差值 $E - U(x)$,从而可以按照式(10-70)在平面上构造相轨线。由式(10-70)可

图 10-27　$f(x)$ 的图解形式

知,只当 $E - U(x) \geqslant 0$,y 才有实数解,积分曲线存在,而对应于 $E - U(x) \leqslant 0$,y 无实数解,从而积分曲线不存在。

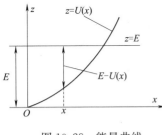

图 10-28　能量曲线

(1)系统势能曲线 $z = U(x)$ 和直线 $z = E_0$ 相交于 A 点,如图 10-29 所示,A 点的横坐标为 x_A。由于 $E - U(x_A) = 0$,有 $y_A = 0$。从图 10-29(a)中可以看出势能曲线上不存在最大值和最小值点,因此其斜率不为零,所以 $f(x_A) = U'(x_A) \neq 0$。因此,相平面上对应的点 A 不是奇点,而是一个常点,相轨迹在 A 点的切线与 Ox 轴垂直。在 A 点右边 $x > x_A$ 的区域,有 $E - U(x > x_A) < 0$,所以 y 无实数解,因此在对应的相平面上无相轨线图形;

在 A 点左边 $x < x_A$ 的区域,有 $E - U(x < x_A) > 0$,有相轨线。由式(10-66)和图 10-29(a)可见,$|y|$ 将随 x 的减少而增大,相轨线与 x 轴对称,相轨线和相点的运动方向如图 10-29(b)所示。从图 10-29(b)可以看出相点沿相轨线运动时,在上半平面自左向右,在下半平面则自右向左。

（2）能量曲线上有孤立极小值。设当 $x=x_A=a$ 时，势能 $U(x)$ 有极小值，对应极小值点，则能量曲线上的斜率为零，因此 $f(a)=U'(a)=0$。若总能量的起始值也是 E_0，则 $z=U(x)$ 与 $z=E_0$ 仅相交于一点 (a, E_0) 处，如图 10-30（a）所示。在相平面上有 $y=0$ 和 $f(a)=0$，因此这是相轨线退化为 Ox 轴上的一个表示系统平衡状态的奇点 A。若取总能量的起始值 $E_1>E_0$，则在 $x=a$ 时的充分小的领域内恒有 $E_1-U(x)\geqslant0$，因此在相平面上对应的相轨线为围绕 A 点的封闭曲线族。这种情况下，A 点为中心，它对应于系统的稳定平衡状态，临近 A 点的相轨线为围绕 A 点的封闭曲线，且这些曲线层层相套，如图 10-30（b）所示。在相轨线上每一点的速度都不等于零，因此相点沿相轨线运动是周期性的，每经过一个周期又回到原来的位置。

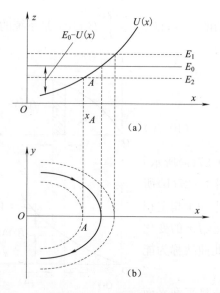

图 10-29　系统势能曲线

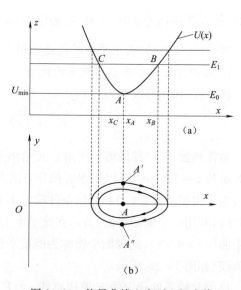

图 10-30　能量曲线上有孤立极小值

（3）能量曲线上有孤立极大值。设 $x=x_A=a$ 时，势能 $U(x)$ 有极大值，同理，此时能量曲线在极大值点的斜率为零，则 $f(a)=U'(a)=0$，若总能量的起始值也是 E_0，则 $z=U(x)$ 与 $z=E_0$ 仅相交于一点 (a, E_0) 处，如图 10-31（a）所示。此时对应的积分曲线为相交于 A 的两条曲线，A 点为奇点（即平衡点），表示系统的平衡状态。此时相轨线表现为平衡点和被 A 点分隔开的积分曲线的四个分支。相点沿相轨线的运动方向如图所示，显然落在任何一个相轨线分支上的相点都不可能超越 A 点而进入另外一个分支，所以四个分支是四条独立的相轨线。

这四个分支将相平面分别成四个区，在 E_0 附近当初时能量 $E_1>E_0$ 时，相轨线落在上下区域内，当 $E_2<E_0$ 时，相轨线落在左右两个区域内，轨线上相点的运动方向如图 10-31（b）所示，显然，若相点落在距离 A 点的临近区域内时，相点将随着时间而远离 A 点，因此 A 点为鞍点，表示系统的不稳定平衡状态。

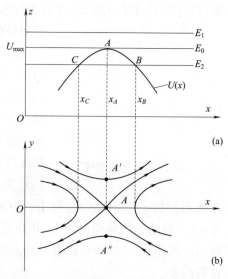

图 10-31　能量曲线上有孤立极大值

（4）能量曲线上有水平切线的拐点的一段。设能量曲线在 $x=a$ 处有一个水平切线的拐点，如图 10-32(a)所示，则有 $f(a)=U'(a)=0$，又设 $U(a)=E_0$，若起始总能量为 E_0，则在相平面上的积分曲线为一通过 $A(x=x_A)$ 的曲线，A 点为奇点（平衡点），表示系统的平衡状态。相轨线为平衡点 A 和被平衡点 A 分隔开的积分曲线的两个分支，此时相轨线将相平面分为左右两个区域[如图 10-32(b)所示]。当起始总能量在附近 E_0 变化时，若 $E_1 > E_0$，则对应的相轨线落在右区域内；若 $E_2 < E_0$，则相轨线落在左区内。相点沿相轨线运动的方向如图 10-32(b)所示。显然，当相点落在平衡点 A 的邻域内时，它将随时间而远离平衡点 A。所以平衡点 A 与鞍点相似，但属于退化情况，不是鞍点，它表示系统的不稳定运动状态。

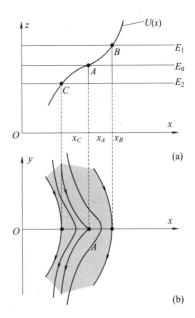

图 10-32　能量曲线上有水平切线

2. 整个相平面上相轨线的性质

（1）施加于系统的能量与系统的势能曲线既不相交也不相切。

假定系统的势能曲线 $z=U(x)$，如图 10-33(a)所示。若施加于系统的能量比系统任一点的势能都小，相平面上将没有相轨线图形。若施加于系统的能量比系统任一点的势能都大，比如为 E_0，与 $U(x)$ 没有交点，这时相轨线为对称于 x 轴的两条曲线，如图 10-33(b)所示，对于 $f(x)=U'(x)=0$ 的点，相轨线有水平切线，同时相轨线将向两侧无限延伸，相点沿此种相轨线朝单方向运动至无限远，这种相轨线称为逸散相轨线，对应的运动称为逸散运动。

（2）施加于系统的能量与系统的势能曲线相交但不相切。

假定系统的势能曲线 $U(x)$，如图 10-34(a)所示。若施加于系统的能量为 E_0，对应于 $E_0 < U(x)$ 的区域，没有相轨线的图形，如图 10-34(b)所示。对应于 $E_0 - U(x) \geqslant 0$ 的区域，相轨线有两种形式：封闭曲线或逸散曲线，对应于周期运动或逸散运动。

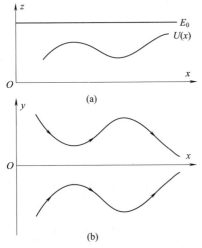

图 10-33　系统的能量与系统的势能
曲线既不相交也不相切

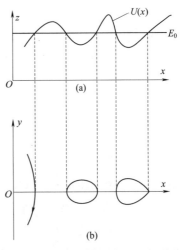

图 10-34　系统的能量与系统的势能
曲线相交但不相切

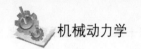

（3）施加于系统的能量与系统的势能曲线相交，且在一些点相切。

假定系统的势能曲线 $z=U(x)$，如图 10-35 所示。若施加于系统的能量为 E，与系统势能曲线 $U(x)$ 极小值对应的奇点是中心，是系统稳定的平衡点。当施加于系统的能量变化时，或形成封闭的相轨线（当能量增大时），或没有相轨线的图形（当能量减少时）。与势能曲线 $U(x)$ 的极大值对应的奇点是鞍点，是系统不稳定的平衡点。通过这些奇点的相轨线，既有简单的封闭相轨线，对应于周期运动，又有自相交的相轨线，叫**分界线**。分界线的自交点对应于势能的孤立极大值属于鞍点。分界线不表示实际运动，实际运动总是与它有偏差。当施加于系统的能量变动时，在分界线外形成包围分界线的封闭相轨线或逸散相轨线（当能量增加时），对应于系统的周期运动或逸散运动。分界线把相平面分成不同形式相轨线的区域。由于系统势能曲线的极小值和极大值是交替出现的，使得系统的中心型奇点和鞍点型奇点交替出现。对于非线性无阻尼系统自由振动，在封闭的相轨线内总是有奇数个奇点，它们是中点或鞍点，且中心点的个数总是比鞍点的个数多一个。

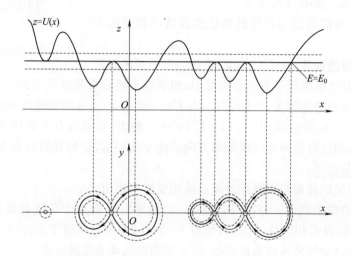

图 10-35　施加于系统的能量与系统的势能曲线相交，且在一些点相切

【例 10-1】　定性分析单摆的运动。

解　单摆的运动方程为 $\ddot{x}+\dfrac{g}{l}\sin x=0$，由于系统的恢复力 $f(x)=\dfrac{g}{l}\sin x$，系统的势能函数为 $z=U(x)=\dfrac{g}{l}(1-\cos x)$，如图 10-36 所示。系统的奇点位于

$$\left.\begin{array}{l} x=\pm n\pi,n=0,1,2,\cdots \\ v=0 \end{array}\right\}$$

当施加于系统的能量 $E_0<U_{max}$ 时，围绕中心（对应于势能曲线极小值的点）的封闭相轨线，对应于系统绕稳定平衡点周期运动。

当施加于系统的能量 $E_1>U_{max}$ 时，得到逸散相轨线，表示单摆绕轴心单方向旋转。

当施加于系统的能量 $E_2=U_{max}$ 时，得到分界线。各段相轨线或无限接近于奇点或离开奇点，是鞍点型奇点。

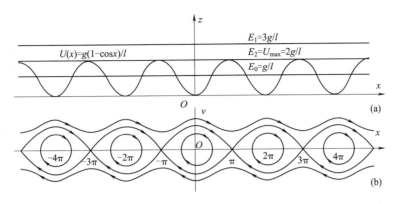

图 10-36　单摆系统的恢复力与势能函数

■ 二、相轨线的作图法

1. 李昂纳特作图法

对于含有非线性阻尼力系统，其运动微分方程为

$$\ddot{x} + \varphi(\dot{x}) + x = 0 \tag{10-71}$$

可变成为

$$\left.\begin{array}{l} \dot{y} = -\varphi(y) - x \\ \dot{x} = y \end{array}\right\} \tag{10-72}$$

由式(10-72)可得

$$\frac{\mathrm{d}y}{\mathrm{d}x} = -\frac{\varphi(y) + x}{y} \tag{10-73}$$

为得到坐标为 (x, y) 的任意点 A 处的积分曲线的切线方向，先在相平面上作出曲线 $x = -\varphi(y)$，如图 10-37 所示，然后从 A 点引平行于 x 轴的直线，与上述曲线交与 B 点，其坐标为 $(-\varphi(y), y)$，再从 B 点作平行于 y 轴的直线 BC，连接 CA，直线 CA 的斜率为

$$k = \frac{AD}{OD - OC} = \frac{y}{x + \varphi(y)} \tag{10-74}$$

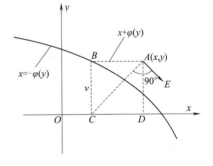

图 10-37　李昂纳特作图法

而斜率 k 与 $\dfrac{\mathrm{d}y}{\mathrm{d}x}$ 的乘积等于 -1，因而积分曲线在 A 点的切线方向应该与 CA 垂直。过 A 点作 AC 的垂线 AE，则 AE 就是相轨线在 A 点的切线方向，它的指向由 $\dot{x} = y$ 确定，由于图 10-37 中 A 点的 y 坐标为正，所以 AE 的指向如图 10-37 所示。

李昂纳特作图法的具体方法为：先从相平面的初始位置出发，按照上述方法作出过此点积分曲线的切线并定出其指向，然后沿指向一侧截取一小段直线以近似代替积分曲线，并在此线段终点再按照上述方法作出过该点的积分曲线切线，如此继续便可得出折线形式的相轨迹曲线。

这个方法是用折线得到相轨线的近似描述，只要选取的线段长度充分小，就能获得要求精度的曲线。该方法适应于具有非线性阻尼力、线性恢复力的系统。

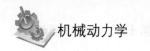

【例 10-2】 作出具有干摩擦阻尼系统自由振动的相轨线。

解 干摩擦阻尼力的大小是一个常数 μ，其方向与速度方向相反，可用符号函数 $\mathrm{sign}(\dot{x})$ 表示为

$$\varphi(\dot{x}) = \mu\,\mathrm{sign}(\dot{x}) \tag{a}$$

即

$$\varphi(\dot{x}) = \begin{cases} \mu, & \dot{x} > 0 \\ 0, & \dot{x} = 0 \\ -\mu, & \dot{x} < 0 \end{cases} \tag{b}$$

因此，系统的运动方程为

$$m\ddot{x} + \mu\,\mathrm{sign}(\dot{x}) + kx = 0 \tag{c}$$

令 $\dfrac{k}{m} = \omega_n^2$，$\mu = ka$，$\tau = \omega_n t$，$\dfrac{\mathrm{d}x}{\mathrm{d}\tau} = v$，变换后得

$$\left. \begin{aligned} \frac{\mathrm{d}^2 x}{\mathrm{d}\tau^2} + a + x = 0, & \quad v > 0 \\ \frac{\mathrm{d}^2 x}{\mathrm{d}\tau^2} - a + x = 0, & \quad v < 0 \end{aligned} \right\} \tag{d}$$

或

$$\left. \begin{aligned} \frac{\mathrm{d}v}{\mathrm{d}x} = \frac{-a-x}{v}, & \quad v > 0 \\ \frac{\mathrm{d}v}{\mathrm{d}x} = \frac{a-x}{v}, & \quad v < 0 \end{aligned} \right\} \tag{e}$$

用李昂纳特作图法作图时，先画出 $x = -\varphi(y)$ 的曲线；对于 $v > 0$，则 $x = -a$，并与 x 轴交于 S_1 点；对于 $v < 0$，则 $x = a$，并与 x 轴交于 S_2 点。如图 10-38 所示。若与初始条件对应的点在上半平面，则以 S_1 为圆心，以初始点到 S_1 的距离为半径作圆，交于 x 轴。再以 S_2 为圆心，以交点到 S_2 的距离为半径，作下半平面的相轨线，交于 x 轴。再以 S_1 为圆心作上半平面的相轨线，重复这一过程直至落入 $S_1 S_2$ 的区域后，恢复力将小于或等于干摩擦阻尼力，系统将停止运动。与线性系统不同具有干摩擦阻尼力系统的自由振动是一个衰减振动，每循环一次，振幅减少 $4a$，与线性系统不同，振幅是按等差级数衰减。

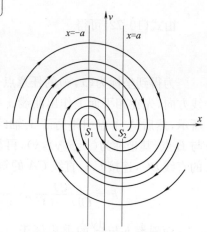

图 10-38　干摩擦阻尼系统
自由振动的相轨线

2. 等倾线法

对于更一般的非线性系统自由振动问题，可利用等倾线法构造它们的积分曲线。假定两个一阶常微分方程描述的单自由度非线性振动系统的运动方程为

$$\left. \begin{aligned} \frac{\mathrm{d}x}{\mathrm{d}t} = f_1(x, y) \\ \frac{\mathrm{d}y}{\mathrm{d}t} = f_2(x, y) \end{aligned} \right\} \tag{10-75}$$

其中，f_1 与 f_2 是 x 和 $y=\dot{x}$ 的非线性函数运动方程表示为

$$\frac{\mathrm{d}y}{\mathrm{d}x} = \varphi(x,y) \tag{10-76}$$

$$\varphi(x,y) = \frac{f_2(x,y)}{f_1(x,y)}$$

如果

$$\varphi(x,y) = k \tag{10-77}$$

对于确定的常数 k，就可以得到一条代数曲线，因为这条曲线上的斜率均相等，故此曲线称为等倾线。如果令 k 等于一系列不同的数值，就可以得到一系列的等倾线，在每一条等倾线上画出对应的 $\frac{f_2(x,y)}{f_1(x,y)}$ 的方向，然后应用欧拉折线法便可以大致绘制出相轨线的图形。

作图时，先在相平面上根据方程式（10-77）以不同的 k 值（比如 $k_1, k_2, k_3, \cdots$，相邻的 k 值相差较小），将这一族曲线——等倾线画在相平面上。需要明确的是这一些曲线的交点应该是系统的奇点，因为这些点上的 $\frac{f_2(x,y)}{f_1(x,y)}$ 的数值不确定。然后在等倾线 $\varphi(x,y)=k_1$ 上任意取一点 A，过 A 点作两个线段，一个斜率为 k_1，另一个斜率为 k_2，两线段分别交于等倾线 $\varphi(x,y)=k_2$ 上的 b_1、b_2 两点，取弧 b_1b_2 的中点 B，通过 B 点再作两个线段，斜率分别为 k_2、k_3，这两个线段分别与等倾线 $\varphi(x,y)=k_3$ 交于 C_1、C_2 两点；取圆弧 C_1C_2 的中点 C，再过 C 点作线段。依此类推进行作图，便可以得到一系列相轨线上近似点 A、B、C、$D\cdots$，最后用一条光滑曲线将这些点连接起来，就可以得到一条近似的相轨线，如图 10-39 所示。如果等倾线的密度较大，便可以绘制出具有较高准确性的相轨线。

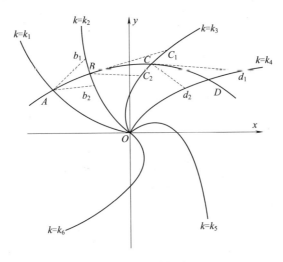

图 10-39　等倾线

等倾线作图方法既可以用于具有弱非线性项的系统，也可以用于具有强非线性项的系统。

习　题　十

10-1　对于如图 10-40 所示的系统，试确定：①大角位移振动时的非线性运动方程；②小角位移振动时近似的运动方程。（答案：① $\ddot{\theta} + \dfrac{g}{l_1}\left[\sin\theta + \dfrac{F}{W}\cos(\theta - \varphi)\right] = 0$，式中，$F = k\left(\dfrac{l_2 + l_1\sin\theta}{\cos\varphi} - l_2\right)$；

$$\varphi=\arctan\left[\frac{l_1(1-\cos\theta)}{l_2+l_1\sin\theta}\right];②\ddot{\theta}+\left(\frac{g}{l_1}+\frac{kg}{W}\right)\theta^3=0)$$

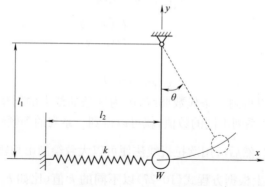

图 10-40 题 10-1 图

10-2 一个刚性框架,以恒角速度 Ω 绕 Oz 轴转动,从而使其上的单摆振动,如图 10-41 所示。已知单摆的质量为 m,摆长为 l。列出单摆相对于框架的运动方程。$\left[答案:\ddot{\theta}+\left(1-\frac{\Omega^2 l}{g}\cos\theta\right)\sin\theta=0\right]$

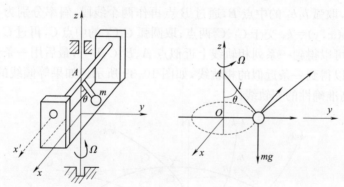

图 10-41 题 10-2 图

10-3 如图 10-42 所示,货车站台处安装了缓冲减振器,减振器组合弹簧的恢复力为 $f(x)=k(x+\alpha x^3)$,其中 $k=70\ \mathrm{kN/m}$,$\alpha=3.1\times10^3/\mathrm{m}^2$。若货车重力 $W=172\ \mathrm{kN}$,碰到站台时,其速度 $\dot{x}_m=25.4\ \mathrm{m/s}$。略去减振器的质量,相碰后保持接触,具有相同的速度。求减振器的最大位移和相碰时的最大恢复力。(答案:最大位移为 54 mm;最大恢复力为 39.4 kN)

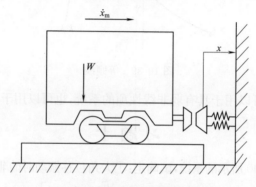

图 10-42 题 10-3 图

10-4　非线性系统 $\ddot{x}+x-\dfrac{\lambda}{\alpha-x}=0$,分别以 $\lambda<\alpha^2/4,\lambda=\alpha^2/4,\lambda>\alpha^2/4$ 画出其相轨线,指出分界线、平衡点及其性质。(提示:分界线为 α ,可分 $\alpha=0,\alpha>0,\alpha<0$;设 α 为常数)

10-5　系统的运动方程为 $\ddot{x}-(0.1-3\dot{x}^2)\dot{x}+x+x^2=0$,判断其平衡点的稳定性。(答案:(-1,0)、(0,0)为不稳定平衡点)

10-6　确定系统 $\ddot{x}+2c\dot{x}+x+x^3=0$, $c>0$ 的平衡点及其稳定性,并定性地画出平衡点近旁的相轨线。(答案:(0,0)为稳定平衡点)

10-7　确定系统 $\ddot{x}+2c\dot{x}-x-x^3=0$, $c>0$ 的平衡点及其稳定性,并定性地画出平衡点近旁的相轨线。(答案:(0,0)为平稳定平衡点)

10-8　有一个非线性系统,方程为 $m\ddot{x}+2k\left[1-\dfrac{1+\alpha}{\sqrt{1+(x/l)^2}}\right]x=0$,对于 $\alpha=-0.5,0$, 0.5 ,画出恢复力 $f(x)$ 与 x 的曲线,并画出相轨线。

10-9　用李昂纳特作图法画出 $\ddot{x}+2c\dot{x}-x-x^3=0$ 的相轨线。

10-10　已知含有阻尼的单摆 $\ddot{\theta}+\sin\theta+0.3\dot{\theta}=0$,试利用 Matlab 提供的积分器(如ODE45 等)计算单摆的响应,并作出相轨线,对照分析其动力特性。(已知初始状态为 $\theta(0)=\pi/3,\dot{\theta}(0)=0$)

10-11　写出图 10-43 所示含间隙的运动机构的非线性动力学方程,试利用经典的四阶龙格库塔方法计算系统的响应,绘制系统的相轨线,分析系统的动力学特性(系统的初始状态为 $x(0)=1,\dot{x}(0)=0$)。

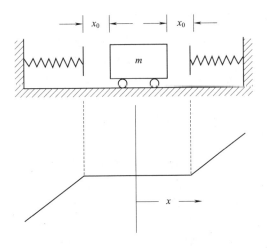

图 10-43　题 10-11 图

参 考 文 献

[1] 郭应龙. 机械动力学[M]. 北京:水利电力出版社,1996.

[2] 张策. 机械动力学[M]. 北京:高等教育出版社,2000.

[3] 郑兆昌. 机械振动(上)[M]. 北京:机械工业出版社,1980.

[4] 郑兆昌. 机械振动(中)[M]. 北京:机械工业出版社,1986.

[5] 尚涛,石端伟,安宁,等. 工程计算可视化与 MATLAB 实现[M]. 武汉:武汉大学出版社,2002.

[6] 施阳等. Matlab 语言工具箱——ToolBox 实用指南[M]. 西安:西北工业大学出版社,1998.

[7] 杨义勇,金德闻. 机械系统动力学[M]. 北京:清华大学出版社,2009.

[8] 王鸿恩. 机械动力学[M]. 重庆:重庆大学出版社,1989.

[9] 黄镇东,何大为. 机械动力学[M]. 西安:西北工业大学出版社,1989

[10] 胡宗武. 起重机动力学[M]. 北京:机械工业出版社,1988.

[11] 李润方,王建军. 齿轮系统动力学——振动、冲击、噪声[M]. 北京:科学出版社,1997.

[12] 师汉民等. 机械振动系统——分析、测试、建模[M]. 武汉:华中理工大学出版社,1992.

[13] 赵玫,周海亭,陈光冶,等. 机械振动与噪声学[M]. 北京:科学出版社,2004.

[14] 黄柯隶等. 系统仿真技术[M]. 长沙:国防科技大学出版社,1998.

[15] 颜庆津. 数值分析[M]. 北京:北京航空航天大学出版社,1999.

[16] 何渝生,魏克严等. 汽车振动学[M]. 北京:人民交通出版社,1990.

[17] 阎以诵,靳晓雄. 工程机械动力学[M]. 上海:同济大学出版社,1986.

[18] 童忠钫,俞可龙. 机械振动学[M]. 杭州:浙江大学出版社,1992.

[19] 王国强. 实用工程数值模拟技术及其在 ANSYS 上的实践[M]. 西安:西北工业大学出版社,1999.

[20] 程耀东. 机械振动学[M]. 杭州:浙江大学出版社,1990.

[21] [美]巴斯. 工程分析中的有限元法[M]. 傅子智,译. 北京:机械工业出版社,1991.

[22] 许尚贤. 机械设计中的有限元法[M]. 北京:高等教育出版社,1992.

[23] [日]户川隼人. 振动分析的有限元法[M]. 殷阴龙,陈学源,译. 北京:地震出版社,1985.

[24] 刘延柱,陈立群. 非线性振动[M]. 北京:高等教育出版社,2001.

[25] 闻邦春,李以农,韩清凯. 非线性振动理论的解析方法及工程应用[M]. 长春:东北大学出版社,2001.

[26] 陈予恕. 非线性振动[M]. 北京:高等教育出版社,2001.

[27] 毕学涛. 高等动力学[M]. 天津:天津大学出版社,1994.

[28] [美] S. M. 凯利. 机械振动[M]. 贾启芬,刘习军,译. 北京:科学出版社,2002.

[29] [美] Singiresu S. Rao. 机械振动[M]. 4 版. (美)饶,李欣业,张明路,编译. 北京:清华大学出版社,2009.

[30] 顾晃. 汽轮发电机组的振动与平衡[M]. 北京:中国电力出版社,1998.